HAMBURGER BEITRÄGE ZUR ÖFFENTLICHEN WISSENSCHAFT
Im Auftrag der Universität Hamburg
herausgegeben von Harald Schliemann,
Arnold Sywottek, Helmut Vogt

Band 13

Stephan Albrecht (Hg.)

AUFGABEN VERANTWORTBARER WISSENSCHAFT

Technik, Technikfolgen, Technikgestaltung

DIETRICH REIMER VERLAG BERLIN · HAMBURG
1996

Die Deutsche Bibliothek - CIP-Einheitsaufnahme

Aufgaben verantwortbarer Wissenschaft :
Technik, Technikfolgen, Technikgestaltung /
Stephan Albrecht (Hg.). -
Berlin ; Hamburg : Reimer, 1996
(Hamburger Beiträge zur öffentlichen Wissenschaft ; Bd. 13)
ISBN 3-496-02595-6
NE: Albrecht, Stephan [Hrsg.]; GT

Dr. Friedrich Kaufmann
Unter den Eichen 57
12203 Berlin

Umschlaggestaltung: Nicola Käthner, Berlin

Printed in Germany

ISBN 3-496-02595-6

Inhaltsverzeichnis

Vorwort

Die Universität Hamburg hat begonnen, die Verantwortung, besser: die Mitverantwortung zu erkennen, die aus ihrer Arbeit in dem Beziehungsgeflecht von Wissenschaft, Technik, Gesellschaft und Umwelt resultiert. Die Beiträge des vorliegenden Buches sollen einen Einblick in diesen Prozeß der Realisierung einer bislang ungewohnten Sichtweise auf die Wissenschaften geben. Sie sind aus einer Vorlesungsreihe 1992 und 1993 hervorgegangen. Soweit wie möglich ist der Charakter der Vorlesungen auch in der schriftlichen Form beibehalten worden.

Die achtziger Jahre waren in der Hochschul- und Wissenschaftspolitik in erheblichem Ausmaß von einer gegenüber der Lehre diskriminierenden Betonung der Forschungsaufgabe der Universitäten geprägt. Das lag nicht allein an der nach dem Wechsel in der Bundesregierung 1982 eingeleiteten ständischen Orientierung des ohnedies mitbestimmungsfeindlichen Hochschulrahmengesetzes und an unseriös nach unten gerechneten Nachfrageprognosen, sondern auch an einer illusionären Erwartung an die Hochschulforschung, daß durch sie kurzfristig relevante Beiträge zu industriellen Umstrukturierungs-, Neugruppierungs- und Innovationsprozessen geleistet werden könnten. Eine Folge solcher, wie wir inzwischen zuverlässig erfahren haben, unrealistischen Postulate war die Gründung von Forschungszentren an Hochschulen oder im Zusammenhang mit Hochschulen, die explizit nicht nur Forschung auf Weltniveau („centers of excellence“) leisten sollten, sondern auch technologisches Wissen transferieren sollten. Universitäten, Kommunal- und Landesverwaltungen drängelten sich bei den geldgebenden Landes- oder Bundesstellen und Forschungsförderungsorganisationen nach Zuschüssen, Wissenschaftsminister wurden nicht müde, zu betonen, daß sich die Investitionen in diese Art von Forschung alsbald sicherlich lohnen würden.

So entstanden vor allem in Gebieten, die als besonders zukunftsversprechend erschienen wie die Biotechnologie, die Materialwissenschaften, die Biomedizin, die Informatik aufwendige neue Institutionen. Eine der nicht recht durchdachten Implikationen dieser Ausprägung von Wissenschaftspolitik war, daß die schon länger schwelende Frage nach den Wirkungen der modernen Wissenschaften auf die Gesellschaft nunmehr sich erneut stellten. Diese Fragen waren an extremen Konflikten wie der Giftgasentwicklung von Haber im I. und der Atombombenentwicklung und -anwendung im II. Weltkrieg kurzzeitig aufgebrochen, aber ohne systemische Konsequenzen für die Wissenschaftsorganisation geblieben. Die über viele Jahrzehnte so erfolgreich praktizierte Immunisierungsstrategie der Wissenschaften gegenüber als lästig empfundenen Fragen {„Wir betreiben lediglich Grundlagenforschung. Die Gesellschaft muß entscheiden, was mit den Ergebnissen getan oder gelassen werden soll.“} wurde jetzt offenkundig und ausdrücklich von der Wissenschaft selbst mit den neugegründeten Zentren aufgegeben.

Zur Biotechnologie wurden in Hamburg seit Beginn des Jahres 1985 Überlegungen und dann Planungen für den Aufbau von Forschungsschwerpunkten an der Technischen Universität und an der Universität Hamburg angestellt, die sich auf die Gebiete Molekularbiologie von Nutzpflanzen, Neurobiologie, Sensorik und Verfahrenstechnik bezogen haben. In Zusammenarbeit mit dem Bundesministerium für Forschung und Technologie entstand so das vierte Genzentrum in Deutschland neben denen in Berlin, Köln und München. Anders als zumeist sonst, wo die Entscheidungen über materiell aufwendige Forschungsvorhaben in den universitären und stadtpolitischen Gremien nach institutionenopportunistischen und ressourcenmaximierenden Gesichtspunkten gefällt worden sind, hat sich über die moderne Biotechnologie erfreulich frühzeitig auch eine Debatte über die gesellschaftlichen, wissenschaftspolitischen und normativen Implikationen innerhalb der Universitäten und in der Landespolitik ergeben. Das hing auch mit den öffentlichen Diskussionen jener Zeit zusammen. Die Enquête-Kommission *Risiken und Chancen der Gentechnologie* beim Deutschen Bundestag, die von 1984 bis 1987 bestand, hat jedenfalls zu einer Veröffentlichung der Thematik erheblich beigetragen. In einem mühevollen, insgesamt aber für deutsche Hochschulen erstaunlich schnellen, konstruktiven und, soweit ich weiß, zu dieser Zeit singulären Prozeß hat die Universität Hamburg dann Anfang 1988, also nur gut zwei Jahre nach den Entscheidungen zur Etablierung der biotechnischen Forschungsschwerpunkte, entschieden, eine wissenschaftliche Einrichtung zur Forschung, Lehre und (Weiter)Bildung über die Voraussetzungen, Gestaltungsbedingungen und Folgen der modernen Biotechnologie einzurichten: zunächst, seit Juli 1988 die *Arbeitsstelle für Technologiefolgenabschätzung und -bewertung*, seit Anfang 1993 dann den Forschungsschwerpunkt *BIOTECHNIK, GESELLSCHAFT UND UMWELT (BIOGUM)*.

Technologiefolgenabschätzung und -bewertung (im angloamerikanischen Raum: technology assessment) (abgekürzt als: TA) ist als Instrument der parlamentarischen Haushalts- und Technologiepolitik seit Mitte der 60er Jahre zunächst in den USA, dann in zumeist miniaturisierter Form in anderen westlichen Industriestaaten entstanden. Die Universitäten haben sich, vor allem in der BRD, deren Repräsentativorgane sich ohnedies schon mit einer parlamentarischen TA extrem schwer getan hatten, als wissenschaftliche Organisationen weder mit dem Gegenstand noch mit der Methodologie von TA wesentlich befaßt. Den Technischen Universitäten fehlte zumeist eine kritische Selbstreflektion; deren Intention lag vielmehr auf der Demonstration des ingenieurmäßig immer weitergehend Machbaren. Die Universitäten wiederum beharrten auf dem so bequemen Dogma der Trennung von Grundlagenforschung und gesellschaftlicher Anwendung. Selbst elementare Prozesse von Selbstzweifeln, wie sie von einer Minderheit weltberühmter Physiker im Kontext der Atombombe artikuliert worden sind, vermochten an dem behäbigen Stillstand der disziplinären Selbsthinterfragung nahezu nichts zu ändern.

Jüngere Disziplinen wie die Informatik waren da etwas aufgeschlossener. Nicht allein, weil es eine breite Kontroverse im gewerkschaftlichen, politischen und gesellschaftlichen Raum über die möglichen oder absehbaren Konsequenzen der Ausbreitung der elektronischen Datenverarbeitung gegeben hat, sondern auch, weil es innerhalb der Wissenschaft von diesen Verfahren und Maschinen Frauen und Männer gab, die es für ihre Verantwortlichkeit gehalten haben, sich um die Implikationen ihres wissenschaftlichen Tuns und Lassens zu kümmern, wurde z. B. an der

Universität Hamburg der Arbeitsbereich *Angewandte und Sozialorientierte Informatik* etabliert.

Nun ist es nicht so, daß nur die technischen und Naturwissenschaften sowie die Medizin weitreichende Wirkungen mit ihrer Handlungsmächtigkeit erzeugten. Auch die Gesellschaftswissenschaften haben sich die Frage nach den Voraussetzungen und Folgen ihres Wirkens zu stellen. TA in diesem weiteren Kontext verstanden ist also der Fragenkreis nach den Beziehungen zwischen Wissenschaft, Technik und Gesellschaft.

Die im vorliegenden Band gesammelten Vorträge und Beiträge sollen einem größeren Publikum gegenüber ausdrücken, in welcher Breite und Tiefe zu Biotechnik, Humangenetik, Medien und Computerisierung in Hamburg gedacht und gearbeitet wird. Dabei gibt es weder ein methodisch noch ein organisatorisch einheitliches Schema. TA ist eine wissenschaftlich-politische Strategie der versuchten Vermehrung von Handlungsoptionen auf zwei Wegen: a) der systematischen Sichtung vorhandenen Wissens und b) der Förderung gesellschaftlichen Streits um Bedürfnisse, Sinnhaftigkeit und Probleme neuer Techniken in der Gesellschaft (Techno-Logie). Solcher Streit kann nur dann fruchtbar sein, wenn jedenfalls einige Beteiligte offen für Argumente Anderer sind. Ich hoffe sehr, daß Ihnen die Beiträge des Buches etwas von solcher Offenheit und Skepsis gegenüber den eigenen liebgewordenen Vorurteilen vermitteln.

Zu danken ist allen, die durch Vorlesungen, deren Umformung in Texte und wiederum deren Verarbeitung mitgewirkt haben. Den Autorinnen und Autoren also, insbesondere aber Christine Schorr und Marc Gemkow, die mit großem Gleichmut und viel Beharrlichkeit schlußendlich die Druckvorlage hergestellt haben.

Hamburg-Eppendorf im Oktober 1995
Stephan Albrecht

Wissenschaft, Technik und Gesellschaft. Geschichte, Genese, Gestaltung, Folgen

STEPHAN ALBRECHT

Bevor ich zu dem mir gestellten Thema komme, ist eine Vorbemerkung zu machen. Eine Frage ist mir in den vergangenen Jahren immer wieder gestellt worden: Warum sprechen wir eigentlich fortwährend von Technikfolgenabschätzung und nicht von Wissenschaftsfolgenabschätzung? (vgl. dazu Gill 1994) Und, einengend weitergefragt: Warum geht es immer um die Folgen des Tuns oder Lassens von Medizin, Natur- und Technikwissenschaften, nicht aber um die Folgen von Philosophie, Orientalistik, Altamerikanistik, Philologie, Ökonomie oder Soziologie? Ich werde Ihnen diese Frage heute abend nicht systematisch beantworten können; vielleicht aber einige Hinweise geben auf Richtungen, in denen mögliche Antworten gesucht werden könnten. Zunächst ist die Bedeutung der Selbstreflektion in den Wissenschaften recht unterschiedlich. Sodann ist die kulturelle Funktion von Wissenschaftszweigen sehr verschieden. Und schließlich ist die öffentlich Erwartung an die Legitimationsweise von Wissenschaften ebenfalls sehr different. In den Bereich der Selbstreflektion gehört sowohl die Frage nach dem: Wie ist etwas zustandegekommen? wie die nach den Wirkungen, zum Beispiel in der Literatur und ihrer Wissenschaft. Fragen nach den gesellschaftlichen Konstitutionsbedingungen von Literatur ebenso wie nach deren Wirkungen und Folgen sind selbstverständliche, wenn auch selbstverständlich inhaltlich umstrittene Teilgebiete der Literaturwissenschaft. Das belegen die vielen laufenden Meter Bücher zu J.W. Goethe, zu der Familie Mann, zu J.J. Rousseau, V. Hugo oder zu W. Benjamin. Oder die Gebiete, die früher als Staatswissenschaften, heute getrennt als Politik-, Rechtswissenschaft und Soziologie bezeichnet werden. Hier gibt es einen jahrhundertealten Streit um die Voraussetzungen und Folgen der Wissenschaft in der gesellschaftlichen Wirklichkeit. Namen wie J. Locke, L. von Stein. G. Schmoller, M. Weber, F. Tönnies, C. Schmitt, H. Heller stehen nicht nur für sehr unterschiedliche theoretische wie gesellschaftspolitische Programme, sie sind auch Gegenstand zahlreicher Sekundär- und Folgenanalysen. Oder, wenn wir noch eine Stufe auf der gedanklichen Abstraktionsleiter hinaufgehen und zu Namen wie G.F.W. Hegel, I. Kant, F. Engels, K. Marx, F. Nietzsche, J.G. Droysen und A. Smith gelangen, also den Gebieten der Geschichtstheorie, der ökonomischen und philosophischen Staats- und Gesellschaftstheorie. Solchen Wissenschaftlern werden bisweilen sogar noch direkte Verantwortungen für Missetaten und Verhältnisse zugesprochen, die mehr als einhundert Jahre später begangen worden oder eingetreten sind: Der auch mit wissenschaftlichen Methoden geführte Streit um die Implikationen der gesellschaftsbezogenen Wissenschaften hat eine fortwährende, wenn in der Intensität auch etwas schwankende Konjunktur. Selbst in Wissenschaftsgebieten wie der Archäologie und der Ethnographie hat schon seit geraumer Zeit die Erkenntnis Platz gegriffen, daß ein voraussetzungsloses Rekonstruieren von Vergangenem nicht möglich, im eigentlich Sinne wissenschaftlich nicht denkbar ist. Die Aufdeckung, daß z. B. die Rekonstruktion und Interpretation der mykenischen Kultur durch britische Archäologen im ausgehenden 19. Jahrhundert in frappierender Weise dem Denkstil, dem baulichen und ästhetischen Geschmack in Großbritannien entsprochen hat und weit weniger der verflossenen kulturellen Wirklichkeit auf Kreta, ist ein prominentes Beispiel für die Effektivität und Kreativität reflexiver Potentiale in der Wissenschaft.

Warum, so wäre nun zu fragen, passiert Vergleichbares in den Natur- und Technikwissenschaften wie auch in der Medizin so selten und nicht systematisch, schon gar nicht selbstverständlich? Ein zweites Element - neben dem schon aufgeführten traditionsbezogenen - dürfte in der unterschiedlichen kulturellen Funtkion von Wissenschaftszweigen zu sehen sein. Insbesondere die Herausbildung und Differenzierung der modernen Natur- und Technikwissenschaften ist samt ihren dogmatischen Grundlagen seit Descartes klug und kenntnisreich geschildert worden. Danach ist deren Domäne die Interpretation und - vor allem - tätige Veränderung der materiellen Welt zu mehr oder minder definierten Zwecken. Und eine geronnene Form des wissenschaftlich organisierten Wissens war und ist die Technik, materialisiert als Verfahren oder Produkt. Das materielle Substrat markiert die Grenzlinie zwischen den zwei kulturellen Sphären in den Wissenschaften. Nun wissen wir auch, daß die Unterscheidung dieser beiden Spären bei näherem Zusehen so trennscharf nicht bleibt, wie sie zunächst erschienen ist. Hinsichtlich der grundlegenden Funktionsbestimmung ist sie aber zentral wichtig. "Technik an sich ist ohne inhärente Bedeutung: Es kommt darauf an, was mit ihr gemacht wird." So etwa denken bis auf den heutigen Tag die meisten Menschen. Und von klein auf ist uns beigebracht worden, daß Technik unser aller Leben um so vieles leichter, länger, bunter, schneller gemacht habe. Da haben wir nun - zum dritten - den Aspekt der Legitimation. Medizin, Natur- und Technikwissenschaften sind ausweislich der von ihnen entwickelten Verfahren und Produkte in vielerlei Hinsicht schlicht nützlich. Zwar keineswegs immer und langfristig gesehen, aber zunächst einmal und handgreiflich. Das reicht aus, um die gesellschaftliche Wertschätzung so zu bestimmen, wie sie heute angetroffen wird. Eine derartige Nützlichkeit von Gesellschaftswissenschaften ist weit weniger handgreiflich und daher viel fragiler sowie politischen, ideologischen und anderen Konjunkturen unterworfen.

Nun läßt sich aus den divergenten Arbeits-, Denk- und Legitimationsmethoden keineswegs die bewertende Schlußfolgerung ziehen, daß die Gesellschaftswissenschaften für die gesellschaftliche Entwicklung unproblematischer als die Technik-, Naturwissenschaften und Medizin wären. Ich habe nur Hinweise darauf geben wollen, warum wir von *Technik*folgenabschätzung sprechen und daß es dafür sehr reale historische und materielle Gründe gibt.

Ich möchte im folgenden in fünf Abschnitten mich mit den Aufgaben der Wissenschaften in der TAbeschäftigen. Im ersten Abschnitt soll etwas zur Begrifflichkeit von TA gesagt werden. Im zweiten geht es um die historische Entwicklung und organisatorische Ausprägung des Konzepts TA. In einem dritten Abschnitt will ich die verschiedenen Bestandteile von TA und die damit verbundenen Interessenlagen und -konflikte beleuchten. Im vierten komme ich zu der Frage, wozu TA praktisch taugen kann.

Schließlich will ich im fünften Abschnitt versuchen, zusammenfassend einige Schlußfolgerungen zu ziehen.

Was ist mit Technikfolgenabschätzung gemeint?

Im deutschen Sprachraum hat sich als nahezu offizielle Übersetzung des amerikanischen *technology assessment* der Begriff der *Technologiefolgenabschätzung und -bewertung* durchgesetzt mit dem praktischen Akronym *TA*; es sind darüberhinaus eine ganze Reihe von mehr oder minder definierten Begriffen im Gebrauch, die zumindest in Teilen mit TA zusammenhängen oder sich inhaltlich überschneiden: Technikfolgenforschung, Technikgeneseforschung, Umweltfolgenforschung, Umweltverträglichkeitsprüfung, Umweltvorsorgeprüfung, Leitbildassessment, Technikbewertung, interdisziplinäre Technikforschung usf. Ich will hier nicht Begriffsgeschichte betreiben. Deswegen nehme ich als vorläufig durchaus genügend gute Grundlage die Definition des Vereins Deutscher Ingenieure (VDI) von 1991, die dieser in einer Richtlinie *Empfehlungen zur Technikbewertung* vorgenommen hat. Danach ist TA

> "das planmäßige, systematische, organisierte Vorgehen, das
> - den Stand einer Technik und ihre Entwicklungsmöglichkeiten analysiert,
> - unmittelbare und mittelbare technische, wirtschaftliche, gesundheitliche, ökologische, humane, soziale und andere Folgen dieser Technik und möglicher Alternativen abschätzt,
> - aufgrund definierter Ziele und Werte diese Folgen beurteilt oder auch weitere wünschenswerte Entwicklungen fordert,
> - Handlungs- und Gestaltungsmöglichkeiten daraus herleitet und ausarbeitet,
>
> so daß begründete Entscheidungen ermöglicht und gegebenenfalls durch geeignete Institutionen getroffen und verwirklicht werden können" (VDI 1991).

Wir finden in dieser Definition in durchaus bemerkenswerter Vollständigkeit jene grundlegenden Elemente, die die Voraussetzungen, die Durchführung und auch die Umsetzung von TA benennen. Zunächst erscheint als Voraussetzung, daß planmäßig, systematisch und organisiert gearbeitet werden soll. Es geht mithin nicht darum, ein beliebiges Problem oder eine beliebige Technik zu untersuchen, sondern darum, nach bestimmten Regeln systemare Zusammenhänge mit den Mitteln der Arbeitsteilung und Zusammenarbeit in den Blick zu nehmen. Diese Voraussetzungen sind - manchen werden sie als pure Selbstverständlichkeit erscheinen -, gemessen an dem gesellschaftlich vorherrschenden Umgang mit Technik und technisch basierten Innovationen in den industrialisierten Ländern keinesfalls gängige Praxis. Das ausufernde Regelwerk von technischen und rechtlichen Vorschriften und Normen, Zulassungsbedingungen, Genehmigungen, allgemeinen oder besonderen Betriebserlaubnissen, Haftungsvorschriften, Arbeitsschutzbestimmungen, Grenzwerten, Emissions- und Immissionsbestimmungen, Abfall- und Entsorgungsrichtlinien geht bis zum heutigen Tage nach Erfahrungswerten, Interessenkonstellationen und Wettbewerbsgesichtspunkten im jeweiligen speziellen Fall vor, also gerade nicht systematisch.

Worauf sollte TA nun schauen? Zunächst auf den Stand und die Entwicklungsmöglichkeiten einer Technik. Das klingt banal, enthält in sich aber schon einen Mikrokosmos von Themen und Problemen. Es ist zwar noch relativ leicht zu bewerkstelligen, eine umfassende Beschreibung des erreichten Standes z. B. von Erdöl- und -gasfördertechniken im Meer anzufertigen. Aber deren Entwicklungsmöglichkeiten zu beschreiben ist schon sehr viel schwieriger, wohl nur in Umrissen und tendentiell möglich. Hier taucht eine Schwierigkeit auf, die mit dem weiteren Element von TA, nämlich unmittelbare und auch mittelbare Folgen abzuschätzen in technischen, ökonomischen, gesundheitlichen, ökologischen, zwischenmenschlichen und sozialen Dimensionen, exponentiell zunimmt. Die Schwierigkeit besteht darin, daß

- quantifizierbare und nicht quantifizierbare Situationen und Entwicklungen,
- zukünftige Veränderungen und
- Wechselwirkungen einer ganzen Reihe von natürlichen und kulturellen Sektoren und Parametern

erfaßt, beschrieben, interpretiert und saldiert werden sollen. Wohlgemerkt: hier geht es um den Bereich der Abschätzung, noch gar nicht um eine Bewertung. Aber es mag schon aus der Aufzählung evident erscheinen, daß TA komplexe Anforderungen an den Erkenntnisgewinnungsprozeß stellt. Die Folgendimensionen: technische, wirtschaftliche, gesundheitliche, ökologische, humane und soziale verweisen darauf, daß Probleme von Technik keine technischen Probleme sind, vielmehr solche, die Technik transzendieren. Bisweilen wird deswegen von soziotechnischen Problemlagen gesprochen. Die Amalgamierung von gesellschaftlichen und technischen Dimensionen beginnt nicht erst bei den Resultaten von verwirklichten technischen Konstrukten, sondern schon bei deren Konstruktion, Entwicklung und Fertigung (Bechmann & Petermann, 1994). TA guckt also aus sehr unterschiedlichen Perspektiven auf soziotechnische Situationen. Es ist deshalb nur folgerichtig, daß nicht allein die Implikationen einer einzigen technischen Linie analysiert, sondern mehrere Varianten technischer und anderer Lösungen (Alternativen) abgeschätzt werden.

Die Mittelgebirge der Abschätzung hinter uns lassend erreichen wir die Hochgebirge der Bewertung. Definierte Ziele und Werte sollen die Grundlage der Bewertung abgeben. Aber woher solche bestimmten Ziele und Werte nehmen in einer Gesellschaft, deren Ziele und Werte teils auseinanderfallen in tagtäglich praktizierte und sonntäglich verbalisierte, teils nahezu unsichtbar geworden sind in einer Kulisse von Waren aller Art, teils zu einer Angelegenheiten von Kirchen, Sekten und Parteien gemacht worden sind, in der aber jedenfalls die wenigsten Menschen sich bewußt sind, daß und warum ihr Verhalten Präferenzen im Blick auf Werte und Ziele ausdrückt? Das landläufige Vorurteil, daß, wer zwei Juristen befragt, drei Meinungen zur Antwort erhielte, trifft allemal die Situation bei der Bewertung und der Aufstellung und Gewichtung von Bewertungskriterien soziotechnischer Probleme.

Wir können unseren kleinen Rundgang durch die Definition von TA mit dem Vorurteil beschließen, daß TA eine vieldimensionale, keineswegs widerspruchsfreie und pluralistische Angelegenheit darstellt. Das trifft auf die zeitlich letzten Stufen, nämlich die Formulierung von Handlungs- und Gestaltungsmöglichkeiten sowie deren Umsetzung in die Praxis der Gesellschaft, offenkundig ebenfalls zu. TA ist ein arbeitsteiliger und zugleich kooperativer Prozeß zwischen verschiedenen Teilen des gesellschaftlichen, wirtschaftlichen, wissenschaftlichen und politischen Systems. Bevor ich nun näher die Rolle wissenschaftlicher Methodik und wissenschaftlichen Wissens in derartigen Abläufen untersuche, will ich einige Bemerkungen zur historischen Entwicklung und organisatorischen Ausprägung von TA machen.

Zur Geschichte und Institutionalisierung von TA

Es gibt seit langer Zeit philosophische und gesellschaftheoretische Schriften von Menschen, die sich mit dem Zusammenhang von Wissenschaft, Technik und Gesellschaft befaßt haben. In der zweiten Hälfte des 18. Jahrhunderts hat sich J. Beckmann, vor allem mit seinem grundlegenden Werk der *Allgemeinen Technologie*, mit dem Zusammenwirken technischer und gesellschaftlicher Abläufe, Organisation und Produkte beschäftigt. Aber wenn wir von TA als einem instrumentellen Procedere zur Verhütung oder Verminderung ungewollter und schädlicher Folgen soziotechnischer Innovationen und der Erweiterung von gesellschaftlichen Handlungsoptionen sprechen, so stammen die zentralen Überlegungen dazu aus den USA der Mitte der 60er Jahre unseres Jahrhunderts. Mir ist diese Zeit noch recht gut in Erinnerung, weil sie für mich der Beginn eines halbwegs kritischen Denkens gewesen ist. Einige historische Splitter aus den drei Jahren 1966-1968: H. Marcuse veröffentlicht seine *Kritik der repressiven Toleranz*, die Struktur des Wachstums-Hormons wird in den USA aufgeklärt, die Raumsonde Luna 9 landet weich auf dem Mond, in der Volksrepublik China beginnt die Kulturrevolution, Frankreich tritt aus dem militärischen Teil der NATO aus, in Indonesien obsiegt die Gegenrevolution, die USA versuchen mit aller Gewalt, Nordvietnam zu zerstören. Im folgenden Jahr 1967 erobert Israel ein Gebiet von der doppelten Größe seines ursprünglichen Territoriums, Che Guevara wird ermordet, der Student Benno Ohnesorg wird in West-Berlin von der Polizei erschossen, in Südafrika wird erstmalig ein menschliches Herz transplantiert, W. Heisenberg veröffentlicht seine Einheitliche Feldtheorie, G. M. Márquez seinen Roman *Hundert Jahre Einsamkeit*. 1968 werden in Westdeutschland von einer Großen Koalition, die seit 1966 amtiert, die Notstandsgesetze durchgesetzt, in der CSSR marschieren Truppen des Warschauer Paktes ein, in einigen Ländern gibt es Unruhen unter den Studenten, in vielen Ländern Afrikas, Indochinas, Lateinamerikas und des Nahen Ostens finden mehr oder minder offene Kriege mit oder ohne ausländische Interventionen statt. Ich breche hier ab, die Schilderung ließe sich umfänglich fortsetzen. Ich wollte nur ein wenig in Erinnerung rufen, welche gesellschaftlichen Konflikte, Hintergründe und Veränderungen eine Rolle spielten in den Jahren, in denen sich die Konzeptionen für eine TA herausgebildet haben. Hauptsächlich drei Faktoren bildeten den Humus für das, was TA genannt werden sollte:

- zum ersten ein gesundes Mißtrauen aus dem Parlament gegenüber den Versprechungen der Regierung, wenn es darum ging, Mittel für technische Neuerungen, guten Teils im militärischen Sektor, bewilligt zu bekommen;
- zum zweiten die um sich greifende Erkenntnis, daß technischer Fortschritt auch ernstzunehmende Schattenseiten hat; 1962 war R. Carsons Buch *Silent Spring* (Carson 1962) erschienen, eine frühe und beklemmende Dokumentation der fortschreitenden Zerstörung unserer natürlichen Lebensgrundlagen;
- zum dritten das Interesse, öffentliche Gelder nicht entweder an der falschen Stelle einzusetzen oder sonstwie Schaden damit anzurichten.

Die frühen Konzeptionen von TA sind eng mit dem Namen des demokratischen Abgeordneten E.A. Daddario verbunden, der 1967 eine erste Vorlage zu TA als einem Frühwarnsystem vor unintendierten Schäden technologischer Innovationen und knapp ein Jahr später einen ersten Gesetzesantrag zur Erörterung der Einrichtung von TA-Kapazität beim Parlament der USA vorgelegt hat. Die Daddario-Initiativen führten zu Anhörungen und Erörterungen, in die u. a. Studien der Library of Congress, der National Academy of Engineering, der National Academy of Sciences und der National Academy of Public Administration eingeflossen sind. So hat sich schon zu Beginn der Konzeptionierung und Institutionalisierung jenes patch-work-Muster von Beteiligten herausgebildet, das bis auf den heutigen Tag für die TA in den USA als charakteristisch angesehen werden kann. Universitäten, staatliche Forschungsinstitutionen, Berufsverbände, Industrie, private Beratungsfirmen, Behörden, Parlamente - sie alle nehmen aktiv an der Debatte teil und Einfluß auf die weitere Entwicklung. Nach Zwischenstufen wurde 1972 das Gesetz zur Bildung des Office of Technology Assessment (OTA) verabschiedet, 1974 nahm das Amt seine Arbeit mit einem Budget von zunächst US $ 2 Mio. auf. Gut zehn Jahre später (1985) gab es im OTA 80 wissenschaftliche und noch einmal doppelt so viele andere Mitarbeiterinnen und Mitarbeiter. Das OTA hat sich mithin zu einer echten Institution gemausert, wenn auch selbstverständlich mit etlichen Rückschlägen und Krisen. Das OTA arbeitet nach definierten Regeln

Ausschüssen des Parlamentes zu. Die massiven Stimmenzuwächse der Republikaner in beiden Häusern des Kongresses Ende 1994 haben dazu geführt, daß im Rahmen der Verschlankung der Administration und des Kampfes gegen demokratische *think tanks* zum Oktober 1995 das OTA abgeschafft worden ist.

Auch in anderen Ländern haben sich in den 70er und 80er Jahren Konzepte, Arbeitszusammenhänge und Institutionen für TA entwickelt, so u. a. in Dänemark, Frankreich, Großbritannien, Japan, den Niederlanden, Österreich und Schweden. Bei den Vereinten Nationen gibt es Bemühungen um die Etablierung von TA, die EU (Kommission wie Parlament) haben Programme oder Teile von Programmen i. w. Sinne TA-relevanten Fragestellungen gewidmet. Ich kann das hier nicht im einzelnen darstellen. Jedenfalls haben sich in den genannten Ländern und internationalen Organisationen recht verschiedene Typen von TA entwickelt. Sie unterscheiden sich vor allem durch die

- Nähe zum politischen Prozeß überhaupt,
- Nähe oder Ferne zum Parlament / Legislative und / oder Regierung / Exekutive,
- Organisation der Arbeit entweder mit eigener Kapazität oder durch Auftragsvergabe an geeignete Personen und Institutionen,
- Anlage der Arbeit, die mehr auf eine entscheidungsvorbereitende Präsentation von Expertise oder mehr auf gesellschaftlichen Diskurs orientiert ist.

Diese Typisierung ist lediglich als eine grobe Annäherung zu verstehen.

Was ist nun in der Bundesrepublik in Sachen TA passiert? 1973 beantragte die weiland oppositionelle CDU/CSU-Fraktion im Bundestag die Einrichtung eines Amtes zur Bewertung technologischer Entwicklungen. Die sozial-/freidemokratische Regierungsmehrheit lehnt ab. Zwei Jahre später die gleiche Prozedur mit einer Kommission für Technologiefolgenabschätzung. Wiederum zwei Jahre später die nämliche Prozedur bezüglich der Einrichtung einer Prognose- und Bewertungskapazität zur Begutachtung technologischer und forschungspolitischer Entwicklungen. 1982 dann, nach der Wende, bringt die nunmehr oppositionelle SPD eben jenen Antrag der CDU/CSU von 1973 ein, mit dem gleichen Ergebnis: die jetzt christ-/freidemokratische Regierungsmehrheit lehnt ab. Mit einem solchen hinterwäldlerischen Ping-Pong, das T. Petermann (1992) zurückhaltend einen "politischen non-decision-Akt" nennt, sind schon nahezu zehn Jahre vertan worden. Es vergehen dann mit Anträgen, Enquête-Kommissionen und noch mehr Anträgen weitere sieben Jahre, bis 1989 ein wahrhaft umwerfender Beschluß gefaßt wird:

- der Bundestagsausschuß für Forschung und Technologie wird umbenannt in Ausschuß für Forschung, Technologie und Technikfolgenabschätzung; dieser soll die TA für das Parlament steuern;
- es wird eine geeignete Einrichtung unter Vertrag genommen, die TA teils selbst leisten, teils initiieren und koordinieren soll. Mittlerweile hat die Abteilung für Angewandte Systemanalyse aus dem Kernforschungszentrum Karlsruhe das Büro für Technikfolgenabschätzung des Deutschen Bundestages (TAB) eingerichtet, mit sechs wissenschaftlichen Mitarbeitenden und einem Budget von etwa DM 4 Mio.

Als engagierten und interessierten Staatsbürger kann einen ob der geschilderten Abläufe wegen der grassierenden Inkompetenz, Kurzsichtigkeit und parteipolitischen Sandkastenmentalität bisweilen die schiere Verzweiflung ankommen. Abständiger betrachtet und politikwissenschaftlich kategorisiert kommt in diesen Abläufen zum einen die Rolle des Bundestages als primär regierungsstützendes Organ und eben nicht selbständiger Machtfaktor à la USA zum Ausdruck. Zum anderen wird deutlich, daß überhaupt das politische System in Deutschland nicht auf die Entwicklung und Formulierung langfristig angelegter, auf Kohärenz bedachter Wirtschafts,- Forschungs-, Arbeitsmarkt-, Bildungs-, Kultur- und Technologiepolitiken orientiert ist, sondern weit mehr auf eine an den Abgrenzungen der Administration fixierte Verwaltung des status quo und auf eine Krisenregulierung ad hoc, wenn es denn überhaupt sein muß.

Im parlamentarischen Bereich ist es, wie wir gesehen haben, zwar erst nach siebzehn Jahren gelungen, eine Einrichtung zu etablieren. Das heißt allerdings nicht, daß es in dieser Zeit überhaupt keine TA oder TA-relevanten Aktivitäten gegeben hätte. Einige Vorhaben seien genannt, ohne jeglichen Vollständigkeitsanspruch. Zunächst einmal ist zu erwähnen, daß zwei Enquête-Kommissionen Zukünftige Kernenergiepolitik Ende der 70er,

Anfang der 80er Jahre recht grundlegende Arbeit im Bereich der Energieversorgung geleistet haben. Die seinerzeit sich erst breit entwickelnde öffentliche Debatte um die Implikationen der regierungsamtlich und wirtschaftsseitig favorisierten Nutzung von Atomreaktoren zur Stromerzeugung wurde in der Arbeit dieser Kommissionen systematisch aufgegriffen, indem anhand von vier Kriterien untersucht wurde, inwieweit "der gesellschaftliche Nutzen eines Energiesystems den dafür erforderlichen gesellschaftlichen Aufwand wert ist" (Meyer-Abich/Schefold 1985). Die Kriterien waren: Wirtschaftlichkeit, internationale Verträglichkeit, Umweltverträglichkeit und Sozialverträglichkeit. Die Profilierung und systematische Ausarbeitung der untersuchten Pfade K (wie Kernenergie) und S (wie Sonnenenergie und Sparen) hat mit dazu beigetragen, daß die äußerlich festgefahrene Debatte um die Kernenergie in Bewegung geriet. Ich muß nicht besonders erwähnen, daß der Streit bis heute nicht ausgestanden ist, daß durch die Diskussion um die klimatischen Folgen der riesigen Kohlendioxid - Emissionen neue Elemente in den alten Disput eingerückt sind.

Die Aktivitäten der 1984 von der Bundesregierung eingesetzten Benda-Kommission, einer interministeriellen Arbeitsgruppe zu In vitro-Fertilisation, Genomanalyse und Gentherapie, bewegten sich auf der Grenze zwischen direkter und indirekter TA. Der Kommission kommt aber ganz unbestreitbar das Verdienst zu, die öffentliche Debatte um die menschlichen, d. h. zunächst die für die unmittelbar einbezogenen und behandelten Frauen, um die juristischen, sozialen und moralischen Fragen befördert zu haben. Die Ergebnisse der Arbeit der Benda-Kommission sind in weiteren Kommissionen und Arbeitsgruppen zwischen den Ländern und mit dem Bund weitererörtert worden. Schließlich ist aus alledem ein vom Bundestag 1990 verabschiedetes Embryonenschutzgesetz geworden. Es ist interessant, die Übereinstimmungen und Diskrepanzen zwischen den Empfehlungen der Benda-Kommision und dem schließlichen Gesetzestext aufzuspüren. Ich muß mir das hier untersagen. Auf das dahinter liegende Problem des gesellschaftlich-politischen Umgangs mit Erkenntnissen, Schlußfolgerungen und Vorschlägen der TA komme ich später zurück.

Ein Feld technisch basierter Innovationen hat in den letzten zehn bis fünfzehn Jahren viel TA-inspirierte Aktivitäten auf sich gezogen: die Informationstechnik, insbesondere die mit der

Minitiaturisierung der elektronischen Bausteine von Maschinen verbundenen Entwicklungen. Dieser Sektor dürfte, zumindest in Deutschland, der am intensivsten behandelte sein. Das Land Nordrhein-Westfalen z. B. hat mit seinem Programm Mensch und Technik - Sozialverträgliche Technikgestaltung im Rahmen der Initiative Zukunftstechnologien eine breit angelegte Palette von Fragen untersuchen lassen, auch das Bundesministerium für Forschung und Technologie hat im Rahmen mehrerer Forschungsprogramme die Untersuchung von Fragen der Entwicklung der Mikroelektronik gefördert. Dabei spielte immer eine nicht unwesentliche Rolle die Förderung der Technik selbst. Im Bereich der Informatik an Universitäten und Fachhochschulen hat die Frage nach den Implikationen der Informatisierung für die Gesellschaft seit längerer Zeit ebenfalls eine wichtige Rolle gespielt. National wie international wurden auf Fachkongressen recht kontrovers und prinzipiell Themen wie die Auswirkungen auf die Qualität von Arbeit, auf Rationalisierungsprozesse in Industrie und Verwaltung, der Zusammenhang von Informationstechnik und Rüstung debattiert. Sie werden in späteren Vorträgen Näheres dazu hören.

Etliche TA-Aktivitäten in der Informatik hatten einen anderen institutionellen Ausgangspunkt als die zuvor geschilderten, die von Legislative bzw. Exekutive ausgegangen waren. Hier taten sich Wissenschaftlerinnen und Wissenschaftler zusammen, die über mehr oder minder klar definierte innerwissenschaftliche oder Anwendungsaspekte, also über Entwicklungskontexte beunruhigt waren. Ein solcher Entwicklungskontext war die Rüstungsspirale mit ihren von Mal zu Mal wahnsinnigeren Zerstörungspotentialen, die schließlich mit keiner noch so abstrusen Rechtfertigung mehr erklärt werden konnten. Das Wettrüsten zwischen West und Ost hat sich nicht nur volkswirtschaftlich selbst aufgefressen, es ist auch an der Unvernunft und Unmenschlichkeit seiner ideologischen Konstrukte zu einem toten Punkt gelangt. "Naturwissenschaftler für den Frieden" und andere Initiativen haben wichtige Beiträge zu einer Auseinandersetzung mit dem Rüstungswahn geleistet. In einem Feld und zu einer Zeit, wo staatliche Politik und Einrichtungen, auch die Hochschulen, sich entweder passiv oder sogar restriktiv zu solchen Aktivitäten verhalten haben.

Im Feld der modernen Biotechnologie ist neben den schon erwähnten Arbeiten zu reproduktionsmedizinischen und humangenetischen Fortschritten die Arbeit der Enquête-Kommission Chancen und Risiken der Gentechnologie zu nennen, die von 1984 bis 1986 gearbeitet und Anfang 1987 ihren Bericht vorgelegt hat. R. Ueberhorst hat aus meiner Sicht ganz zutreffend die Arbeit der Kommission methodologisch scharf kritisiert. Wenn man sich der Mühe unterzieht, auch das Minderheitenvotum zu lesen, so enthält der Bericht gleichwohl viele Überblicksinformationen, Zustandsbeschreibungen und Kontroversen. Im übrigen wird man auch die Formulierungen des Kommissionsauftrages kritisch in den Blick nehmen müssen, wenn man die konzeptionellen Defizite der Arbeit und ihrer Ergebnisse beurteilt. Den Empfehlungen der Enquête-Kommission zur Gentechnologie jedenfalls wäre es beinahe so ergangen wie denen der Benda-Kommission, wenn nicht industrielle Anwendungsinteressen dazwischengekommen wären. Wie üblich haben zunächst diverse Bundestagsausschüsse die Vorlage der Enquête-Kommission erörtert; nicht gerade mit großer Eile. Noch bevor dieser Vorgang zum Ende gekommen war, preschte Ende 1988 die Bundesregierung mit eigenen Eckwerten für eine gesetzliche Regelung zur Gentechnik vor. Damit war generell das Schicksal der Kommissionsempfehlungen besiegelt. Zunächst gab es nun Entwürfe und Entwürfe zu einer gesetzlichen Regelung bestimmter Anwendungsbereiche der Gentechnik, anschließend ein wenig professionelles und angemessenes Gesetzgebungsverfahren im Bundestag, dessen zusammengeschustertes Resultat mit Mühe und Not zwei Tage vor der die Mehrheitsverhältnisse verändernden Landtagswahl in Niedersachsen im Mai 1990 durch den Bundesrat gedrückt wurde. Seit dem Juli 1990 ist nun das Gentechnikgesetz (GenTG) in Kraft, das 1993 bereits wieder (auch jetzt auf Druck der industriellen Interessenten) novelliert worden ist. Die Probleme des gesellschaftlichen Dissenses über die einzuschlagenden Entwicklungsrichtungen, den Nutzen und die Gefährdungspotentiale sind damit nicht gelöst, sie spielen sich in Zukunft guten Teils in institutionell regulierten Formen ab.

Wie am Beispiel unserer Universität zu sehen ist, hat die öffentlich Debatte über die moderne Biotechnologie jedenfalls in einigen Hochschulen dazu geführt, daß TA mittlerweile auch als Aufgabe der universitären Wissenschaften interpretiert wird. In diesem Zusammenhang sind auch Universitäten wie Tübingen und Bamberg, Technische Hochschulen wie Darmstadt und Aachen, die Fachhochschule und die TU Hamburg zu nennen. Ganz gewiß ist aber für Deutschland heute festzustellen, daß TA - in allen Schattierungen - überwiegend außerhalb des Hochschulbereichs angesiedelt ist und konzipiert und praktiziert wird. Das mag - und damit will ich meinen kurzen und fragmentarischen Streifzug zur Geschichte und Institutionalisierung von TA abschließen - strukturell verkoppelt sein mit dem eingangs dieses Kapitels erwähnten Macht- und Kompetenzstatus des Bundestages im Unterschied zum Parlament der USA. In der BRD ist TA bis heute eine Domäne der Exekutive, die diesen Zustand thematisch und infrastrukturell auszubauen trachtet.

Nicht unterschlagen werden darf allerdings die wichtige Rolle, die Initiativen, Umweltverbände, Behindertenorganisationen und andere nicht-staatliche Organisationen immer wieder gespielt haben bei der Thematisierung von Folgen technisch basierter Innovationen und bei der Schaffung eines öffentlichen Disputs, ohne den aller TA die Atemluft ausginge wie einem Fisch auf dem Trockenen.

Die verschiedenen Bestandteile von TA

TA kann nach einem gesellschaftlich-politischen und einem wissenschaftlichen Teil unterschieden werden. Dabei ist bei mir mitgedacht, daß mit dieser Unterscheidung keineswegs die landläufigen Kategorisierungen von gesellschaftlich-politisch entsprechend irrational, willkürlich, machtbezogen, ideologisch und wissenschaftlich entsprechend methodisch einwandfrei, faktenbasiert, macht- und ideologiefern verbunden sind. Wir wissen aus der Wissenschaftsgeschichte, der Wissenssoziologie und auch der ganzheitlich orientierten Psychologie hinreichend gut, daß diese weitverbreiteten Konnotationen irreführende Bilder, falsche Zuordnungen, im schlechten Sinne Vorurteile und im Marx´schen Sinne Ideologie sind. Die Trennung zwischen wissenschaftlichem und gesellschaftlich-politischem Teil ist relativ zu verstehen, sie erfolgt aus institutionenbezogenen und pragmatischen Gründen.

Das läßt sich anhand des Ablaufs einer TA erläutern. Ich wähle dazu ein relativ übersichtliches Beispiel, nämlich das rekombinante Rinderwachstumshormon (rBST).

Am Beginn steht die Entwicklung der Fragestellung. In unserem Fall hatten es interessierte Firmen in den USA mit Hilfe gentechnischer Methoden zuwege gebracht, einen Stoff in größeren Mengen zu produzieren, der sehr ähnlich auch natürlicherweise in Rindern vorkommt, eben das Rinderwachstumshormon. Dieses rBST ist dazu gedacht, die Leistung von Milchkühen zu steigern. Da es sich um eine pharmazeutisch wirksame Substanz handelt, haben die Firmen nach den entsprechenden Vorschriften die Zulassung als Arzneimittel beantragt. Nun dürfte das Stellen von Zulassungsanträgen für Tierarzneimittel in industrialisierten Ländern zumeist keine wahrnehmbare öffentliche Debatte, geschweige denn weitergehende Aktivitäten hervorrufen. In unserem Fall allerdings regten sich in der EU-Kommission und europäischen Bauernverbändekreisen bedenkliche Stimmen, daß womöglich der Einsatz von rBST sowohl im Verhältnis USA zu EU wie auch innerhalb der EU Turbulenzen in das ökonomisch fragile Gebäude der Milchquotierung und -preisregulierung bringen könnte. Der Bundestag setzte 1987 erneut eine Enquête-Kommission Einschätzung und Bewertung von Technikfolgen; Gestaltung von Rahmenbedingungen der technischen Entwicklung ein, die u. a. das Sachgebiet Alternativen landwirtschaftlicher Produktionsweisen bearbeiten sollte. In der Kommission wurde die Entscheidung getroffen, neben den langfristig angelegten Fragenkreisen nach Entwicklungspfaden für die Landwirtschaft auch das konkrete Problem rBST zu behandeln. Die Fragestellung ist mithin in unserem Beispielsfall von drei Seiten her generiert worden: von den antragstellenden Firmen, von besorgten Teilen der Landwirtschaft und aus dem Parlament.

Die Formulierung der Fragestellung - der nächste Schritt im Ablauf - für eine detaillierte Untersuchung der möglichen Folgen des Einsatzes von rBST erfolgte innerhalb der Enquête-Kommission und mit Interessenten, die sich auf die Ausschreibung einer Studie hin beworben hatten. Das Ergebnis war, daß Wissenschaftlerinnen und Wissenschaftler aus dem Institut für Agrarökonomie der Universität Göttingen ein Gutachten anzufertigen hatten mit dem Titel: BST - Technologie, Zusammenhänge und Folgen, insbesondere ökonomische, agrarstrukturelle, soziale und ökologische Folgen.

Der nächste Schritt ist die Bearbeitung der Fragestellung. Isermeyer et al. haben dazu zunächst ihre eigenen Kompetenz eingebracht, darüberhinaus aber Sachverständige beigezogen zu speziellen Fragen der Gentechnik, zu betriebswirtschaftlichen Modellkostenrechnungen, aus Agrarverwaltungen und Beratungsdiensten mehrerer Bundesländer, zu allgemeinen Fragen aus Politik, Industrie, Verbänden und Wissenschaften, zur Sicht der Praxis eine Reihe von Landwirten und Milchverarbeitern. Isermeyer et al. haben das Ergebnis ihrer Nachforschungen nach (nur) sechsmonatiger Arbeit als Studie vorgelegt. Die Bearbeitung der Fragestellung fand aber nicht allein in Form der Erstellung einer Studie statt. Die Enquête-Kommission führte zeitlich parallel eine öffentliche Anhörung zum Thema BST und gesundheitliche Folgen durch. Dazu wurden sachverständige Tier- und Ernährungswissenschaftler, Milchverarbeiter, das Bundesgesunheitsamt und das Öko-Institut eingeladen; Mitglieder verschiedener befaßter Bundestagsausschüsse beteiligten sich ebenfalls. Die dritte Methode der Bearbeitung des Themas war eine Informationsreise von Kommissionsmitgliedern in die USA, bei der Gespräche mit an der dortigen Kontroverse Beteiligten geführt worden sind.

Nachfolgend hat die Kommission einen ersten Berichtsentwurf diskutiert - dies der vierte Schritt im Ablauf -, der wiederum von einem Kreis von Sachverständigen kommentiert wurde. Diese Kommentarsachverständigen waren zuvor nicht an dieser TA beteiligt. Mit den Kommentaren im Kopf und in der Hand wurde die endgültige Fassung des Berichts der Enquête-Kommission ausgearbeitet.

Der nächste und fünfte Schritt ist die Darstellung der Ergebnisse. Die Kommission hat diese Aufgabe in der Weise gelöst, daß ein kompakter Bericht, der die Struktur der Arbeit und die Essenz der Ergebnisse enthalten hat, sowie ein Materialband vorgelegt wurden, in dem die einschlägigen Originaldokumente (Gutachten Isermeyer at al., Anhörungsprotokoll, Kommentargutachten usw.) festgehalten sind.

Die Präsentation der Ergebnisse der TA bestand in der Vorlage des Kommissionsberichtes an den Bundestag. Die Diskussion und Umsetzung der Ergebnisse ist im Fall des rBST von einem ungewöhnlich schnellen und durchschlagenden Erfolg gekennzeichnet. Alle Fraktionen des Bundestages haben übereinstimmend dafür votiert, die Bundesregierung möge darauf hinwirken, daß rBST in der EU zunächst nicht zugelassen wird. Das ist bis heute auch noch nicht erfolgt, trotz eines anhaltenden Drucks der interessierten Herstellerfirmen.

Die Skizzierung der Arbeitsschritte der TA zum rBST hat gezeigt, inwieweit zwischen einem gesellschaftlich-politischen und einem wissenschaftlichen Teil der TA unterschieden werden kann. Im engeren Sinne ist der wissenschaftliche Teil der dritte Arbeitsschritt, nämlich die Bearbeitung einer Fragestellung durch Wissenschaftlerinnen und Wissenschaftler unterschiedlicher Fachgebiete. Aber, und das zeigt unser Beispiel auch recht klar, die Übergänge und Interferenzen zwischen gesellschaftlich-politischen und wissenschaftlichen Abläufen und Arbeitsschritten sind nach beiden Seiten hin vielfältig und fließend. Wir sehen, daß in fast allen Stadien Wissenschaften beteiligt sind und daß umgekehrt auch im Kernbereich der Wissenschaften gesellschaftlich-politische Aspekte, Interessen und Personen vorkommen.

Die Rolle der Wissenschaften in der TA kann auch nachgezeichnet werden, indem das Geflecht von Interessen analysiert wird, das im Gegenstand der TA von Belang ist. Ich kann das hier nur grob skizzieren, wiederum am Beispielsfall rBST. Zunächst sind da die Firmen, deren Forschungsabteilungen überhaupt die marktbezogene Herstelung von rBST ermöglicht haben. Dieser Teil der Wissenschaft ist, was die Interessen angeht, unzweideutig zuzuordnen. Die Zulassungsbehörden, die nach den drei gängigen Kriterien Qualität, Wirksamkeit und Unbedenklichkeit die Zulassungsanträge zu überprüfen haben, stehen vor einer nicht unerheblichen Schwierigkeit: Insbesondere bei neuartigen Substanzen, mit denen noch keine Erfahrungen und also auch keine entsprechend vielfältigen Daten gewonnen worden sind, sind sie recht weitgehend auf Informationen angewiesen, die von den Antragstellern, also den Interessenten stammen. In unserem Beispiel war das ein recht gravierendes Problem; es gab lange Zeit nahezu keine Daten zur Wirksamkeit und den Folgen des rBST-Einatzes, die nicht von den Herstellern stammten. Die bisher angesprochenen wissenschaftlichen Kompetenzen liegen im Feld der Pharmakologie, Tiermedizin und Pharmakognosie. Weitere wissenschaftliche Gebiete wie z. B. Agrarökonomie, -soziologie, Welthandel, internationale Politik, Tier- und Agrarökologie, Ernährungsphysiologie kommen erst in dem Moment dazu, in dem ein entsprechendes Interesse formuliert worden ist. Dies wird im Fall des rBST repräsentiert durch Teile der Landwirtschaft, der Milchverarbeitung und des Parlamentes. Durch die konkurrierenden Interessenlagen kommen nun nicht nur weitere Wissenschaftsgebiete hinzu, sondern auch konkurrierende Erkenntnisse zu denen der Herstellerfirmen. Was wiederum zur Folge hat, daß die Herstellerfirmen nicht verlegen um die Präsentation wissenschaftlich begründeter Aussagen aus nicht technisch-wissenschaftlichen Feldern sind, wenn diese ihre Interessen zu fördern versprechen. Wenn nun auch noch die Öffentlichkeit außerhalb des engeren Kreises der schon genannten Interessenten sich in einem TA-Prozeß oder TA-Feld engagiert, so werden auch von daher zu vielen Fragen Aussagen beigesteuert, die oftmals wissenschaftlich begründet werden. So kommt es zu der verwirrenden Situation, daß in Kontroversen um soziotechnische Innovationen auf allen Seiten und auf fast allen Ebenen wissenschaftlich begründete oder aus wissenschaftlichen Zusammenhängen abgeleitete Positionen anzutreffen sind. Die Ursachen dafür liegen in der begrenzten Reichweite, der methodischen Vielfalt und den interpretativen Spielräumen von wissenschaftlichen Aussagen, Untersuchungen und und Ergebnissen. Die vier großen Bereiche von TA - Problemdefinition, Beschreibung, Abschätzung, Bewertung - können jeweils nicht ohne wissenschaftliches Wissen bearbeitet werden. Jede Erwartung, von den Wissenschaften zweifelsfreie und eindeutige Wegweisungen zu soziotechnischen Problemen zu erhalten, muß deshalb schon hier enttäuscht werden.

TA als wunderbares Mittel zur Behebung der Probleme der Gesellschaften und der Welt?

Wir haben gesehen, daß TA nicht einfach Wissenschaft ist, vielmehr ein gesellschaftlich geprägtes Verfahren zur Gewinnung von Erkenntnissen und Handlungsmöglichkeiten, in dem Wissenschaften eine nicht unwichtige Rolle spielen. Ich möchte aber auch hier davor warnen, in TA eine Art von wunderbarem Medium zu sehen, mit dessen Hilfe die zahlreichen schweren Gebrechen unserer industrialisierten Gesellschaften und unserer Welt geheilt werden könnten. Es ist heute ein wissenschaftspolitischer Allgemeinplatz geworden, zu sagen: "Viele unserer heutigen ökologischen sozialen, zwischenmenschlichen, ökonomischen, militärischen usf. Probleme, Deformationen und Bedrohungen gäbe es gar nicht oder jedenfalls nicht in dem aktuellen Ausmaß ohne Wissenschaft und Technik. Zugleich ist eindeutig, daß wir ohne Wissenschaft und Technik alle diese Probleme, Bedrohungen und Schwierigkeiten in der Zukunft gewiß nicht werden lösen können."

Ich möchte sowohl der Analyse wie der angeratenen Therapie widersprechen. Dazu verkürze ich die Argumentation noch einmal: Wenn wir bei soziotechnischen Innovationen nur mittels kluger TA vorher wüßten, was vor allem negative Implikationen sein würden, dann wären wir in der Lage, diese zu vermeiden, zumindest zu minimieren. Und die gravierenden schädlichen gesundheitlichen, ökologischen, sozialen, ökonomischen usf. Folgen gestrigen und vorgestrigen industriellen Wirtschaftens können wir wiederum nur beseitigen, indem wissenschaftlich-technische Problemlösungen gesucht, gefunden und eingesetzt werden.

Mir scheinen drei grundlegende Irrtümer in diesen Gedankengängen enthalten zu sein und zwar auf der Wahrnehmungs, der Erkenntnis- und der Interessen- oder Handlungsebene. Es gibt enorme Diskrepanzen bezüglich dessen, was gesellschaftlich als ein Problem wahrgenommen wird. Wir wissen aus vielen Befragungen, in welch großem Ausmaß die Beurteilung ein und desselben Gegenstandes durch Staatsbürgerinnen und Staatsbürger streut. Wir wissen aus Programmen politischer Organisationen und von Regierungen, wie unterschiedliche bis gegensätzliche Problembeschreibungen und Handlungsschritte formuliert werden. Und wir wissen aus Veröffentlichungen in wissenschaftlichen Journalen und Büchern, wie groß die Spanne von Befunden und deren Interpretation in den Wissenschaften ist. Schon die Identifizierung als Problem, d.h. als eine Situation, die alsbald in ihren bedingenden Elementen verändert werden sollte, ist gesellschaftlich uneinheitlich und umstritten. Das ist so bei manifesten Problemen wie Lärm, Luftverschmutzung, Verkehrstoten, auch bei Kriegen und demzufolge erst recht bei diffizileren wie Treibhauseffekt, Erschöpfung von Trinkwasservorräten, Fortschreiten der Wüsten, Umgang mit Mitmenschen usf. Auch in den Wissenschaften ist zu beobachten, daß diese sich nicht unbedingt in einem angemessenen Umfang mit Menschheitsfragen und globalen Problemen beschäftigen. Was also als Problem wahrgenommen wird und welche Energie und welche Ressourcen zu dessen Lösung bereitgestellt werden, hängt wesentlich auch von ganz anderen Faktoren als methodisch fundierten Einsichten und einem objektiven Wissen ab. Auch auf der Erkenntnisebene sind vergleichbare Widersprüche und Aporien zu beschreiben. Der Erkenntnisprozeß der modernen Technik-, der Naturwissenschaft und der Medizin basiert auf der Zerlegung von physikalischen, chemischen und biotischen Systemen, Einheiten und Prozessen in immer kleinere Subeinheiten oder Teile von diesen und deren Beschreibung nach Strukturen, Formen und Funktionen einerseits und auf der konstruierenden Kombination oder Synthese andererseits. Dabei sind die Grenzen des experimentell Machbaren und Behandelbaren zunächst einmal durch das jeweils apparativ Mögliche gesteckt. Die Gesellschaftswissenschaften haben mit großem Eifer den Gang der Naturwissenschaften in die Mikro- und Molekularwelt nachzustellen versucht. Nun ist es aber vertrackterweise so, daß sich das gesellschaftliche wie das natürliche Leben wesentlich auch auf anderen Ebenen abspielt, die mit gedanklicher analytischer Isolierung und experimentellen Reinraumbedingungen kaum oder gar nicht, eher schon mit systembezogenen und Netzwerkvorstellungen oder auch kulturellen Deutungen annäherungsweise zu interpretieren sind. Als Gesetzmäßigkeiten der Mikroebene definierte Regelmäßigkeiten gelten nicht ohne weiteres für den nächstkomplexeren Zustand. Hinzu kommt, daß die Wissenschaftszweige in ihren verschiedenen Welten Regeln aufgestellt haben, die untereinander nicht zusammenpassen. Die Molekularbiologie spricht in einer anderen Sprache als die ökonomische Spieltheorie. Schließlich ist einzusehen, daß es bisher unmöglich war, mit dem Rüstzeug der modernen Wissenschaft in die Zukunft zu blicken. Bleibt als dritte die Interessen- oder Handlungsebene. Gesellschaftliche Organisation, der mentale und materielle Austauschprozeß zwischen Kultur und Natur, auch die Struktur der Wissenschaften in der Gesellschaft sind nicht nach akademisch geordneten Gesichtspunkten, wissenschaftlich gesicherten Einsichten und unter Vermeidung der Wiederholung von erkannten Fehlern eingerichtet. Hier spielen vielmehr ökonomische, politische, militärische und andere Interessen die bestimmende Rolle. Die Welt der Interessen und der Macht, also der Fähigkeit, eigene Interessen auch gegen Widerstände durchsetzen zu können, entfaltet ihre eigene Rationalität und vor allem ihre eigene Wirklichkeit.

Aus allen diesen Ursachen heraus ist TA nicht in der Lage, strukturelle Defizite im ökonomischen, politischen, sozialen und wissenschaftlich-technischen Leben zu kurieren. Ich meine, daß es aus Gründen wissenschaftlicher wie gesellschaftspolitischer Seriosität erforderlich ist, diese Einschränkung deutlich zu benennen. Für eine dauerhafte Entwicklung des kritischen Potentials, das in TA angelegt ist, ist nämlich kaum etwas schädlicher als ein Erwartungshorizont, der so hoch hängt, daß er gewiß nicht zu erreichen sein wird.

Ich sehe vor allem folgende wichtige Aufgaben und Wirkungen von TA: Die Kultivierung des Streites um die Frage danach, wie wir zukünftig leben wollen. Wir wissen heute recht zuverlässig, daß weder im industrialisierten Norden noch auf der ganzen Erde die Lebensweise, also die Produktions-, Distributions- und Konsumtionsformen und -prozesse, die sich in den letzten fünfhundert Jahren herausgebildet haben, so fortgesetzt werden dürfen. Denn der Preis, der dafür zu zahlen wäre, teils heute schon zu zahlen ist, ist unermeßliche Zerstörung der Lebensgrundlagen der Menschen und vieler anderer Lebewesen, unverantwortbares menschliches und soziales Elend. Wissend, wie es nicht weitergehen darf, müssen wir gesellschaftlich nach Alternativen suchen. Dabei kann TA helfen, denn es gibt für die vielfältigen Probleme keine einheitliche Antwort. Zum zweiten kann TA dazu beitragen, die Disparitäten und time lags zwischen dem privatwirtschaftlich-technisch-industriellen und dem politischen Sektor partiell zu verringern. Wie wir am Beispiel des rBST sehen konnten, muß durchaus nicht immer die wissenschaftlich-technische Innovationswut durchschlagen. Eine sorgfältig gestaltete und konzipierte TA kann sehr wohl mit klären, was aus dem Arsenal des wissenschaftlich-technischen Fortschritts auch zu einem gesellschaftlichen Fortschritt, einem umfassend verstandenen gesellschaftlichen Nutzen werden kann. Drittens kann TA der erforderlichen Modernisierung unserer politischen, der exekutiven wie der parlamentarischen und judikativen Institutionen, Verfahren und Entscheidungen beistehen. An vielen politischen Entscheidungen, die soziotechnische Fragen betreffen, erleben wir immer erneut, wie politische Debatten, Gesetze, Verordnungen und Einzelfallentscheidungen jedenfalls zum Teil daran kranken, daß die jeweilige Entscheidungsvorbereitung dem zu entscheidenden Problem nicht adäquat ist. Hier kann TA zwar Interessen- und andere Konflikte nicht in Luft auflösen, wohl aber zu deren systematischer Behandlung beitragen. Viertens erhoffe ich mir von einer vernünftig etablierten TA eine innovative Rückwirkung in den Wissenschaftsbetrieb. Kluge Leute haben die Zerfallsprozesse des Universums der Wissenschaften ergründet. Das Universum ist zerfallen, das können wir an allen Universitäten und anderen wissenschaftlichen Einrichtungen sehen. Nun gibt es allerdings keinen archimedischen Punkt außerhalb des Universums, von dem her dieses neu zusammengefügt werden könnte. Ich hege auch Zweifel, ob die zentrifugalen Kräfte, die zu einer immer kleinteiligeren Aufgliederung zwischen und in den wissenschaftlichen Disziplinen geführt haben, heute noch primär den Imperativen funktionaler Differenzierung folgen. Bisweilen scheinen mir Parkinsons Gesetze auch wesentlich wirksam. Wenn nun aber die Wissenschaftslandschaft so zerklüftet ist, Sprach-, Denk-, Methoden- und andere Barrieren im Wege stehen, so könnte TA dazu beitragen, daß, auf definierte gesellschaftliche Probleme bezogen, verschiedene Wissenschaftsteile in eine Kommuniaktion eintreten. Und Kommunikation wiederum ist eine Voraussetzung für jede weitergehende Form von Zusammenarbeit und Verständigung.

Aufgaben der Wissenschaften in bezug auf TA

Wir haben gesehen, in welcher Weise und an welchen Punkten und Teilen des TA-Prozesses wissenschaftliches Wissen eine Rolle spielt. TA als Aufgabe der Wissenschaften besteht aber nicht allein in der problem- und projektbezogenen Zusammen- und Zuarbeit. Vielmehr ist auch danach zu fragen, in welcher Weise die Organisation von Wissenschaft in der Gesellschaft so gestaltet werden kann, daß durch sie zu dem Ziel, dem auch alle TA dient, nämlich einem verantwortbaren Umgang mit soziotechnischen Innovationen näherzukommen, ein Beitrag geleistet werden kann.

Zuerst ist an den Hochschulen die Lehre zu nennen. Hochschulen betreiben Wissenschaft wesentlich durch Lehre, durch sie wird wissenschaftliches Wissen weitergegeben, es werden zugleich Einstellungen und Verhaltensdispositionen von inzwischen fast zwei Millionen jungen Menschen allein in Deutschland geprägt. Neben vielen neuerdings wieder öffentlich erörterten Mängeln der Lehre scheint mir ein Defizit besonders gravierend: die nahezu vollständige Abwesenheit von wissenschaftshistorischen, -ökonomischen, wissenssoziologischen und allgemein wissenschaftsmethodischen Elementen in den Studiengängen. Das ist ein Defizit aller Studiengänge, nicht etwa nur eines technik- und naturwissenschaftlicher Curricula. Sicherlich kann man in Diplom- oder Magisterstudiengängen nicht umfassend TA lernen. Es sollen ja auch keine TA-Spezialisten, sondern Biologen, Orientalisten usw. ausgebildet werden. Was aber not tut und möglich ist, ist, daß Studierende angeleitet werden, sich mit dem Beziehungsgeflecht Wissenschaft - Technik - Gesellschaft (im folgenden: WTG) auseinanderzusetzen. Dazu gehören Inhalte der Geschichte der Wissenschaften, ihrer Wechselwirkungen untereinander, ihrer Einbettung in gesellschaftliche Entwicklungen. Und natürlich gehören die Methoden dazu, mit denen derartige Fragen untersucht werden können. Ich verstehe Wissenschaftsgeschichte im übrigen auch als die Zeitgeschichte der Wissenschaften umgreifend. Auf einer solchen soliden Grundlage aufbauend sollten Studierende dann jedenfalls eine Fallstudie aus dem genannten Themenkreis WTG bearbeiten, eine Projektarbeit anfertigen, am besten in Gruppen aus unterschiedlichen Fächern. Ich meine, daß in allen Studiengängen etwa 10% der gesamten Studienzeit für diesen Themenkreis aufgewendet werden sollten. In den USA werden an renommierten Hochschulen etwa 15% der Lehrinhalte für Gegenstände vorgesehen, die außerhalb des engen Fachkanons liegen. Es wäre sehr wünschenswert, wenn die gegenwärtig oft mit oberflächlichen Diagnosen und wohlfeilen Rezepturen (Evaluation !) bestrittene Debatte um eine Weiterentwicklung der Lehre an den Hochschulen sich gebührend auch den inhaltlichen Fragen widmete.

Zum zweiten liegt eine große Aufgabe in der Veränderung der Forschungspraxis. Wir erleben schon seit fünfzehn bis zwanzig Jahren, daß es staatliche Politik geworden ist, eine engere Verflechtung von Industrie, Dienstleistungsgewerbe und öffentlich finanzierten wissenschaftlichen Einrichtungen zu propagieren und zu organisieren. Für diese Zwecke ist eigens ein Bundesministerium, nämlich das BMFT, gegründet worden. Dieses Ministerium spielt heute als BMBF auch für die Hochschulen eine wesentliche Rolle als Drittmittelgeber. Ich möchte hier gar nicht über die Vor- und Nachteile des internationalen Trends zur Verkoppelung von Wissenschaft und Wirtschaft sprechen. Ich nehme es einfach als Tatsache. Gerade dann aber scheint es mir erforderlich, daß diese Zusammenarbeit in einem umfassenden Sinne entwickelt wird und nicht nur als sektoraler Transfer von Wissen für eng begrenzte technische Zusammenhänge. Ich halte daran fest, daß Universitäten als Orte, an denen Wissenschaft durch die Steuern der Bürgerinnen und Bürger betrieben werden kann, deswegen auch die Aufgabe haben, mit ihrem Tun und Lassen der ganzen Gesellschaft zu nutzen, nicht bloß einem Teil. Ich schlage vor, daß in der Forschung, die gemeinsam mit Kooperationspartnern aus der Wirtschaft betrieben wird, ein angemessener Teil des Forschungsbudgets für Zwecke einer sinnvoll darauf bezogenen TA vorgesehen wird. Das Europäische Parlament hat angeregt, von den EU-Mitteln zur Sequentiierung und Kartierung des menschlichen Genoms 3% zur Erforschung der Implikationen des Genom-Projekts zu verwenden. Es mögen 3% oder 5% sein, das scheint mir nicht in erster Linie wichtig. Wichtig ist vielmehr, daß überhaupt Gelder für TA da sind und daß damit gute Forschung betrieben wird. Für den großen Bereich der übrigen Forschung sollten wir in der Universität nach und nach Formen von fach- und disziplinübergreifender Zusammenarbeit finden. Hier hilft es nicht weiter, etwas verordnen zu wollen. Die Folgen oder auch nur möglichen Folgen des eigenen wissenschaftlichen Tuns zu bearbeiten ist immer eine prekäre Angelegenheit, weil in der Wissenschaft ein Stück der Persönlichkeit steckt und natürlich auch der tatsächlichen oder angestrebten Karriere. Also ist es auch wenig sinnvoll, mit moralischer Attitude auf die furchtbaren Biotechnologen, Nuklearphysiker oder Chemiker loszugehen oder umgekehrt über die verrückten Philosophen, ideologisierten Politikwissenschaftler oder bornierten Ökonomen herzuziehen. Am Beginn eines fruchtbaren Dialogs muß die gemeinsame Einsicht stehen, daß alle speziellen Wissenschaften zu komplexen soziotechnischen Problemen nur jeweils Erkenntnispartikel beitragen können. Ich könnte mir gut vorstellen, daß es hilfreich wäre, wenn wir im Laufe der nächsten zehn Jahre in den Universitäten nach und nach einen Forschungspool WTG aufbauten, aus dem Personal- und Sachmittel auf Zeit abgerufen werden, sodaß die fachübergreifende Zusammenarbeit gefördert werden könnte. Vor gut fünfzehn Jahren ist in Hamburg solch ein Pool einmal für die seinerzeit ebenfalls als dringlich angesehenen Fragen des Umweltschutzes und der Umweltgestaltung etabliert worden.

Die Weiterbildung ist ein für die Behandlung von Fragen aus dem Themenkreis WTG sehr gut geeigneter Ort, da die Teilnehmenden ja schon berufliche Erfahrung, also eine Ahnung von der Umsetzung ihrer Wissenschaften in der gesellschaftlichen Praxis haben. Leider steht die Aufgabe der Weiterbildung nach wie vor ohne materiellen Hintergrund, d. h. ohne eine mindeste Ausstattung, im Aufgabenkatalog der Universität. Gleichwohl sollten wir versuchen, durch einzelne Vorhaben, so mühselig das auch ist, weiterzukommen.

Die Aufgaben der Wissenschaften in der TA liegen nicht nur in den Hochschulen, sondern guten Teils auch bei den großen Wissenschaftsorganisationen wie der Deutschen Forschungsgemeinschaft (DFG), der Max Plank-Gesellschaft (MPG) und den staatlichen Großforschungseinrichtungen (Eberlein, 1995). Die MPG hatte mit dem seinerzeitigen Institut Carl Friedrich von Weizsäckers zur Erforschung der Lebensbedingungen der wissenschaftlich-technischen Welt (1970-1980) einen Anlauf genommen, dem komplexen Wechselspiel von WTG nachzugehen. Es ist der Kurzsichtigkeit unserer Wissenschaftspolitik zuzurechnen, daß ein derartiger Versuch nicht weiter ausgeführt werden konnte. Das Institut konnte geschlossen werden - die Aufgabe, auch für die MPG, ist damit keineswegs erledigt. Beide, MPG wie DFG, haben bisher nicht dokumentiert, daß sie die Bedeutung der Fragen, die der TA zugrundeliegen, hinreichend erkannt haben. Womit wir schließlich bei der Wissenschaftspolitik angelangt wären. Aber das ist eine andere Geschichte.

Literatur

Bechmann, Gotthard & Thomas Petermann (Hrsg.)(1994): Interdisziplinäre Technikforschung, Frankfurt a. M./New York: Campus

Carson, Rachel (1962): Der stumme Frühling, München 1987 (zuerst engl. Boston 1962)

Eberlein, Dieter (Hrsg.) (1995): Systemanalyse und Technikfolgenabschätzung, Frankfurt a. M./New York: Campus

Gill, Bernhard (1994): Science Assessment als Selbstreflexion der Wissenschaft, in, Soziale Welt **45**, 430-453
Petermann, Thomas (1991): Technikfolgenabschätzung als Technikforschung und Politikberatung, Frankfurt a.M./New York: Campus
VDI (Hrsg.)(1991): Technikbewertung - Begriffe und Grundlagen, Düsseldorf: VDI

Unwissende Öffentlichkeit und unöffentliche Wissenschaft

Zu einigen Verständigungsproblemen im Blick auf die moderne Biotechnologie[1*]

KIRSTEN BRODDE, JÖRG HENNIG

B Meine Damen und Herren! Das wichtigste Wort in unserem Thema heute ist das scheinbar unscheinbarste, das "und" zwischen Öffentlichkeit und Wissenschaft. Wir werden versuchen, herauszufinden, von welcher Art die Beziehung zwischen Öffentlichkeit und Wissenschaft ist, die mit dem "und" bezeichnet wird.

H Titel und Themen mit "und"[2] sind sehr beliebt, wie ein Blick in das Vorlesungsverzeichnis der Hamburger Universität zeigt: "Elternhaus und Schule" finden wir da beispielsweise als Vorlesungsthema oder "Zeitbezug und Tradition im Helmbrecht", auch: "Roman und Zeitung des 18. Jahrhunderts". Es geht hier offensichtlich um einen Vergleich des einen mit dem anderen. Das eine wird am anderen gemessen. Das gestiftete Verhältnis wird durch Gemeinsamkeiten und durch Unterschiede beschrieben.

B Bei einem zweiten Typ geht es um die Frage nach der Leistung oder der Bedeutung des einen für das andere: "Hemingway und seine Zeit" oder "Hannibal und der Zweite Punische Krieg". Es ist gar nicht von vornherein klar, wessen Leistung oder wessen Bedeutung für wen dargestellt werden soll: Geht es um Hemingways Leistung für seine Zeit oder wird nach der Bedeutung der damaligen Gegenwart für Hemingway und sein Werk gefragt? Wird nach Leistung und Rolle des Zweiten Punischen Krieges für Hannibal und sein Leben gefragt oder geht es um die Bedeutung Hannibals für den Zweiten Punischen Krieg? Aus der Reihenfolge der Glieder kann also noch nicht auf die Hierarchie in der Beziehung geschlossen werden; klar ist nur, daß das Verhältnis ein abhängiges ist.

* Die Anmerkungen sind auf den Seiten 60/61 zu finden.

H Der dritte Typ ist nicht durch Themenangaben akademischer Lehrveranstaltungen zu illustrieren. Wir finden ihn fast ausschließlich durch literarische Titel belegt: "Tristan und Isolde", "Cäsar und Cleopatra", "Ginger und Fred". Diesem Verhältnis ist ganz sicher nicht vergleichend auf die Spur zu kommen, indem man Gemeinsamkeiten und differentia specifica beschreibt. Auch die Frage nach der Bedeutung des einen für das andere könnte eher einen Randaspekt erhellen. Nein, hier geht es um das Verhältnis an sich, gewissermaßen als solches.

B Das Wiedererkenen des einen im anderen, so könnte man das Wesen des mit dem dritten Typ angezeigten Verhältnisses beschreiben. Wenn wir sagen, jemand habe "ein Verhältnis", dann meinen wir gerade nicht irgend ein Verhältnis, etwa vom Typ eins oder zwei, sondern eben dieses Verhältnis, das fast immer durch zwei Personennamen ausreichend beschrieben wird. Und das Adjektiv "intim" ist seiner Bedeutung nach bereits in diesem Nomen aufgegangen.

H Wie Sie bereits gemerkt haben, versuchen wir dem Verhältnis von Öffentlichkeit und Wissenschaft nicht in einem monologischen Diskurs auf die Spur zu kommen, der dem Muster 'einerseits/andererseits' folgt, sondern wir wollen uns bemühen, die verschiedenen Positionen durch verschiedene Personen vertreten zu lassen. Das geht zwar nicht ohne einen gewissen Grad von Inszeniertheit ab; es ist aber zumindest insoweit authentisch, als wir beide die Diskussion, die wir hier darbieten, in Teilen in der Vergangenheit so und mit Variationen immer wieder geführt haben.

B Was die inhaltliche Gliederung angeht, so haben wir uns entschlossen, journalistischen Arbeitsprinzipien zu folgen: Wir werden zunächst Fragen der Recherche diskutieren, also Themenfindung und Informationsbeschaffung, und uns dann Problemen der Präsentation zuwenden.

H Vorher aber noch die endgültig letzte Vorbemerkung: Der Begriff "Öffentlichkeit" ist in den Staatswissenschaften ein höchst bedeutsamer und je nach Ausdifferenzierung in Rechtswissenschaft, Ökonomie, Soziologie, Politikwissenschaft oder Publizistik stets neu zu bestimmender. Auch im alltäglichen Sprachgebrauch müssen wir meist erst aus dem Kontext oder der Situation erschließen, was mit dem Wort "Öffentlichkeit" gemeint ist. Mit "Sie küßten sich in aller Öffentlichkeit." wird auf etwas anderes Bezug genommen als mit "Die Öffentlichkeit wurde von der Verhandlung ausgeschlossen." oder "Sie trat mit ihrem ersten Roman an die Öffentlichkeit." Das Liebespaar aus dem ersten Beispiel küßt sich vor allen Menschen. Zugänglich ist diese Handlung aber nur den wenigen, die zufällig anwesend sind oder vorüber gehen. Mit dem Ausschluß der Öffentlichkeit von einer Gerichtsverhandlung wird zwar auch eine konkret benennbare Zahl von Menschen an der physischen Teilnahme gehindert, nämlich die die bis dahin anwesend waren oder die noch kommen wollten. Gleichzeitig wird aber einer ganz anderen Öffenlichkeit die Teilhabe verwehrt: Die Presse kann fürderhin nicht mehr vom Verlauf der Verhandlung berichten. Und bei unserem dritten Beispiel ("Sie trat mit ihrem ersten Roman an die Öffentlichkeit.") ist damit eigentlich nur gemeint, daß eine unbegrenzte Anzahl von Menschen nun die Möglichkeit hat, den Roman zu lesen; ob es denn ein einziger tut, ist ungewiß.

B Und nur in diesem letzten Sinn sprechen wir im folgenden von Öffentlichkeit. Wir nennen etwas öffentlich, wenn es 'veröffentlicht' ist und zwar in einer Weise, daß es allgemein zugänglich ist, also in einem Publikationsorgan, das wir zur 'Presse' rechnen, in einer Zeitung oder Zeitschrift, in Hörfunk oder Fernsehen.

H Was öffentlich gemacht wird und auch wie dieses geschieht, entscheiden Journalisten, also Du und Deine Kolleginnen und Kollegen. Wie steht es unter diesen Vorzeichen mit der so oft zitierten "Bringschuld der Wissenschaft"?

B Gemeint ist damit ja wohl die Verpflichtung der Wissenschaftler, die Öffentlichkeit über die Ergebnisse ihrer Arbeit zu unterrichten.

H Das ist aber eine merkwürdige Verpflichtung, denn wenn ich sonst zu etwas verpflichtet bin, dann habe ich auch die Möglichkeit, dieser Pflicht nachzukommen. Mit der Schulpflicht ist die Möglichkeit zum unmittelbaren Schulbesuch verbunden. In unserem Fall ist es jedoch so, daß die Journalisten allein und ohne Appellationsmöglichkeit eines anderen entscheiden, was erscheint. Wissenschaftler selbst haben gar keinen Zugang zur Veröffentlichungsmöglichkeit. Vielleicht ist das Wort von der "Bringschuld der Wissenschaft" ja von Journalisten, wenn schon nicht erfunden, so doch zumindest inspiriert, um von den Versäumnissen bei ihrer eigenen "Holschuld" abzulenken.

B Aber holen kann ich doch auch nur, was für mich bereit steht. Sollten wir uns, vor aller erfrischenden Polemik, nicht doch einmal anschauen, wie denn Journalisten an Themen aus der Wissenschaft kommen, über die sie dann berichten können?

H Die wichtigste Quelle ist doch wohl die Fachliteratur. In der Fachliteratur wird Wissenschaft öffentlich, und hier besteht für die Journalisten die Möglichkeit, sich zu informieren.

B Das ist im Prinzip wohl richtig. Dennoch habe ich zwei Einwände gegen Deinen Versuch, mit dem pauschalen Hinweis auf die Fachliteratur die Verantwortung der Wissenschaftler für die Unterrichtung der Bürger und Bürgerinnnen zu erledigen. Der erste bezieht sich auf wissenschaftliche Fachliteratur allgemein: Wissenschaftliche Aufsätze und Bücher werden für die Kollegen und Kolleginnen des eigenen Faches geschrieben. Sie sind für Journalisten, die ja in diesem Sinn keine Fachkollegen sind, oft zumindest insofern schwer verständlich, als sie die dort mitgeteilten Methoden und Ergebnisse in ihrer Tragweite nicht vollständig überschauen. Und mein zweiter Einwand hat mit der Biotechnologie zu tun: Ich beobachte für dieses Gebiet immer wieder, aber nicht nur für dieses, daß Forschungsergebnisse zunächst einmal nicht publiziert werden.

H Das ist aber ungewöhnlich und entspricht nicht der wissenschaftlichen Norm.

B Diese Norm hat doch ohnehin nur für die Hochschulforschung gegolten, wohl auch noch für die staatlich geförderten Forschungseinrichtungen. Gerade auf dem Gebiet der Biotechnologie findet Forschung aber in großem Umfang in den Einrichtungen der Industrie statt, wo verständlicherweise das Interesse vorherrscht, die Forschungsergebnisse zunächst einmal exklusiv selbst zu verwerten, hat man die Forschungsarbeit doch finanziert. Mit der zunehmenden Abhängigkeit der Hochschulinstitute und der staatlichen Forschungseinrichtungen von Geldern privater Auftraggeber sind auch hier Einschränkungen bei der Publikationspraxis zu beobachten. Da in einschlägigen Gesetzes- oder Verwaltungsvorschriften nur die Pflicht zur Veröffentlichung geregelt ist, nicht aber wann dieses zu geschehen hat, sehen Drittmittelverträge vor, daß zunächst einmal nicht publiziert wird, sondern der Geldgeber für eine gewisse Zeit über die Forschungsergebnisse allein verfügen darf, nicht immer, aber immer öfter.

H Eine weitere gute Möglichkeit, sich über Forschung zu informieren haben Journalisten auf Fachkongressen.

B Das ist auch wieder nur im Prinzip richtig, weil meine beiden Einwände in Bezug auf die Fachliteratur auch hier gelten.

H Kongresse bieten aber auch eine gute Möglichkeit, persönliche Kontakte zu knüpfen, um in direkten Gesprächen Informationen zu bekommen.

B Persönliche Kontakte sind für alle Journalisten unverzichtbar. Im Recherchefeld Wissenschaft tun sich da aber ganz andere Schwierigkeiten auf, als z. B. in der Politik. Politiker sind im allgemeinen von sich aus daran interessiert, über die Journalisten die Öffentlichkeit zu erreichen, schon weil sie ja bekannt werden oder bleiben wollen. Wissenschaftler, und ich meine damit zunächst einmal vor allem Naturwissenschaftler, haben nur in Ausnahmefällen ein primäres Interesse an Kontakten zu Journalisten.

H Das liegt ja doch vor allem an den schlechten Erfahrungen, die manche Wissenschaftler mit Journalisten gemacht haben. Die Klagen über falsche, zumindest verzerrte Darstellungen kann man von vielen Kolleginnen und Kollegen hören. Auch das Zuspitzen und Übertreiben von differenziert geäußerten Standpunkten und das öffentliche Ausspielen einzelner Wissenschaftler gegeneinander trägt nicht zur Vertrauensbildung zwischen Wissenschaftlern und Journalisten bei.

B Die Beobachtung, daß es um das Verhältnis zwischen Wissenschaftlern und Journalisten nicht besonders gut bestellt ist, ist wohl zutreffend. Allerdings muß man hier gleich anfügen, daß dieses nicht auf das Verhältnis von Wissenschaftlern und Wissenschaftsjournalisten zutrifft. In einer Umfrage einer Projektgruppe des Mainzer Publizistikwissenschaftlers Matthias Kepplinger aus dem Jahr 1990 wurden Wissenschaftler gefragt, wie sie nach ihren eigenen Erfahrungen die Sachkenntnis bei Journalisten verschiedener Ressorts einschätzen, die über Gentechnik berichten. Knapp die Hälfte meinte, “daß Journalisten, die über Gentechnik berichten, nicht über genügend Sachkenntnis verfügen.”[3] Bei der Frage nach ihren eigenen Erfahrungen mit Wissenschaftsjournalisten in dieser Hinsicht sprach nur knapp ein Fünftel der Wissenschaftler den Wissenschaftsjournalisten die entsprechende Sachkenntnis ab.

H Ungeachtet verbal bekundeter gegenseitiger persönlicher Wertschätzung gibt es wohl in keinem anderen journalistischen Ressort so grundsätzliche Probleme zwischen den Journalisten und ihren Informanten. Ich behaupte, daß Wissenschaftler und Journalisten zwei prinzipiell unterschiedlichen Arbeitswelten angehören, d.h. sie arbeiten nach gänzlich verschiedenen, vielleicht sich sogar widersprechenden Mustern. Journalistisch zugespitzt läßt sich das auf die folgenden Schlagworte bringen: 1.) Wissenschaftler arbeiten im allgemeinen nach Prinzipien, die sie sich selbst setzen. Journalisten arbeiten nach Prinzipien, die von außen an sie herangetragen werden. Und 2.) Wissenschaftliche Arbeit ist differenziert, detailliert und ausschließlich sachbetont; journalistische Tätigkeit zielt auf Einfachheit, Vereinfachung und auch auf Unterhaltung. Ich sage dieses nicht mit der Attitüde des Vorwurfs, sondern lediglich deskriptiv, d.h. weder das eine noch das andere Arbeitsprinzip ist als besser oder schlechter zu bewerten, sie sind beide ihrer jeweiligen Aufgabenstellung entsprechend angemessen.

B Das ist nun in der Tat eher stark zugespitzt, denn wie es z. B. um die selbst gesetzten Prinzipien von Wissenschaftlern bei dem hohen Finanzbedarf in einem Forschungsfeld wie der Biotechnologie steht, müßte doch wohl erst noch genauer besprochen werden. Aber alles in allem gesehen hast Du vermutlich recht. Das Verständnis für diese verschiedenen Arbeitsprinzipien ist aber unterschiedlich verteilt: Wissenschaftler kennen im allgemeinen nur ihre Arbeitswelt und reagieren mit entsprechendem Unverständnis auf die der Journalisten. Der Mehrzahl der Wissenschaftsjournalisten ist die wissenschaftliche Arbeitswelt dagegen sehr wohl geläufig. Ich kann es auch direkter formulieren: Fast alle Wissenschaftsjournalisten haben an einer Universität studiert, aber kein Wissenschaftler hat je in einer Redaktion gearbeitet. Und noch eines muß ich bei der Gelegenheit loswerden: Für wissenschaftliche und journalistische Karrieren gibt es ganz unterschiedliche Werteskalen. Für einen jungen Wissenschaftler oder eine junge Wissenschaftlerin ist es, zumindest in Deutschland, keineswegs karrierefördernd, sich sehr früh mit den Massenmedien einzulassen. Eigentlich darf man das nur als wissenschaftlicher

Platzhirsch. Eine jüngere Wissenschaftlerin oder einen jüngeren Wissenschaftler mit einer Aussage zu zitieren, die nicht die Ansicht des Institutschefs stützt, kann eigentlich kein Journalist verantworten. Journalisten müssen bei der Suche nach Gewährsleuten und Gesprächspartnern genau auf die Kleiderordnung achten. Im Zweifel bekommen sie dann aber bei einer ungezielten Anfrage an ein Institut nicht den Kompetentesten, sondern den Ranghöchsten. Diese Gefahr ist in einem so konfliktträchtigen Feld wie der Biotechnologie natürlich besonders groß.

H Dennoch bleibt festzuhalten, daß gegenseitiges persönliches Verständnis nicht nur schön, sondern auch notwendig ist. Allerdings garantiert es keineswegs, daß das, was der Journalist von seinem wissenschaftlichen Gewährsmann oder seiner Gewährsfrau erfährt, auch in den Massenmedien erscheint.

B Damit geht es wissenschaftlichen Themen nicht schlechter oder genauso schlecht, wie allen anderen Themen in dieser Welt. Nur einen winzigen Bruchteil, von dem, was in der Welt passiert, erfahren Journalisten, und nur ein Bruchteil, von dem, was sie erfahren, wird auch veröffentlicht.

H Darauf, was denn eine Veröffentlichung befördert oder verhindert, sollten wir gleich eingehen. Zuvor aber fehlt uns in unserer Systematik nach der Fachliteratur, den Kongressen und den persönlichen Kontakten noch eine Möglichkeit, wie Themen und Hintergrundinformationen an Journalisten herangetragen werden. Ich meine die bewußte und gezielte Öffentlichkeitsarbeit der Wissenschaftler und wissenschaftlichen Institutionen.

B Das ist ein Feld, dem man sich als Journalistin nur mit Vorsicht nähern sollte. Öffentlichkeitsarbeit ist stets interessegeleitet, deshalb ist es notwendig, zunächst das zugrundeliegende Interesse herauszufinden. Ich erinnere mich an einen Diskussionsbeitrag eines Professors zu diesem Thema, der mit der Öffentlichkeitsarbeit für eine Hamburger Großforschungseinrichtung betraut war. "Als Physiker," so meinte er, "bin ich eigentlich an einem Kontakt zu Journalisten nicht besonders interessiert. Wenn ich aber etwas von dem zuständigen Minister will, so sind sie unerläßlich. Wenn ich dem Minister in Bonn einen Brief schreibe, so landet der bei irgendeinem Sachbearbeiter. Wenn es mir aber gelingt, über den Ticker von "dpa" zu kommen, bin ich am nächsten Morgen auf dem Schreibtisch des Ministers."

H Das klingt ja noch liebenswert harmlos. Bei unserem Themenfeld, der modernen Biotechnologie, muß man da doch wohl mit ganz anderem rechnen.

B Die Aussicht auf das große Geldverdienen hat in der Biotechnologie sehr früh zu einer engen Verquickung von Wissenschaft und Industrie geführt, mit der Folge, daß die Industrie eine sehr professionelle Öffentlichkeitsarbeit für die Biotechnologie gemacht hat. Journalisten, die sich allein auf Informationen verließen, die auf diesem Weg an sie herangetragen werden, würden ihre Aufklärungspflicht mit Sicherheit verfehlen.

H Nun aber zu den Faktoren, die eine Veröffentlichung ermöglichen oder verhindern. Die Kommunikationswissenschaft kennt seit langem eine Reihe von Kriterien, die zumindest in der aktuellen Berichterstattung die Auswahl dessen bestimmen, was in die Massenmedien gelangt. Das ist einmal die Gruppe der Kriterien, die an die beteiligten Personen oder an das jeweilige Massenmedium gebunden sind. Damit sind subjektive Einstellungen von Journalisten gemeint, die z. B. aufgrund von persönlichen Erfahrungen oder auf andere Art erworbenen Vorurteilen bestimmte Vorlieben oder Abneigungen haben; damit sind ferner Kriterien gemeint, die durch die redaktionelle Grundausrichtung eines Blattes oder eines Senders vorgegeben sind. Und schließlich gehören die fast zufällig auftretenden Kriterien dazu, die durch Zeitdruck, Platzmangel oder Konkurrenz zu anderen Themen ausgelöst werden. Die andere große Gruppe derSelektionskriterien hängt mit den Ereignissen selbst zusammen. In einer kommunikationswissenschaftlichen Veröffentlichung aus dem Jahr1965 sind die Norweger Galtung und Ruge[4] der Frage nachgegangen, welche Ereignisse zu Nachrichten werden und welche nicht. Sie versuchten herauszufinden, ob "ein systematischer Zusammenhang [besteht] zwischen bestimmten Merkmalen, die die Ereignisse aufweisen und ihren Nachrichtenwerten. [...] Galtung und Ruge [kommen] zu dem Schluß, daß eine Reihe von Faktoren im Nachrichtenfluß den Ereignissen eine mehr oder weniger große Chance gibt, als Nachrichten definiert und von den Medien berücksichtigt zu werden."[5] Sie machen insgesamt zwölf solcher Nachrichtenfaktoren aus.

B Nun muß man aber erwähnen, daß Galtung und Ruge ihre Untersuchungen nur an Tageszeitungen angestellt haben und nur auf Nachrichten bezogen und auch nur im Themenfeld der Außenpolitik.

H Das ist richtig, was Galtung und Ruge betrifft. Inzwischen hat es aber eine Reihe von weiteren Untersuchungen gegeben, die andere Massenmedien und verschiedene Präsentationsformen einbezogen haben und sich mit politischen und unpolitischen Nachrichten beschäftigten, sowohl innerdeutschen wie internationalen. Diese Arbeiten haben zwar zu einer konzeptionellen Weiterentwicklung der Nachrichtenwert-Theorie geführt, aber insgesamt auch zu einer empirischen Bestätigung. Deshalb lohnt sich auch für unseren Zusammenhang ein Blick auf die wichtigsten Nachrichten-Faktoren, obwohl bisher keine eigenen Untersuchungen für das Berichtsfeld 'Wissenschaft' vorliegen. Der deutsche Publizistikwissenschaftler Winfried Schulz hat 1976 eine Studie mit dem Titel "Die Konstruktion von Realität in den Nachrichtenmedien" veröffentlicht. Für die empirische Untersuchung der aktuellen Berichterstattung hat er ausgehend von Galtung und Ruge die "hypothetischen Einflußgrößen in sechs Faktorendimensionen"[6] untergliedert:

1. Einflußgröße Zeit. Dazu "gehören Faktoren wie Dauer [...] und Kontinuität des Geschehens". Ereignisse, die kurz dauern oder deren Dauer klar überschaubar ist, haben eine größere Chance als quasi unendliche Geschichten. Als Beispiele können einerseits der >Erlanger Embryo in der hirntoten Mutter< und andererseits die >Veränderung des Weltklimas< gelten. Allerdings gibt es auch bei langandauernden Ereignissen Phasen von hoher und von niedriger Thematisierungs-Konjunktur[7].

2. Einflußgröße Nähe. Damit sind alle Arten von Nähe angesprochen, also Nähe als geographisch, kulturell, politisch, sozial oder psychologisch begründeter Faktor. Der >Erlanger Embryo in der hirntoten Mutter< z. B. wurde in den deutschen Medien mit hoher Aufmerksamkeit bedacht, obwohl ähnliche medizinische Bemühungen z. B. in den USA schon vor mehreren Jahren unternommen worden waren, die hier bei uns relativ unbeachtet blieben. Oder ein anderes Beispiel: Wenn ein Deutscher einen Nobelpreis bekommt, interessieren des-

sen wissenschaftliche Leistungen erheblich mehr als die von australischen oder amerikanischen Forschern.

3. Einflußgröße Status. Diese Faktorendimension weist gewisse Überschneidungen zu der eben genannten Nähe auf. Die Forschungsergebnisse des Nobelpreisträgers überspringen erst in dem Moment die Medienschwelle, in dem der Forscher durch den Nobelpreis prominent geworden ist. Insbesondere bei unpolitischen Ereignissen werden auch sonst unbeachtet bleibende Begebenheiten im Umfeld von Prominenten zu Nachrichten.

4. Einflußgröße Dynamik. Damit ist ein Faktorenbündel gemeint, zu dem u. a. die Einzelfaktoren Überraschung, Variation und Intensität gehören. Verschiedene dieser Faktoren treffen z. B. auf Naturkatastrophen zu. So findet die Überschwemmung in Florenz schon deshalb größere Beachtung als die in Bangladesch, weil sie überraschender ist. An diesem Beispiel sehen wir aber auch, daß normalerweise nicht nur ein Faktor seine Wirksamkeit entfaltet, sondern mehrere; denn zusätzlich liegt uns Florenz in mehrfacher Hinsicht näher als Bangladesh.

5. Einflußgröße Valenz. Damit sind die beiden etwas mißverständlich klingenden Faktoren Negativismus und Positivismus gemeint. Der Faktor Negativismus tritt unter den Aspekten ´Konflikt‘, ´Kriminalität‘und ´Schaden‘ auf; der Faktor Positivismus realisiert sich durch den Aspekt ´Erfolg‘.

6. Einflußgröße Identifikation. Die bekannte Beobachtung, daß Ereignisse in den Medien "personalisiert" werden, findet mit dieser Faktorendimension ihre Erklärung. Aber auch Konsonanz und auch Ethnozentrismus, also der Bezug von Ereignissen auf die Eigengruppe, sind unter Identifikation zu subsummieren.

B Für unser Themenfeld, die moderne Biotechnologie, muß man festhalten, daß insbesondere die Einflußgröße Valenz eine wichtige Rolle spielt und zwar als Negativismus wie als Positivismus. Sie tritt dabei sowohl in der Ausprägung "Konflikt" und "Kontroverse" wie auch in der Ausprägung "Erfolg" auf und sorgt so für eine hohe Beachtung durch die Medien. Allerdings gibt es innerhalb des gesamten Forschungsfeldes noch eine Abstufung, wofür die beiden Größen Nähe und Identifikation verantwortlich sind. Das Interesse konzentriert sich vor allem auf den Bereich der sog. ´roten' Biotechnologie; Biotechnologie in der Landwirtschaft bietet vergleichsweise weniger Anknüpfungsmöglichkeiten an die persönlichen Lebensumstände und überspringt deshalb die Medienschwelle seltener; die persönliche Betroffenheit drängt sich weniger stark auf.

H Wenn Du Dir die Liste der Nachrichtenfaktoren ansiehst und ihre Bedeutung bedenkst, kannst Du dann den Vorwurf, der immer wieder erhoben wird, verstehen, die Medien verzerrten die Wirklichkeit?

B Zunächst einmal bleibt festzuhalten, daß nur ein winziger Ausschnitt von dem, was jeden Tag passiert, in den Medien veröffentlicht wird; das hatten wir ja vorhin schon gesagt. Wenn aber so rigide ausgewählt wird, dann ist zu vermuten, daß dieses nach bestimmten Prinzipien geschieht. Und nun kann man darüber streiten, ob einem diese Prinzipien gefallen oder nicht. Letzlich meint jemand, der den Medien vorwirft, sie verzerrten bei ihrer Darstellung die Wirklichkeit, er möchte nicht den Ausschnitt von Wirklichkeit dargestellt haben, den die Medien bieten, sondern einen anderen. Das aber ist eine Frage der Weltanschauung, im wörtlichen Sinn. Es ist wohl unausweichlich, daß mit jeder Art von Darstellung eine eigene Wirklichkeit geschaffen wird, die nach je eigenen Prinzipien zustande kommt. Die Vorstellung, die Medien sollten die gesamte Wirklichkeit abbilden, nur eben nicht sie selber, sondern eine winzige Verkleinerung von ihr, gewissermaßen wie durch ein riesiges umgekehrtes Fernglas gesehen, ist denn doch zu abwegig. Und auch ein allenfalls denkbarer Versuch, aus der Wirklichkeit nur die Teile darzustellen, die repräsentativ sind, ließe sich gar nicht überprüfen, weil niemandem die Wirklichkeit und schon gar nicht die gesamte Wirklichkeit zugänglich ist.

H Wir sollten jetzt einmal darüber reden, was passiert, wenn die Rechercheprobleme gelöst sind und die Wissenschaft nun ihren Platz auf den Zeitungsseiten, in den Radio- und Fernsehsendungen finden soll.

B Zunächst einmal ist zu sagen, daß unter Wissenschafts-Journalismus traditionell Berichterstattung über Naturwissenschaften, Technik und Medizin verstanden wird.

H Moment. Es gibt doch auch Berichterstattung über Geisteswissenschaften.

B Ja sicher. Außer mittwochs in der "FAZ" findet sich diese Thematik im Feuilleton. Nein, im Ernst. Der enge Zuschnitt auf Wissenschaft und Technik entspricht sowohl dem Selbstverständnis der Wissenschaftsjournalisten als auch dem Zuschnitt der Ressorts[8].

H Wo ordnet sich denn da die Ökologie ein? Zahlreiche Aspekte der Biotechnologie berühren doch gerade Wirkungen auf die Biosphäre.

B Richtig. Die Umweltberichterstattung verselbständigt sich zusehends und institutionalisiert sich als eigene Sonderseite, als eigenes Magazin, als Radio-Feature oder Fernsehreihe.

H Ist denn nicht eine Konzentration auf Naturwissenschaft und Technik sogar sinnvoll?

B Das Problem der Biotechnologie ist - ähnlich wie bei der Kernenergie oder den modernen Informationswissenschaften -, daß sie ein Querschnittsthema ist. Solche Themen werfen Fragen auf, die neben Antworten der Naturwissenschaften auch solche aus den Geistes- und Sozialwissenschaften fordern.

H Dem kann der klassische Wissenschaftsjournalismus, wie er hierzulande betrieben wird, kaum gerecht werden.

B Stimmt. Allerdings ist diese Neigung, Themen sehr begrenzt zu diskutieren, auch etwas, was ich etwa bei Pflanzengenetikern oder Neurobiologen beobachte. Viele haben sich bis heute nicht mit der Vorstellung anfreunden können, daß etwa genmanipulierte, herbizidresistente Pflanzen oder die Kartierung des menschlichen Genoms nicht nur technische, sondern auch ökologische bzw. ethische Probleme darstellen, denen sie sich als Fachwissenschaftler stellen müssen. Wenn ich das von außen richtig beurteile, wird das im gegenwärtigen deutschen Wissenschaftsbetrieb allerdings als ein überzogener Anspruch angesehen. Als Neurobiologe oder Pflanzengenetiker - um das Beispiel von vorhin aufzugreifen - fühlt man sich zuallererst seiner eigenen Forschung verpflichtet. Es behindert geradezu die Karriere, anstatt über mögliche Erfolge neuer Entwicklungen über deren Folgen nachzudenken. Das kostet Zeit und qualifiziert im allgemeinen nicht für eine Stelle in der naturwissenschaftlichen, technischen oder medizinischen Forschung. In unserem Wissenschaftssystem wird nicht der bedenkliche Wissenschaftler gefördert, sondern der begrenzte Spezialist.

H Der Befund ist nicht neu und eigentlich auch im Wissenschaftssystem Allgemeingut, ohne daß Abhilfe in Sicht wäre. Vielleicht könnte durch Herstellung von Öffentlichkeit, also durch die Journalisten ja ein neuer Impuls kommen. Konkret: Wie steht es mit der Leistung des Wissenschaftsjournalismus für eine Technikfolgenabschätzung?

B Das klingt mir ganz danach, als wolltest Du eine Arbeit, die von der Wissenschaft bisher nicht oder nicht ausreichend geleistet wird, an andere, nämlich die Journalisten delegieren. Technikfolgenabschätzung ist doch wohl in erster Linie eine wissenschaftliche Aufgabe, und Journalismus kann Wissenschaft nicht ersetzen. Was Journalisten allenfalls auf diesem Gebiet leisten können, ist, die Diskussion über den engen fachwissenschaftlichen Kreis hinaus zu öffnen, vielleicht sogar andere, möglicherweise neue Fragen zu stellen. Im günstigsten Fall könnte durch eine in der Presse geführte Diskussion über solche Fragen deren wissenschaftliche Bearbeitung eine neue Dringlichkeit bekommen, allein schon deshalb, weil die politisch Handelnden auf diese Art einbezogen werden.

H Eine vergleichbare Fachspezialisierung, wie Du sie vorhin für die Wissenschaft beklagt hast, sehe ich im Journalismus auch. Eine Zählung Mitte der achtziger Jahre[9] ergab, daß es hierzulande inzwischen über 200 Wissenschaftsjournalisten gibt, die zumeist den - ich nenne ihn mal so - ˊklassischen' Wissenschaftsjournalismus auf regelmäßig erscheinenden Sonderseiten, in Sondersendungen und in populärwissenschaftlichen Zeitschriften betreiben. Diese Berichterstattung ist nur latent aktuell und erreicht kaum das breite Publikum, da eine gewisse Such-Leistung erforderlich ist. Die Berichte über die Absatzmärkte für gentechnische Produkte oder über die Rückkehr der Saurier, nachdem US-Wissenschaftler das Erbmaterial von Urzeit-Lebewesen isoliert haben, erscheinen ganz woanders. Das höre ich sogar in den Nachrichten und lese es nicht erst am Donnerstag auf den Wissenschaftsseiten der "Süddeutschen Zeitung".

B Ja, das ist die „tagesaktuelle" Variante der Wissenschaftsberichterstattung auf Wirtschafts-, Politik- oder vermischten Seiten. Hier sind die Reichweiten übrigens weit größer, betreut werden diese Artikel aber meist von Nicht-Wissenschaftsjournalisten.

H Wissenschaft sozusagen als Wanderpokal. Geht es wie zur Zeit um eine Novellierung des Gentechnik-Gesetzes, befragen Journalisten aus den Politikressorts Bundesforschungsminister Riesenhuber, warum er Gen-Experimente erleichtern will.

B Für Querschnitt-Themen, wie eben die moderne Biotechnologie, gilt in den Printmedien, daß sie, wie Du schon sagst, durch die Ressorts wandern. Erlangen sie politische Relevanz, dann landen sie auf den Politik-Seiten, gar auf Seite 1. Die sachkompetenten Wissenschaftsjournalisten dürfen dann meist nur noch den Informationskasten auf Seite zwei mit der Überschrift „Was ist Gentechnik?“ schreiben.

H Die aktuelle Lektüre zeigt, daß kaum noch über Wissenschaft und Forschung selber, sondern über deren Voraussetzungen, Rahmenbedingungen und vermutete Folgen geschrieben wird. Es scheint, als färbe die politische Großwetterlage auf die Biotechnologie ab. Es gilt offenbar hier wie auf anderen aktuellen Politikfeldern die Devise: „Problemlösung durch Gesetzesänderung“.

B Der Auslöser dafür liegt doch oft bei den Wissenschaftlern oder den wissenschaftlichen Institutionen selbst. Gerade auch bei Biotechnologen erlebe ich es immer wieder, daß sie sich mit öffentlichen Erklärungen auf Themengebieten hervortun, für die sie nach ihrer Profession üblicherweise nicht kompetent sind. Es scheint mir für die Glaubwürdigkeit von Wissenschaft nicht von besonderem Nutzen zu sein, wenn Naturwissenschaftler versuchen, ihr Ansehen für Prognosen etwa über die Entwicklung unserer Wirtschaft oder über unser Sozialsystem in die Wagschale zu werfen.

H Dieses tun doch eigentlich nur jene Biotechnologen, die inzwischen weitgehend Wissenschaftsmanagement-Aufgaben versehen. Und sie setzen solche Prognosen vor allem zur präventiven Ressourcen-Sicherung ein. Wenn aber so klar ist, wer was mit welcher Absicht sagt, dann verstehe ich nicht, warum sich Journalisten zum Lautsprecher dafür machen und dieses drucken oder senden, gar noch unkommentiert.

B Was Du den Journalisten insgesamt vorhältst, trifft doch wohl vor allem auf die Politik- und Wirtschaftsressorts zu. Die Wissenschaftsberichterstattung sollte in solchen Zeiten die Vorteile der Ressortgliederung nutzen und die ihr zustehenden Zeilen mit Berichterstattung über den Forschungsstand füllen, der beileibe nicht so hinter dem Mond ist, wie die Kollegen aus der Wirtschaft mit ihrem Gejammere über die mangelnde Konkurrenzfähigkeit der deutschen Biotechnologie auf dem Weltmarkt suggerieren wollen. In der Tat sind die Zeiten für Wissenschaftsjournalismus nicht schlecht. Seit jüngstem haben die Wissenschaftsredakteure, zumindest der überregionalen Tages- und Wochenzeitungen, immer mehr Platz. Zuerst bot die SZ ihren Lesern statt einer Seite Wissenschaft plötzlich vier an, dann folgte die FAZ und jetzt hat auch die ZEIT ein größeres Wissens-Ressort.

H Viele Deiner Kollegen und auch einige Kommunikationswissenschaftler kritisieren doch aber diese „Extraseiten" als Nischen, sogar das Wort „Ghetto" ist gefallen.

B Stimmt. Aber das ist nur die eine Seite der Medaille. Wahrscheinlich lassen sich nur über solche Seiten, wenn auch nur einmal pro Woche, Wissenschaftsthemen dauerhaft etablieren. Übrigens sind die Vorteile für die Rezipienten unbestreitbar: Jeder, der weiß, jeden Donnerstag sind vier Seiten „Umwelt Forschung Technik" in der "Süddeutschen Zeitung" zu lesen, kann sich orientieren und sie leicht auffinden.

H Du meinst, es ist eine Art Reservat. Wissenschaft ähnelt in dieser Hinsicht einer bedrohten Tierart, für die ein Schutzraum geschaffen werden muß. Natürlich in der Illusion, daß dieser Schutz später dazu führt, sich in freier Wildbahn behaupten zu können.

B Unser Thema, die Biotechnologie, ist allerdings wenig schutzbedürftig. Es ist zweifellos der Renner unter den Wissenschaftsthemen - und das seit Jahren.

H Trotzdem finde ich das Angebot mager. Wo lese ich denn mal eine gute Reportage über Saatgut-Konzerne, wie die Kleinwanzlebener Saatzucht AG im niedersächsischen Einbeck, die große Summen in die Biotechnik steckt, oder über die UN-Landwirtschaftsorganisation FAO und deren Programme zur Rettung der Gen-Ressourcen von Tier- und Pflanzenarten?

B Dein Einwand berührt das Problem der journalistischen Präsentationsformen. Mitte der siebziger Jahre haben Untersuchungen des Medienwissenschaftlers Walter Hömberg[10] zwar ergeben, daß Wissenschaft - zumindest in der Tagespresse - vorwiegend als Meldung, und Bericht, seltener als Reportage, kaum als Kommentar, Glosse oder Interview präsentiert wird. Doch das ist überholt: Die Vielfalt der Darstellungsformen hat durch die Ausweitung des Platzangebotes zugenommen, Meinungsabstinenz ist, wie gerade die umstrittene Biotechnologie zeigt, längst nicht mehr gegeben.

H Jetzt müssen sich die Journalisten schon gegen die Meinungszuschreibungen von Medienwissenschaftlern wehren. Eckart Klaus Roloff, Wissenschaftsredakteur des „Rheinischen Merkur", mußte zu seinem eigenen Erstaunen aus dem Buch des Mainzer Kommunikationswissenschaftlers Hans Mathias Kepplinger „Gentechnik im Widerstreit"[11] erfahren, daß er ein „eindeutiger Befürworter der Gentechnik" sei, obwohl er, Roloff, sich wiederholt kritisch zur Gentechnik geäußert hatte[12].

B Zum Streit um die Bewertungen kommen wir später noch. Gerade was die Präsentation angeht, sollten wir einmal einen Blick auf das öffentlich-rechtliche Fernsehen werfen. Da muß sich Wissenschaft, nicht zuletzt durch die Konkurrenz zu den Privaten, dem Unterhaltungsdiktat unterwerfen. Da knallt und zischt es dann in der Knoff-Hoff-Show, einer Art Revue technischer Tricks und Gags, und das ZDF-Magazin „Aus Forschung und Technik" wird zumindest sprachlich auf „unterhaltsam" getrimmt und flimmert nun als „Abenteuer Forschung" über den Bildschirm.

H Das Fernsehen unterliegt zudem dem Zwang zur immerwährenden Bebilderung. Da bleibt dann zum wiederholten Male nur der Schwenk über das Labor als Illustration des immer noch unverständlichen Interviews mit dem Professor.

B Hinter diesem Trend zum Unterhaltsamen steckt die Vorstellung: Je populärer, desto leichter verständlich für das Publikum. Dabei erschöpfen sich die Kontakte zum Publikum meist in Leser-, Hörer-, oder Zuschauerbriefen, seltener Anrufen. Daraus basteln sich Journalisten dann ein Bild ihres Publikums.

H Copytests von Zeitungen etwa, die ermitteln sollen, wofür sich Leser interessieren und was sie lesen, zeigen immerhin, daß das Interesse an Wissenschaft und Technik erstaunlich stark ist.

B Zumindest ist das Sozialprestige von Wissenschaft so hoch, daß eine große Versuchung besteht anzugeben, daß man sich dafür interessiert. Wissenschaft dann wirklich zu rezipieren, kostet aber Mühe. Titelthemen wie „Essen aus dem Labor", wo es um die gentechnische Herstellung von Lebensmitteln geht, lassen bei Zeitschriften die Auflage sinken.

H Die Spekulation über das vermutete Publikum führt zu Unsicherheit, wie die wissenschaftliche Botschaft sowohl sachlich korrekt als auch verständlich zu gestalten ist.

B Ein Blick auf den Markt belegt, daß die Journalisten dieses Problem durch Vielfalt zu lösen versuchen. Rainer Flöhl, Leiter der Wissenschaftsredaktion der "Frankfurter Allgemeinen Zeitung", will sich nach eigener Aussage mit seiner Berichterstattung an der „Front der Forschung" bewegen. Das führt dazu, daß selbst vorgebildete Laien den Artikeln oft kaum folgen können. Aber zweifellos sind die Texte sachlich korrekt.

H Richtigkeit hat in der Wissenschaft eben mit Differenziertheit zu tun. Das steht der Verständlichkeit oft entgegen.

B Andererseits ist es fraglich, ob man, wie viele Boulevardzeitungen etwa, um der Verständlichkeit willen so weit vereinfachen muß, daß oft nicht mehr als ein zehnzeiliger Öko-Tip übrig bleibt, etwa mit dem Titel: Wie erkenne ich, daß meine Tomaten aus dem Gentechnik-Labor stammen?

H Tatsache ist, daß Sprachwissenschaftler trotz über 60 Jahren Verständlichkeitsforschung nicht umwerfend viel darüber wissen, welche Texte besonders verständlich sind. Und das hängt damit zusammen, daß es Verständlichkeit an sich nicht gibt; man kann immer nur fragen: Verständlich für wen? Darum kann man immerhin von zwei Einsichten ausgehen: Verständlichkeit hängt erstens vom Interesse und zweitens vom Vorwissen der jeweiligen Rezipienten ab.

B Das bedeutet, daß Leser, die sich für den wissenschaftlichen Fortschritt der Medizin interessieren und deshalb darüber auch informiert sind, den Artikel über Aids-Forschung mit gentechnischen Methoden schlicht besser verstehen, als die, deren Steckenpferd das rekombinante Rinderwachstumshormon in der Landwirtschaft ist.

H Texte sind Verstehenspotentiale, nicht mehr. Ein solches Potential kann mehr oder weniger gut gemacht sein in Hinblick auf seine Nutzbarkeit. Aber ob ein Text als Potential überhaupt genutzt wird, steht nicht in der Macht der Textproduzenten. Und viele werden offenbar gar nicht oder schlecht genutzt. Nur: Ohne solche Potentiale gibt es gar keine Verständigung.

B Mir scheint, die Verständigung erschweren in erster Linie die Wissenschaftler, und zwar durch ihre Fachsprache. Es gilt immer noch als Zeichen von Wissenschaftlichkeit, sich fachsprachlich und damit für die Medienöffentlichkeit unverständlich auszudrücken.

H Für den Brückenschlag zwischen Wissenschaft und Öffentlichkeit ist Fachsprache auch nicht gedacht. Eine ökonomische, präzise Fachsprache dient vor allem dazu, den fachinternen Informationsaustausch zu garantieren.[13]

B Und den Journalisten gegenüber dient sie dazu, das Bild des vorsichtigen, zu distanzierter Reflektierheit neigenden Wissenschaftlers nicht zu gefährden.

H Ich betone noch einmal: Fachsprache, die kurz und bündig ist, ist für die fachinterne Kommunikation notwendig. Wir müssen in Kauf nehmen, daß sie die Verstehensmöglichkeit gezielt auf eine bestimmte Gruppe einschränkt, gar zum Abschotten eingesetzt wird. Ist beispielsweise die Rede von simplen gentechnischen Methoden, wie eine „DNA-Sequenz klonieren", fallen eine Reihe von Sprachteilhabern für die Kommunikation aus.

B "Klonieren" ist ein gutes Beispiel. Denn wir haben noch ein wesentliches Merkmal von Fachsprache vergessen. Sie muß frei sein von emotionalen Begleitvorstellungen, die jedes Wort der Standardsprache hervorruft und die in der Sprachwissenschaft "Konnotationen" heißen. Der Fachwortschatz konzentriert sich ausschließlich auf den begrifflichen Kern des jeweiligen Fachwortes. „Klonieren" meint: ein Gen, eine andere DNA-Sequenz oder auch einen kompletten Organismus identisch vermehren.[14] Beim Transfer von Fach- in Standardsprache allerdings weitet sich der Umfang der „engen" naturwissenschaftlichen Definition aus.

H Dann wird „klonieren" zur Möglichkeit, unsere Welt mit ihrer Individualität beraubten Menschen aus der Retorte zu füllen. Dann ist es nur noch eine Frage des Geschmacks, ob wir lieber lauter kleine Mozarts oder, wie viele Deiner Kollegen mutmaßten, ein Heer kleiner Adolfs produzieren, nicht wahr?

B Sprachwissenschaftlich gesehen, ist dieser Strauß von Assoziationen keine unzulässige Verfälschung, sondern Folge des Transfers von Fach- in Standardsprache. Wörter der wertungsneutral, sondern konnotiert. Die Verwendung von „Klonen“ im abwertenden Sinne, sieht der fachinterne Gebrauch nicht vor. Vielfach zielt die Kritik am Sprachgebrauch Anderer jedoch nicht auf begriffliche Präzision, sondern darauf, die gegnerische Auffassung des Sachverhalts zurückzuweisen.

H Offenbar kommt für die Darstellung der Biotechnologie in den Medien über das Problem des Fachwortschatzes hinaus seine Brisanz hinzu. Daß das Thema von seinem Gehalt an Konflikt und Kontroverse lebt, spiegelt selbstverständlich auch der Wortschatz wider. Da gibt es den „Gen-Gau“ und die „Turbo-Kuh“, den „achten Tag der Schöpfung“ und die „Gen-Lobby“.

B Was unsere beiden Parteien angeht, die Journalisten und die Wissenschaftler, lassen sich die gegensätzlichen Positionen in Bezug auf den Wortschatz gut bestimmen. Journalisten werfen Wissenschaftlern vor, sprachlich zu beschönigen, Wissenschaftler kritisieren dagegen hyperbolischen Sprachgebrauch und wilde Panikmache. Die einen sprechen von „Entsorgungspark“, die anderen von „Mülldeponie“; die einen von „Restrisiko“, die anderen von „tödlicher Gefahr“.

H Das, was als „hyperbolisch“ oder „euphemistisch“ eingestuft wird, hängt doch weitgehend von der politisch-weltanschaulichen Einstellung des jeweiligen Rezipienten ab. Die eine assoziert mit „Restrisiko“ „gefährlich“, der andere „harmlos“. Der Fehlschluß besteht darin, daß jeder Assoziierer meint, seine Assoziationen seien auch die aller anderen Sprachteilhaber.

B Außerdem unterliegen solche Einschätzungen auch in ihrem gemeinsamen Verständnis einem allgemeinen historischen Wandel. Vieles, was zunächst einige Jahre neutral verwendet und auch verstanden wurde, ist später durch Gebrauch negativ besetzt. Wer hätte je gedacht, daß der Städtename Rostock einmal als Synonym für ausländerfeindliche Übergriffe gebraucht werden könnte? Möglicherweise, ja hoffentlich, wird in einigen Jahren niemand mehr diese Wortverwendung verstehen. Oder ein anderes Beispiel: Durch die Reaktorkatastrophe von Tschernobyl ist das Image der Kernenergie so geschädigt, daß angesehene Forschungsinstitutionen wie die Kernforschungsanlage Jülich (KFA) oder die Gesellschaft für Strahlen- und Umweltforschung (GSF) in Neuherberg bei München ganze Namensbestandteile tilgten. Die KFA entledigte sich des störenden „Kern“ und nennt sich jetzt “Forschungsanlage Jülich”; die GSF tilgte das Wort „Strahlen“ und heißt nun “Forschungszentrum für Umwelt und Gesundheit”. Auch hier offenbart sich Bewertung.

H Es scheint mir aber eine Art Berufsdeformation der Journalisten zu sein, daß sie zwar dem Publikum einen Zugang zur fachlichen Begrifflichkeit verschaffen möchten, aber gleichzeitig auch immer von der persönlichen Bewertung der zu vermittelnden Inhalte überzeugen wollen.

B Moment. Die Aufgabe der Journalisten beim Vermitteln bzw. Erklären ist es, eine Beziehung zwischen etwas Neuem oder Unbekannten und etwas Bekannten oder Vertrauten herzustellen. Journalisten versuchen gemeinsamen Begriffsbesitz herzustellen, damit das Publikum ihrem Informationsangebot überhaupt folgen kann.

H Gut. Dazu macht ein Journalist oder eine Journalistin zweierlei: Sie treffen eine Entscheidung, welche Phänomene sie für erklärungsbedürftig halten und welche Aspekte sie dabei hervorheben wollen. Und sie entscheiden, welche Erfahrungswelt beim Rezipienten sie annehmen können, um sie als Referenzbereich zu nutzen.[15] Man kann beispielsweise die Erbinformation mit einem Text vergleichen, die Gene mit einzelnen Buchstaben, die in Kombination „Wörter“ und „Sätze“ ergäben. Die Gentechnik ermöglicht es dann, einzelne Buchstaben durch andere zu ersetzen. Damit knüpft man an die Alltagswelt der Rezipienten an.

B Das heißt, die Journalisten setzen die im Selektionsprozeß getroffenen Entscheidungen textlich und bildlich um. Soweit ich mich erinnere, ging es Dir aber darum, den Journalisten eine persuasive Absicht dabei zu unterstellen. Warum sollten sie sonst bei den Wissenschaftlern anecken?

H Ich meine, daß Journalisten meist zu absichtsvollen Erklärungen tendieren, die ihre Bewertung des Themas stützen. Wissenschaftler beharren dagegen auf Erklärungen, die auf „reine“ Information abzielen. Ein Beispiel dafür, was schon eine einfache Apposition zu ändern vermag:

„Die Gentechnik, jene Atombombe der Biologie, ..."
oder
„Die Gentechnik, jenes zukunftsträchtige und vielversprechende Wissenschaftsgebiet, ..."

B Dein Beispiel läßt sich sogar noch zuspitzen, indem ich ganz gezielt bestimmte Aspekte aus dem Erklärungsset „Gentechnik" auswähle. Darunter verstehe ich die Summe aller möglichen Erklärungen eines wissenschaftlichen Phänomens. Ich entscheide beispielsweise, dem Publikum die Gentechnik über ihre Anwendungsgebiete nahezubringen. Dazu gehören die Landwirtschaft, die Arzneimittelherstellung, die medizinische Grundlagenforschung und so weiter. Führen wir Dein Beispiel weiter, heißt es einmal:

„Die Gentechnik, jene Atombombe der Biologie, die es ermöglicht, eine ganz neue Waffengattung im Labor zu konstruieren: Biologische'Designer-Kampfstoffe'."

Oder:

„Die Gentechnik, jenes zukunftsträchtige und vielversprechende Wissenschaftsgebiet, ohne das die moderne Krebs- und Aidsforschung undenkbar wäre".

H Das heißt, Du wählst das Anwendungsbeispiel als Erklärung aus, das Deiner Intention dient. Einerseits ist es sinnvoll und notwendig, sich in der Zahl der Erklärungsaspekte zu begrenzen, andererseits kommt es dann auf die Auswahl an.

B Bewertung ist aber nur dann gefährlich, wenn Vielfalt nicht gegeben ist. Für die Diskussion um die Biotechnologie gilt, daß die unvereinbar scheinenden Positionen in der Debatte auch die Medien polarisiert haben. Der Publizistikwissenschaftler Georg Ruhrmann hat in seiner Untersuchung zur Gentechnik in Zeitungen[16] nachgewiesen, daß - um nur ein Beispiel zu nennen - die Risiken der Gentechnik von der Zeitung „Die Welt" als marginal eingestuft wurden, während negative Folgen von der „taz" immer wieder unterstrichen wurden. Das bestätigt die Ergebnisse meiner eigenen Studie[17]: Eine einheitliche, wissenschaftsfeindliche und gegen die Gentechnik eingestellte Berichterstattung gibt es nicht. Und dieses Urteil kann man auch auf das ganze Feld der modernen Biotechnologie ausdehnen.

H Das klingt sehr positiv, was die Frage der Parteilichkeit angeht. Bist Du denn auch ebenso zufrieden mit der Berichterstattung über die moderne Biotechnologie insgesamt?

B Das kann man wohl nicht sein. Wir haben ja vorhin schon gesagt, daß gegenwärtig zu wenig über die Forschung selbst berichtet wird, stattdessen aber ständig von möglichen oder für notwendig erachteten Änderungen von Gesetzen die Rede ist.

H Aber auch was die Präsentation angeht, könnte man sich schon verständlichere und das heißt rezipientengerechtere Texte wünschen. Was also ist zu tun?

B Ich wünsche mir eine größere Offenheit der Wissenschaftler und der Wissenschaftlichen Institutionen. Die Journalisten sollten nicht allein auf offizielle Öffentlichkeitsarbeit angewiesen sein, sondern die Möglichkeit zur Recherche vor Ort und zur Rück- und Nachfrage haben.

H Du weißt, daß das immer wieder aus zwei Gründen gefährdet ist: Der eine ist die schon erwähnte Furcht der Forscher, ihre Informationen könnten mißverständlich weitergegeben oder mißbräuchlich verwendet werden, d. h. sie könnten für eine forschungspolitische oder auch eine allgemeinpolitische Position in Anspruch genommen werden, mit der sie nicht identifiziert werden wollen. Und der zweite Grund ist, daß der Umgang mit Journalisten schlicht Zeit kostet, die dann für die eigene Forschungstätigkeit fehlt.

B Für Dein zweites Argument habe ich Verständnis, und ich meine, Journalisten sollten dafür überhaupt Verständnis haben. Ich weiß aber selbst, daß viele journalistische Kollegen und Kolleginnen die Themen, an denen sie gerade arbeiten, für die wichtigsten auf dieser Welt halten, hinter denen alles andere zurückstehen müsse. Allerdings herrschen in der wissenschaftlichen und in der journalistischen Welt unterschiedliche Zeitmaße: Wenn ein Journalist oder eine Journalistin fragt: "Können wir uns bald einmal treffen?", meint er oder sie "Morgen, spätestens in der nächsten Woche". Der angesprochene Professor denkt eher an einen Termin im nächsten Semester. Nun aber zu dem ersten Grund, dem Mißtrauen. Wir hatten schon anhand der Kepplinger-Befragung festgestellt, daß die meisten Forscher, wenn schon nicht den Journalisten der anderen Ressorts, so doch den Wissenschaftsjournalisten die nötige Sachkompetenz für eine korrekte Darstellung zutrauen. Wenn sie aber hinsichtlich einer politischen Inanspruchnahme mißtrauisch sind, so habe ich den Argwohn, sie scheuen nicht die falsche politische Meinung, sondern überhaupt eine politische Meinung. Deutsche Professoren sind ja auch in der Vergangenheit nicht gerade für ihre politische Bekennerfreude berühmt gewesen, auch in der damaligen DDR übrigens nicht. Vor dem Abschotten gegenüber den Journalisten muß man auch aus arbeitspsychologischen Gründen warnen. Da Journalisten in jedem Fall schreiben - Das ist nun einmal ihr Leben! -, schreiben sie ohne die zusätzlich möglichen Informationen sicher nicht sachkompetenter und sind möglicherweise auch eher geneigt, über Gründe zu spekulieren, warum die Wissenschaftler sich ihnen verweigern.

H Der Rat, offen zu sein, ist auch für unser zweites Problemfeld, die rezipientengerechte Darstellung, ein guter. Nach meiner Beobachtung haben Journalisten keinerlei Rückmeldung über die Verständlichkeit ihrer Texte von ihren Lesern, Hörern oder Zuschauern, ja sie lassen noch nicht einmal erkennen, daß ihnen wirklich daran liegt. Wenn sie an einem Urteil über ihre Texte interessiert sind, dann an dem der eigenen Fachkollegen, soweit sie über Wissenschaft schreiben, auch noch an dem der Wissenschaftler wegen der sachlichen Korrektheit. Rezipienten existieren nur in imaginierter Form, z. B. in der Person des viel beschworenen Taxifahrers oder der Schwiegermutter des Chefredakteurs. Journalisten sollten die Verständlichkeit ihrer Texte durch real existierende Leser oder Hörer überprüfen lassen.

B Am Schluß bleibt uns noch die Pflicht, das Verhältnis zwischen Wissenschaft und den Agenten der Öffentlichkeit, den Journalisten, einem der drei Typen vom Beginn unseres Gesprächs zuzuordnen. Ich denke, es hat etwas von jedem Typ: Es gibt Gemeinsamkeiten und Unterschiede, auch gegenseitige Abhängigkeiten, vielleicht sogar Intimitäten. Aber bitte keine Vertraulichkeiten, im Interesse der Wissenschaft und der Öffentlichkeit.

Anmerkungen

1 Der Vortrag wurde dialogisch gehalten. **B** steht für Kirsten Brodde, **H** für Jörg Hennig

2 Vgl. auch zu der folgenden Typenbildung: BARTELS, Enno (1981): Der Nikolaus und die politische Bildung. In: Aus Politik und Zeitgeschichte B 49/81, S. 3-11.

3 KEPPLINGER, Hans Mathias/Simone Christine EHMIG/Christine AHLHEIM (1991): Gentechnik im Widerstreit. Zum Verhältnis von Wissenschaft und Journalismus. Frankfurt/M. und New York: Campus, S. 58.

4 GALTUNG, Johan/Mari Homboe RUGE (1965): The structure of Foreign News. The Presentation of the Congo, Cuba und Cyprus Crises in Four Norwegian Newspapers. In: Journal of Peace Research. 2, 64-91.

5 SCHULZ, Winfried (1976): Die Konstruktion von Realität in den Nachrichtenmedien. Analyse der aktuellen Berichterstattung. Freiburg/Brg., München: Alber, S. 16.

6 SCHULZ, W.: Konstruktion von Realität (Anm. 4), S. 32-4.

7 LUHMANN, Niklas (1970): Öffentliche Meinung. In: Langenbucher, Wolfgang R. (1979) (Hrg.): Politik und Kommunikation. Über die öffentliche Meinungsbildung. München:Piper, S. 29-61.

8 RUß-MOHL, Stephan (1986): Wissenschaftsjournalismus. Ein Handbuch für Ausbildung und Praxis. 2. Aufl. München: List, S. 12-15.

9 HÖMBERG, Walter (1990): Das verspätete Ressort. Die Situation des Wissenschaftsjournalismus. Konstanz: Universitätsverlag.

10 HÖMBERG, Walter (1986): Auswahlkriterien für Wissenschaftsnachrichten. In: Ruß-Mohl (Anm. 7), S. 94.

11 Vgl. Anm. 2.

12 ROLOFF, Eckart Klaus (1992): Kritikkultur statt Streitkultur. In: Aviso 6, September 1992, S. 12.

13 Vgl. MÖHN, Dieter/Roland PELKA (1984): Fachsprachen. Eine Einführung. Tübingen : Niemeyer (=Germanistische Arbeitshefte 30).

14 OLIVER, Stephan G./John M. WARD (1988): Wörterbuch der Gentechnik. Stuttgart.

15 HEMME, Lothar/Jörg HENNIG/Dieter MOHN/Bernhard STIETZ/Marita TJARKS-SCHUBERT (HINT) (1980): Kommunikative und methodische Probleme des Informationstransfers am Beispiel der Wissenschaftsmagazine des Fernsehens. In: Fachsprache. Sonderheft 1, S. 168.

16 RUHRMANN, Georg/Frank KRÄMER/Thomas STÖCKLE (1992): "Biologische Sicherheit" und "Genomanalyse" im Spiegel der deutschen Tagespresse (1988-1990), Bonn: TAB.

17 BRODDE, Kirsten (1992): Wer hat Angst vor DNS? Die Karriere des Themas Gentechnik in der deutschen Tagespresse von 1973-1989. Frankfurt/M. usw.: Lang (=Sprache in der Gesellschaft, Bd. 20).

Soziale und kognitive Kontexte des Risikobegriffs in der Gentechnologie

Wolfgang Bonss, Rainer Hohlfeld, Regine Kollek*

Asilomar und die Folgen

Als Ausgangspunkt der Risikodiskussion der Gentechnologie wird meist die 1975 durchgeführte Konferenz über *potential biohazards* im kalifornischen Asilomar angesehen (vgl. Herbig, 1978; Krimsky, 1982; Enquete-Kommission, 1987). Noch bevor die Gentechnologie ihren breitenwirksamen Durchbruch erlebte, ging es in Asilomar um die riskanten Konsequenzen künstlicher Veränderungen des Erbmaterials. Riskante Konsequenzen lassen sich in diesem Zusammenhang in zahlreichen Dimensionen thematisieren. Eine Grundsatzfrage aus biologischer Perspektive ist freilich die nach der Beziehung zwischen der (modifizierten) genetischen Ausstattung eines Lebewesens einerseits und seiner Entwicklung, seinen physiologischen Eigenschaften und seinem Verhalten andererseits, also die Frage nach dem Verhältnis von Genotyp und Phänotyp. Welche Auswirkungen haben Manipulationen im Genotyp für den Phänotyp, lassen sie sich eindeutig prognostizieren und nicht zuletzt auch begründet handhaben?

Je nachdem, wie die moderne Biologie als Wissenschaft begriffen wird, fallen die Antworten auf diese Frage (und damit weitgehend auch die handlungspraktischen Optionen) recht unterschiedlich aus. Dominierend sind zweifellos die *reduktionistischen* Positionen. Sofern diese den Gesamtorganismus aus seinen Bestandteilen zu erklären versuchen, gehen sie vom Ideal einer gleichsam linear-eindeutigen Relation zwischen Genotyp

* der Vortrag von Rainer Hohlfeld basierte auf dem hier wiedergegebenen Abschnitt aus Bonß/Hohlfeld/Kollek (Hg.) (1993). Der Abdruck erfolgt mit freundlicher Genehmigung des Hamburger Instituts für Sozialforschung

und Phänotyp aus, die zumindest langfristig aufdeckbar sein müßte (Dulbecco, 1987). Anders argumentieren hingegen die Verfechter *kontextorientierter* Argumentationen[1]. Für sie ist diese eindeutige Relation zwischen Genotyp und Phänotyp eine ebenso verkürzende Idealisierung wie die parallele Annahme, daß die im Labor erzeugten Effekte im Maßstab 1:1 in die Welt außerhalb der Labore übertragbar seien. Und da die biologischen Phänomene aufgrund ihrer Komplexität mit einem reduktionistischen Programm nur unzureichend erklärt werden können, sind in ihren Augen die Risiken der Gentechnologie weit schwerer zugänglich und bis zu ihrer genaueren Beschreibung schon aus Vorsorgegründen weit höher zu veranschlagen, als auf den ersten Blick sichtbar.

Zwar wurden im Vorfeld von Asilomar derartige kontextualistische Bedenken durchaus formuliert. Aber wie eine Analyse der Ergebnisse der Konferenz zeigt, fand die denkbare Kontroverse zwischen reduktionistischen und kontextualistischen Sichtweisen nicht oder allenfalls indirekt statt. Ausschlaggebend hierfür mag auch gewesen sein, daß das Ergebnis der Konferenz und die sich daran anschließenden Diskussionen von Anfang an durch eine *normative Vorentscheidung* geprägt wurde. Denn entgegen den Forderungen so prominenter Biologen wie Sinsheimer, Wald und Chargaff wurde die Genmanipulation nicht als ein ethisches Problem thematisiert, sondern als eines der öffentlichen Gesundheit. Es ging also nicht um das *Ob*, sondern um das *Wie* einer Laborforschung, deren Gefahrenpotentiale in einem nunmehr eingegrenzten, spezifischen Kontext, nämlich in dem der Gesundheitsgefährdung gesehen wurden.

---

[1] Die entsprechenden Positionen werden oft auch als „organizistisch" oder „holistisch" bezeichnet. Diese Etiketten sind mit dem Begriff des Kontextualismus zwar keineswegs deckungsgleich, und es wäre sicherlich notwendig, die Differenzen herauszuarbeiten, zumal für „Organizisten"/"Holisten" die prinzipielle Differenz zwischen empirischen Beobachtungsdaten und ihren theoretischen Konzeptualisierungen kein explizites Thema ist. Wir möchten hier jedoch umstandslos auf den Begriff des Kontextualismuzus zurückgreifen, um anzudeuten, daß es sich nicht um eine Kontroverse zwischen „naturalististischen" und „rationalistischen" Positionen handelt. Die entscheidende Differenz liegt vielmehr darin, ob der systematische Unterschied zwischen Empirie und Theorie „blind" oder „bewußt" gefaßt wird.

Durch diese unter konstruktivistischen Perspektiven höchst instruktive „Rahmung“ (Goffman, 1980) waren für die *Klassifikation* der gentechnologischen Experimente und ihrer Risiken entscheidende Zurichtungen vollzogen und Bedingungen gesetzt[2]. Zu schützen war nämlich allein die menschliche Gesundheit; ökologische Gesichtspunkte bzw. die Anwendung transgener Organismen in offenen Systemen spielten hingegen keine Rolle. Aufgrund mangelnder Erfahrung mit rekombinanten Organismen orientierte sich die Klassifikation selber am bekannten Gefahrenpotential der Genspender und Genempfänger. Entgegen reduktionistischen Exaktheitsansprüchen, aber ganz im Sinne einer induktiven Innovationspraxis, wurde zugleich davon ausgegangen, daß bei der Einschätzung des Risikopotentials auf die „persönliche Erfahrung“ und „Intuition“ der beteiligten Wissenschaftler vertraut werden müßte (Krimsky, 1982, 367). Zwar sollte die „Intuition“ dem Anspruch nach später durch systematische Risikountersuchungen ersetzt werden, aber dieses Desiderat ist bis heute nur ansatzweise eingelöst - weit häufiger zeigt sich statt dessen das, was auch als „Restrukturierung durch Vergessen“ beschrieben werden kann.

Als Konkretisierung dieser durchaus bemerkenswerten Kombination von intuitiver und systematischer Risikowahrnehmung können die in Asilomar breit diskutierten “*containments*“ angesehen werden, die seither als essentieller Bestandteil jedes experimentellen Designs gelten. Containments sind die der gentechnologischen Risikowahrnehmung entsprechenden Sicherheitskonzeptionen. Sie umfassen im wesentlichen die für die Laborforschung entwickelten Maßnahmen zum Einschluß der rekombinanten Organismen. Beim „*biologischen*“ containment soll die Verbreitung des manipulierten Erbmaterials durch die Verwendung verkrüppelter Bakterien verhindert werden, die außerhalb der Laborbedingungen mutmaßlich nicht existieren können. *Physikalische* Sicherheitsmaßnahmen sollen zusätzlichen

[2] In Anknüpfung an Horst Stenger könnten diese Rahmenbedingungen als ein spezifischer „Sinnkontext“ beschrieben werden; in Anlehnung an die Formulierungen von Klaus Amann wäre von einer „Infrastrukturierung“ über „flexible“ (Deutungs„elemente“ zu sprechen, die ihrerseits recht „fixiert“ gehandhabt wurden. Vgl. hierzu die Aufsätze der beiden Autoren in Bonß/Hohlfeld/Kollek 1993.

Schutz bieten, und durch das Einhalten von *Praxisregeln* für mikrobiologisches Arbeiten soll gewährleistet werden, daß das Kontaminationsrisiko der im Laboratorium Beschäftigten auf ein Minimum reduziert wird.

Als ein weiteres Element der gentechnologischen Risikowahrnehmung kristallisierte sich bereits auf der Konferenz, spätestens aber in der zweiten Hälfte der siebziger Jahre die *Akzeptanz* von medizinischen und ökologischen „*Restrisiken*" heraus. Die Rede von den Restrisiken ist gleichsam der letzte Schritt im Prozeß der Umdefinition der Unsicherheiten der Gentechnologie in experimentelle Sicherheiten. Zwar war klar, daß durch die Containments die Wahrscheinlichkeiten der Entstehung und Verschleppung gefährlicher Keime nur reduziert, nicht aber auf Null gebracht werden konnten. Auf keinen Fall sollte jedoch die Arbeit an wichtigen biologischen und medizinischen Problemen beeinträchtigt werden, und so einigte man sich letztlich darauf, daß die Suche nach neuem Wissen ebenso wie andere gesellschaftliche Handlungen nie risikofrei sein könne. (Berg, nach Herbig, 1978, 104). Das Restrisiko der Gentechnik, so der seit Asilomar stabilisierte Konsens, müsse vielmehr akzeptiert werden, und unter diesem Blickwinkel konnten die hinter diesem Stichwort verborgenen Unsicherheiten grundsätzlich kein Gegenstand der gentechnologischen Laborforschung werden.

Reduktionistische Risikowahrnehmung

Wenn wir den seit Asilomar durchgesetzten Typus der Risikowahrnehmung als „reduktionistisch" bezeichnen, so ist dies sicherlich insofern verkürzend, als wissenschaftliche Konstruktionen stets mit intellektuellen „Vereinfachungen" arbeiten. Aber es ist ein Unterschied, ob die letztlich unumgänglichen Reduktionen einfach hingenommen oder selbst zum Thema gemacht werden. Denn von Reduktionismus im strengen Sinne kann nur dann geredet werden, wenn bestimmte Formen der (Labor)praxis und ihrer Begründung erkennbar sind, die im Rahmen der Biologie auf folgende „Basisannahmen" hinauslaufen: (a) In *theoretischer* Hinsicht gehen die „reduktionistischen" Konzeptionen davon aus, daß die Eigenschaften eines Gesamtorganismus mehr oder weniger direkt aus seinen Bestandteilen heraus abgeleitet werden können. (b) Unter *empirisch-experimentellen* Gesichtspunkten streben sie zugleich danach, diese Elemente im Rahmen der Laborforschung in reiner Form zu isolieren und beherrschbar zu machen.

Beide Aspekte verweisen auf einen Prozeß der Wirklichskeitsdefinition und -zurichtung, der unter der Perspektive der Risikowahrnehmung zu einer merkwürdigen Doppelstruktur führt. Denn die „*intuitive*“ Handhabung der Unsicherheiten des Labors steht neben einer dem Anspruch nach exakten Konstruktion von Containments. Daß diese Konstellation keineswegs zufällig ist, sondern eher ein Essential reduktionistischer Risikokonzeptionen bezeichnet, läßt sich vielleicht am klarsten anhand einer auf Frederic Knight zurückgehenden Unterscheidung erläutern, nämlich anhand der Abgrenzung von „*risk*“ und „*uncertainty*“ (vgl. Knight, 1921, 197 ff.) Nach Knight sind „*risks*“ und „*uncertainties*“ zwei gravierend voneinander unterschiedliche *Typen* von Unsicherheiten. Unter „*risk*“ verstand Knight die „meßbaren Unsicherheiten“, bei denen die Gesamtheit der möglichen Ergebnisse ebenso bekannt ist wie die Eintrittswahrscheinlichkeiten der Einzelereignisse. Exemplarisch hierfür ist das Würfelspiel, bei dem niemand vorher wissen kann, wie der Würfel fallen wird. Bekannt ist allerdings die Gesamtheit der möglichen Ereignisse, nämlich sechs. Und da diese beim Standardwürfel gleichverteilt sind, läßt sich auch die Ereigniswahrscheinlichkeit, also das „Risiko“, eine bestimmte Zahl zu werfen, problemlos berechnen.

Anders sieht die Situation hingegen bei den „*uncertainties*“ aus, denn hier geht es nicht um eindeutige, sondern um uneindeutige Unsicherheiten. Diese sind dann gegeben, wenn es sich eben nicht um einen geschlossenen Ereignisraum mit in ihrer Gesamtheit bekannten Ergebnissen handelt, sondern um offene Systeme mit vielfältigen „Risikofaktoren“. Genaugenommen ist dies auch der „Normalfall“, denn eindeutige Unsicherheiten gibt es nur in idealisierten Grenzfällen. Bereits die Aufgabe, eine Straße zu überqueren, ist letzltich eine uneindeutige Unsicherheit, da hier zahlreiche Faktoren von der eigenen Verfassung bis hin zu Wetter und Straßenzustand eine Rolle spielen. Erst recht gilt dies für komplexe Situationen und Systeme, wie etwa internationale Finanzmärkte, Atomkraftwerke oder eben transgene Organismen und gentechnologische Fabrikationsanlagen.

Nach Knight - und genau dies ist typisch für die reduktionistische Position - können allerdings nur „*risks*“ Gegenstand der wissenschaftlichen Analyse sein. Die nichtmeßbaren „*uncertainties*“ wurden demgegenüber per definitionem zu Nicht-Risiken erklärt. Sich mit ihnen zu beschäftigen erscheint nur insofern sinnvoll, als es darum geht, „*risks*“ zu berechnen und „*uncertainties*“ in „*risks*“ umzudefinieren, also uneindeutige als eindeutige Unsicherheiten zu behandeln. Eine solche Umdefinition von „*uncertainties*“ in „*risks*“ ist freilich nicht nur ein theoretisches Problem, sondern erfordert auch einen entsprechenden handlungspraktischen Umgang mit den Phänomenen. Diese müssen so zugerichtet werden, daß die Gegenstände als ein Zusammenhang von Risiko- und nicht von Unsicherheitsfaktoren erscheinen.

Das hierzu passende institutionelle Setting ist das Labor, das seine avancierteste Gestalt in den modernen Sicherheitslaboren findet. Mit seinen Möglichkeiten des „handlungsentlasteten“ Ausprobierens (Habermas, 1973, 213) verweist das Labor auf eine künstliche Welt, in deren Mauern es gelingen soll, bestimmte Effekte unter Absehung aller vorgängigen Kontexte in Reinkultur zu erzeugen. Mögliche Störfaktoren werden dabei unter der Perspektive der vollständigen Beherrschung der Phänomene durch bewußte Grenzziehungen „wegdefiniert“, und zwar, genau genommen, auf zwei Ebenen:

Zum einen gibt es *interne* Grenzziehungen, nämlich durch die Versuchsanordnung selber. Denn innerhalb des Labors werden Stoffe nicht „irgendwie“ miteinander in Beziehung gesetzt, sondern nach einem möglichst wohl definierten Plan, der auf eine bewußte Beschneidung des möglichen Bedingungs- und Reaktionsspektrums abzielt, so daß im Idealfall nur die kontrollierten oder kontrollierbaren Risikofaktoren in Erscheinung treten[3].

Zum anderen zeigt sich in den zusätzlichen *externen* Grenzziehungen, daß gerade diese Verengung des Blicks auf die kontrollierten Faktoren gleichwohl eine unsichere Angelegenheit ist.

---

[3] Daß diese Strategie trotz aller ex-ante- und ex-post-Systematik in der Praxis von zahlreichen Zufälligkeiten abhängt, zeigen die bereits erwähnten Laborstudien der neueren Wissenschaftssoziologie von Latour/Woolgar bis Knorr-Cetina.

Solche Grenzziehungen schlagen sich in der Abschottung des Labors von der Umwelt durch die bereits angesprochenen physikalischen und biologischen containments nieder. Indirekt sind diese containments das Eingeständnis, daß die anvisierte Beherrschung der Phänomene unvollständig ist, und zwar nicht zuletzt aufgrund der Dekontextualisierungen der Laborwelt.

In Hochsicherheitslaboren vom Typ 3 oder 4 nimmt dieses Eingeständnis durchaus dramatische Formen an. Durch Sicherheitsschleusen, -räume, -kleidung etc. wird hier zwischen Experimentator und Experimentiergegenstand eine systematische Mauer aufgebaut, die signalisiert, daß der anstehende Versuch nicht nur abgeschottet von der räumlichen und zeitlichen Umwelt jenseits des Labors verlaufen sollte, sondern auch für seine Mittelsmänner und -frauen eine höchst unsichere Angelegenheit ist.

Mit dieser Unsicherheit fertig zu werden, ist gerade im Falle komplexer Technologien wie der Gentechnologie äußerst schwierig. Denn je „dicker" die Mauer zwischen Labor und Umwelt, desto schwieriger wird es, sie zu durchbrechen. Auf der Basis radikal dekontextualisierter Laborkonstruktionen und Risikokonzeptionen ist hier letztlich nur eine Strategie denkbar, nämlich die der *Freisetzung*, also das schlichte Ausprobieren, ob das Laborkonstrukt auch unter völlig anderen Kontextbedingungen erwartungsgemäß funktioniert. Sofern der Weg ins Labor als Dekontextualisierung der Phänomene beschrieben werden kann, bedeutet die Freisetzung faktisch eine Art „*Re*"-Kontextualisierung, die freilich nicht als eine solche begriffen wird. Denn es geht nicht um theoriegeleitete Prozesse des Wechsels und der Erweiterung von Kontexten, sondern um ein theoriefreies, „trial-and-error"-orientiertes Ausprobieren von Wirkungszusammenhängen in anderen Kontexten - eine Praxis, die aufgrund der Komplexität der zugrundeliegenden Systeme höchst riskant ist und letztlich darauf hinausläuft, die Gesellschaft, wie Krohn/Weyer (1989) es formuliert haben, selbst zum Labor werden zu lassen.

Kontextualistische Risikodefinition und Wahrnehmung

Als unreflektierte „Re"-Kontextualisierung sind Freisetzungen insbesondere deshalb riskant, weil sich die ausgeblendeten „Unsicherheitsreste" der Knight'schen Risikodefinition bis heute einer wissenschaftlichen Beschreibung entziehen. Sie bleiben solange unzugänglich, wie die internen und externen Grenzziehungen, die ihre Subsumtion unter das Stichwort der „Restrisiken" überhaupt erst ermöglichen, nicht explizit zum Thema gemacht und in Frage gestellt werden.

Für die Notwendigkeit einer solchen Umakzentuierung oder kontextorientierten Reformulierung der Risikoproblematik sprechen nicht zuletzt verschiedene, empirische Beobachtungen der experimentellen Biologie. So kann sich eine genetische Information, die in einem spezifischen Organismus für eine eindeutig definierte physiologische Funktion kodiert, in ihrer Wirkung verändern, wenn sie in eine neue Wirtszelle oder einen neuen Wirtsorganismus übertragen wird. Gene, die in ihren angestammten Umgebungen „ungefährlich" sind, können bei der Verpflanzung in einen neuen Organismus dessen physiologische und ökologische Eigenschaften u. U. negativ beeinflussen. Diese *Umgebungsabhängigkeit* der physiologischen Wirkungen genetischer Information macht deutlich, daß zwischen dem biochemischen Informationsgehalt eines übertragenen Gens und seinen Wirkungen auf den Empfängerorganismus allenfalls in Grenz- oder Einzelfällen eine eindeutige Beziehung besteht. Denn die besonderen Eigenschaften eines transplantierten Gens hängen nicht nur von dem in seiner chemischen Primärstruktur liegenden Informationsgehalt ab, sondern davon, *wo* sich dieses Gen im Verhältnis zu anderen Genen und zu der gesamten zellulären Umgebung befindet[4].

Es ist somit keineswegs trivial, ein beliebiges Gen aus seinen „natürlichen" (vorgängigen) Kontexten zu entfernen und in eine neue, zelluläre Umgebung zu verpflanzen. Denn die übertragene Gensequenz kann die neue Wirtszelle ebenso verändern wie letztere die Funktion des transferierten Gens. Sofern dies letztlich für *jeden* neuen Wirtsorganismus oder Kontext gilt, können die

---

[4] Für empirische Belege vgl. Kollek, 1988; Fedoroff, 1992; Nagl, 1993.

Kenntnisse der Eigenschaften und Funktionen eines Gens auch niemals als „abgeschlossen" gelten. Statt dessen zeigt sich eine prinzipielle Uneindeutigkeit, die auch durch „mehr Forschung" kaum beseitigt werden kann. Denn sie ist dem kognitiven und institutionellen Setting der Laborwissenschaft selber geschuldet oder genauer: deren internen Grenzziehungen, die das gewählte Beobachtungssystem und dessen Horizonte strukturieren.

Diese Grenzziehungen, die über das Design der Versuchsanordnung ebenso hergestellt werden wie über die Praxisvorschriften und Standardinstrumente, verweisen implizit auf Voranahmen über die Art der zu erwartenden Effekte und die funktionalen und raum-zeitlichen Dimensionen, in denen sie sich auswirken werden. Hiermit verbunden ist zugleich die Wahl eines bestimmten Hypothesenrahmens („frame of reference", Polany, 1968), der als Matrix für die systematische Einordnung und die Interpretation entsprechender empirischer Beobachtungen fungiert und festlegt, was wie gesehen werden kann und was nicht.

Der „frame of reference" verweist auf eine strukturierende Rahmung, die freilich nicht notwendigerweise fixiert gehandhabt werden muß. Beispielsweise ist die Unterstellung einer eindeutig definierbaren Beziehung zwischen Gen und Phän, und das heißt zwischen Gen und physiologischer Funktion, ein zentraler Bestandteil des Hypothesengebäudes der Molekularbiologie. Durch das Aufzeigen der prinzipiellen Uneindeutigkeit genetischer Information wird dieses „Dogma" in Frage gestellt und gleichzeitig eine seiner Implikationen kritisiert, derzufolge ein Gen seine Funktion entweder erfüllt oder funktionslos und somit irrelevant ist. Dieser Schritt kann entweder als „Anomalie" abgewehrt oder, wie im Falle der kontextualistischen Argumentationen, als Anlaß zur Relativierung des Hypothesenrahmens genutzt werden.

Eine solche Relativierung des Hypothesenrahmens, die auch als Verschiebung der internen Grenzziehungen der Laborwissenschaft und als Veränderung von Beobachtungsperspektiven beschreibbar ist, bleibt nicht ohne Konsequenzen für die konzeptionelle Strukturierung des beobachteten Objektes: neue Wirkungsbeziehungen und -dimensionen werden sichtbar. Dies ist in umso höherem Maße der Fall, wenn die kontrollierten Bedingungen des Labors - die nicht nur durch interne, sondern auch durch externe Grenzziehungen charakterisiert sind - verlassen werden und die Experimentatoren nicht nur die materielle, sondern auch die konzeptionelle Welt des Labors hinter sich lassen. Die restriktiven Bedingungen der geschlossenen Reaktionsräume gelten dann nicht mehr: Objekte und Funktionszusammenhänge werden vielmehr mit neuen Umgebungen und Rahmenbedingungen konfrontiert. Diese bilden korrigierende „frames of reference“, die anders als diejenigen der Laborobjekte die Offenheit des betreffenden Systems mit einbeziehen müssen. Den Interpretationsrahmen für die Funktionsbestimmung der neuen Genkombinationen und Phänotypen liefern dabei nicht die geschlossenen Modellsysteme des Labors, sondern die theoretischen Begriffe, die im Rahmen des Ökosystem-Konzeptes formuliert worden sind (ökologische Nische, Homöostase usw.).

Eine von der „Freisetzung“ zu unterscheidende Strategie der Kontextualisierung hat sich also der externen und internen Grenzziehungen des Labors und des Wechsels der Referenzsysteme - der mit dem Verlassen dieses Handlungsraumes verbunden ist - bewußt zu sein. Die systematischen Beschneidungen, die die Objekte auf dem Weg *ins* Labor erfahren, sind als konzeptionelle (semantische) und praktische (pragmatische) Rahmenbedingungen der experimentellen Zurichtung der Objekte zu rekonstruieren, bevor dabei erfolgte Ausblendungen schrittweise wieder einbezogen werden können. Einbezogen werden können selbstredend nur diejenigen Kontextbeziehungen des Phänomens, über deren Existenz es zumindest empirische, lebensweltliche oder theoretisch begründete Hinweise gibt. Insofern kann niemals von einer vollständigen Re-Kontextualisierung gesprochen werden. Worum es geht, ist vielmehr eine reflexive *Kontextualisierung*, die empirische Phänomene in Abhängigkeit vom zugrundegelegten Interpretationsrahmen begreift. Damit verbunden ist einerseits ein geschärftes Unsicherheitsbewußtsein, andererseits aber auch die Möglichkeit, die Differenzen zwischen den empirischen Phänomenen und ihrer konzeptionellen Wahrnehmung präziser zu bezeichnen. Das Aufmerksamkeitsspektrum bezieht sich weniger auf die Konstruktion „idealer“, weil ceteris paribus stillgestellter Kontextbedingungen, sondern auf die hierdurch entstehenden „Ausblendungsverluste“ und auf die Möglichkeit, derartige Ausblendungsverluste durch bewußte Kontextualisierungen möglichst gering zu halten.

Vor diesem Hintergrund verweisen kontextualistische Ansätze zugleich auf ein anderes *Praxismodell*: Sofern sie die auf dem

Weg ins Labor erfolgten Ausblendungen und Begrenzungen nicht nur analysieren, sondern ihre semantischen und pragmatischen Anteile bewußt rekonstruieren, setzen sie sich mit der durch die De-Kontextualisierung produzierten Unsicherheit reflexiv auseinander. Das Überschreiten der Grenze zwischen Labor und Umwelt verliert den Charakter eines theorieblinden „trial and error"-Handelns wie es für die Strategie der Freisetzung kennzeichnend ist. Im Rahmen einer kontextorientierten Strategie wird das Verhältnis von Labor- und Anwendungskontexten selber zum Forschungsgegenstand gemacht; statt die Anwendbarkeit transgener Lebewesen schlichtweg auszuprobieren, geht es darum, die Bedingungen der Anwendung selbst noch systematisch zu erforschen. Wenn die Konstruktion von wissenschaftlichen Objekten im Labor zu ihrer Herauslösung aus spezifischen, vorgängigen Kontexten führt, ist für die Kontextualisierung des Labormodells gerade die theoretische und praktische Berücksichtigung dieser Kontexte die entscheidende Perspektive für das Forschungshandeln.

Das Praxismodell der Kontextualisierung

Zwar ist das Praxismodell der Kontextualisierung keineswegs neu. Aber zumindest im Rahmen der gentechnologischen Debatte ist es als ein alternatives Konzept zur Freisetzung bislang kaum ausgearbeitet worden. Während reduktionistische Konzepte eine prinzipielle Eindeutigkeit wissenschaftlicher Aussagen voraussetzen, und von daher die Anwendbarkeit des Laborwissens beim Verlassen des containments nicht in Frage stellen, geht die Strategie einer kontextorientierten Transzendierung der Laborwissenschaft *nicht* davon aus, daß die Laborkonstrukte prinzipiell ohne Verluste in die Wirklichkeit außerhalb des Labors übertragbar seien. Die Übertragbarkeit im Maßstab 1:1 wird vielmehr grundsätzlich für unmöglich erachtet und somit die systematisch entscheidende Frage in den Mittelpunkt gerückt, wie die Übertragung von Funktionszusammenhängen aus einem Kontext in einen anderen überhaupt gedacht werden kann und welche Transformationsprozesse hierbei berücksichtigt werden müssen.

Unsere Leitidee für ein „kontextualistisches Modell" der Risikoanalyse und -bewertung (die der Anwendung vorausgehen muß) besteht darin, die Risikoforschung als Rekonstruktion der pragmatischen und semantischen Aspekte des komplexen Ausgangsphänomens, also als „*Kontextualisierung*" des Laborobjektes zu begreifen.

Dabei ist eine Identifizierung und Berücksichtigung *aller* Kontexte im Sinne einer „Vollständigkeit" weder theoretisch möglich noch praktisch erstrebenswert. Insofern geht es bei der Formulierung einer Kontextualisierungsstrategie auch nicht um den Versuch, die bei dem Wechsel von Kontexten auftretenden Unsicherheiten in Sicherheiten umzudefinieren, sondern darum, diese Unsicherheiten im Rahmen einer solchen Strategie systematisch zu berücksichtigen. Systematisch zu berücksichtigen bedeutet, daß eine solche Strategie nicht als eine Abfolge von ex ante festzulegenden, eindeutigen Verfahrensschritten zu denken ist, sondern als Selektion der für aktuelle Anwendungen *relevanten* Kontexte. Die Selektion erfolgt nach pragmatischen Kriterien: realitätsnah, risikoarm. Insofern ist die Kontextualisierung ein prinzipiell offener Prozeß. Der entscheidende, allerdings nicht nur wissenschaftlich, sondern auch normativ zu begründende Schritt besteht dann letztlich darin, *situationsspezifische* Kriterien bereitzustellen, die zwischen dem Handlungsrahmen (Herstellungskontexte des Laborobjektes) und der konkreten Handlung (Anwendung in einer spezifischen Situation) vermitteln. Vor diesem Hintergrund lassen sich für eine kontextorientierte Strategie zwei Aufgaben benennen:

Bei dem Prozeß der *handlungspraktischen*[5] und *theoretischen* Reduktion eines komplexen Phänomens im Labor erfolgt eine Fokussierung auf immer kleinere Ausschnitte des gesamten Struktur-Funktionszusammenhanges, und somit auf *unmittelbare* Ursache-Wirkungsbeziehungen. Wirkungen, die in raum-zeitlicher Distanz zum Tragen kommen, werden dabei immer weiter ausgeblendet. Die erste Aufgabe, die im Rahmen einer Kontextualisierungsstrategie zu bearbeiten wäre, besteht deshalb in der Anlayse der Reduktionsschritte, die bei der experimentellen Zurichtung der Laborobjekte vorgenommen werden. Dabei geht es

---

[5] Diese im Rahmen des Experiments vollzogene handlungspraktische Reduktion des Laborobjektes ist nur ein Aspekt der situativ-pragmatischen Rahmenbedingungen wissenschaftlichen Handelns. Ein weiterer ist der sozial-interaktive.

nicht darum, alle faktisch vollzogenen oder möglichen Schritte zu identifizieren, sondern möglichst viele. Welche davon für das weitere Vorgehen relevant sind, hängt weniger vom Laborobjekt selber ab, sondern davon, in welcher Weise und unter welchen Bedingungen es angewendet werden soll.

Die handlungspraktische Zurichtung von Naturphänomenen im Labor erfolgt auf der Basis bestimmter *theoretischer Voran-nahmen*. Die experimentelle Handlungsstrategie und die theoretische Konzepttualisierung der empirischen Daten sind also von dem theoretischen und semantischen Kontext abhängig, in dem das wissenschaftliche Arbeiten stattfindet. Um die konzeptionelle Infrastruktur eines Laborgegenstandes zu verstehen, ist die Darstellung und Explizierung eines solchen Kontextes nötig. In vielen Fällen existiert allerdings nicht nur eine Möglichkeit der Konzeptualisierung von Wirkungsbeziehungen zwischen empirisch darstellbaren Strukturen, sondern es sind Alternativen möglich, denn bei unterschiedlicher Konzeptualisierung (gleicher) empirischer Phänomene werden die Relationen zwischen den Teilen jeweils anders interpretiert und bewertet und unterschiedliche Funktionszusammenhänge unterstellt. Je komplexer ein Phänomen oder eine Struktur ist, desto mehr Ordnungsschritte müssen postuliert werden und desto mehr Möglichkeiten ihrer Konzeptualisierung gibt es. Mit der Komplexität der Phänomene steigt also auch der semantische Gehalt ihrer jeweiligen Konzeptualisierungen. Um die dabei jeweils vorgenommenen Einengungen und Ausblendungen - und d.h. mögliche funktionale Zusammenhänge - registrieren zu können, ist von den semantisch reicheren Phänomenebenen hin zu den semantisch ärmeren, also in absteigender Reihe, vorzugehen.

Im Rahmen einer Kontextualisierungsstrategie sind demzufolge *unterschiedliche Typen der Konzeptualisierung* biologischer Strukturen, Prozesse und Organisationsformen - und das bedeutet auch, unterschiedliche theoretische Kontexte, die den alternativen Interpretationen zugrunde liegen - zu benennen. Eine solche bewußte und reflektierte Wahrnehmung unterschiedlicher Konzeptualisierungsarten ermöglicht eine weitergehende *konzeptionelle Infrastrukturierung* der untersuchten Phänomene, als dies bei Unterstellung eindeutiger Beschreibbarkeit der Fall ist - eine Unterstellung, von der zumindest in der dominierenden wissenschaftlichen Theorie und Praxis in der Regel ausgegangen wird.

Sie ist somit eine notwendige Voraussetzung für ein kontextsensibles, differenziertes Risikomodell, daß den Anspruch hat, zumindest die auf der Grundlage des vorhandenen Wissens erkennbaren oder theoretisch begründbaren Wirkungsverflechtungen auch zu identifizieren.

Die zweite Aufgabe ist die *technisch-praktische Einbettung* neu entwickelter Produkte oder Prototypen. Sie besteht darin, die jeweiligen speziellen, durch die Verwendungskontexte (z. B. Bioreaktor, menschlicher Organismus, Ökosystem, s.u.) vorgegebenen Randbedingungen als „Anwendungsbedingungen" bzw. -kontexte zu definieren und zu untersuchen. Eine kontextsensible Vorgehensweise wird dabei von der Vielschichtigkeit und mehrfachen Deutbarkeit der Wirkungsbeziehungen zwischen Laborgegenstand und Anwendungsbedingungen ausgehen und versuchen, sie systematisch zu berücksichtigen.

Kontextualisierungen nach diesem Konzept verlaufen keineswegs immer nach demselben Muster, sondern differieren je nachdem, ob es sich um geschlossene oder offene sowie technische oder nicht-technische Systeme handelt. Hieraus ergeben sich theoretisch vier denkbare Kontextualisierungsvarianten mit unterschiedlichen Anforderungen, von denen in unserem Fall drei praktisch relevant sind und kurz illustriert werden sollen:

- Die Einbettung in ein geschlossenes technisches System. Beispiel: Die Überführung von Laborkulturen in den technischen Maßstab, das „scale up" im Bioreaktor. Hier besteht die Aufgabe darin, den - unter restriktiven Bedingungen des Laborcontainments definierten - gentechnisch veränderten Organismus an die Prozeßbedingungen des Bioreaktors anzupassen. Diese Anpassung muß schrittweise in experimentellen Versuchsreihen im Kontext der Verfahrenstechnik ausgetestet werden, um eine kontrollierte Prozeßführung zu erreichen. Die Strategie der Reduktion des Risikos für Beschäftigte und Umwelt besteht hier in der Aufrechterhaltung der physikalischen und biologischen Containments, deren (theoretische und praktische) Voraussetzungen und Grenzen mit in die Risikoanalyse einfließen müssen.
- Die Einbettung in ein geschlossenes, nicht-technisches System. Beispiel: Die Implementierung von gentechnisch hergestellten, „körpereigenen" Wirkstoffen oder Hormonen in

den menschlichen Organismus. In diesem Fall muß der unter Laborbedingungen ausgearbeitete Prototyp des Medikaments schrittweise auf lebensnahe Verhältnisse übertragen und angepaßt werden. Eine Risikoabschätzung, d.h. eine Abschätzung unerwünschter Wirkungen (Nebenwirkungen), läßt sich erst dann sorgfältig vornehmen, wenn die Forschungsstrategie die Staffelung der physiologisch für den menschlichen Organismus als relevant identifizierten Kontexte durchlaufen hat.

- Die Einbettung in ein offenes System. Beispiel: Die tatsächliche Freisetzung von transgenen Organismen in die Umwelt, deren reflexive Handhabung selbst als Kontextualisierung beschreibbar ist. Die hier forschend und interpretierend zu durchlaufenden Kontexte sind: die Physiologie des transgenen Organismus, die Veränderungen des transgenen Phänotyps (und nicht nur die der Genprodukte), seine ökologischen Eigenschaften und nicht zuletzt sein evolutives Potential[6].

Die Beispiele einer reflektierten Handhabung von Rahmenbedingungen zeigen, daß durch den Rekurs auf verschiedene theoretische Kontexte einerseits vorhandenes, für die Einschätzung des Risikopotentials transgener Organismen relevantes, empirisches Wissen nutzbar gemacht werden kann. Andererseits werden durch den Kontextbezug Rahmen und Zielrichtung eines Forschungsprogramms vorgegeben, das die Möglichkeit eröffnet, bei der Evaluierung transgener Phänotypen auch kontextrelevante Parameter gezielt identifizieren und untersuchen zu können. Die Beispiele demonstrieren auch, daß sich die von uns zum Zwecke der Analyse getroffene Unterscheidung von theoretischer Kontextualisierung und technisch-praktischer Kontextualisierung empirisch nur bedingt durchhalten läßt, denn beide Zielrichtungen - vom Einfachen zum Komplexen, vom idealisierten Laborobjekt zum situativ eingebetteten Verfahren oder Produkt - greifen praktisch ineinander und überlagern sich.

Der angedeutete Perspektivenwechsel von einer reduktionistischen zu einer kontextorientierten Risikoanalyse schafft mehr,

---

[6] Für eine ausführlichere Darstellung der Beispiele vgl. Bonß/Hohlfeld/Kollek 1992, 163 ff.

aber selbstverständlich keine totale Sicherheit - letztere ist auch gar nicht denkbar. Aber durch die bewußte Reflexion der Kontextbedingungen entsteht zumindest ein präziseres Unsicherheitsbewußtsein. Genau in dieser „Umpolung" von irrealen Sicherheitsversprechen zu systematischen Unsicherheitsreflexionen liegt der entscheidende Vorteil einer kontexttheoretischen Risikodiskussion, die freilich nicht als Akzeptanzbeschaffungsstrategie für die herrschenden technologischen Entwicklungspfade mißverstanden werden darf. Aber wenn die Produkte gentechnischer Veränderungen (und das gleiche gilt beispielsweise für bestimmte Produktzweige der synthetischen Chemie) überhaupt angewendet werden sollen, dann ist die sorgfältige und systematische Erforschung der Anwendungsbedingungen eine notwendige, wenngleich nicht hinreichende Bedingung für die Entscheidung über die Akzeptierbarkeit der (hypothetischen) Risiken - eine Entscheidung, die in letzter Instanz freilich nur politisch begründet und gefällt werden kann.

Literatur

BONSS, W./HOHLFELD, R./KOLLEK, R. (1992), Risiko und Kontext. Zur Unsicherheit der Gentechnologie, in: Technik und Gesellschaft, Jahrbuch 6: Großtechnische Systeme und Risiko, hrsg. v. G. Bechmann/W.Rammert, Frankfurt/M., S. 141-174.

- (Hg.) (1993), Wissenschaft und Kontext. Kontexte der Wissenschaft, Hamburg

DULBECCO, R. (1987), The Design of Life, New Haven.

ENGEL, G.L. (1979), Die Notwendigkeit eines neuen medizinischen Modells: Eine Herausforderung der Biomedizin, in: Keupp, H. (Hg.), Normalität und Abweichung (S. 63-65), München.

ENQUETEKOMMISSION DES DEUTSCHEN BUNDESTAGES/Wolf-Michael Catenhusen/Hanna Neumeister (Hg.) (1987), Chancen und Risiken der Gentechnologie. Dokumentation des Berichts an den Deutschen Bundestag, München.

GOFFMANN, E. (1980), Rahmen-Analyse. Ein Versuch über die Organisation von Alltagserfahrungen, Frankfurt/M.

HABERMAS, J. (1973), Wahrheitstheorien, in: Fahrenbach, H. (Hg.), Wirklichkeit und Reflexion: Walter Schulz zum 60. Geburtstag, Pfullingen.
HERBIG, J. (1978), Die Gen-Ingenieure, Frankfurt/M.
KNIGHT, F. (1921), Risk, Uncertainty and Profit, Chicago (2. Aufl.) 1965
KOLLEK, R. (1988), „Ver-rückte" Gene. Die inhärenten Risiken der Gentechnik und die Defizite der Risikodebatte, in: Ästhetik und Kommunikation, Heft 69, S. 29-38.
KRIMSKY, S. (1982), Genetic Alchemy, Cambridge, Mass.
KROHN, W. / WEYER, J. (1989), Gesellschaft als Labor, in: Soziale Welt, 40, S. 347-349.
NAGL, W. (1993), Grenzen unseres Wissens am Beispiel der Evolutionstheorie, in: Ethik und Sozialwissenschaften, im Druck.
POLANYI, M. (1968), Life's Irreducible Structure, in: Science, 160, S. 1308-1312.

Der unvollkommene Mensch und eine perfekte Wissenschaft? Über neuere Fortschritte in den Neurowissenschaften

FRIEDRICH NOLTE

Das Human Genom-Project und die Dekade des Gehirns

Das menschliche Gehirn, dieses rätselhafte Organ, das uns Denken, Phantasie, Lernen, Eifersucht, Wahn, Schmerz und Humor ermöglicht, ist die komplexeste bekannte Struktur im Universum. Unser Gehirn ist die Voraussetzung dafür, daß wir uns überhaupt Gedanken über die Unvollkommenheit des Menschen machen können. Es ermöglicht uns das Nachdenken über die Folgen einer Wissenschaft, mit der es uns immer präziser gelingt, unsere eigenen Unvollkommenheiten und die unserer Mitmenschen zu diagnostizieren. Und es verleitet uns dazu, neue Technologien zu entwerfen, um die von unserer Unvollkommenheit induzierten Leiden zu mindern und neues Leid zu verhindern.

Jeder von uns hat diese Fähigkeit zum Nachdenken der bisherigen Evolution des Lebens zu verdanken. Nach Millionen von Jahren Evolution bestimmen letztendlich die von den Eltern geerbten Gene und die individuelle Erfahrung die Tätigkeiten eines einzelnen Gehirns.

Daß jedes Gehirn individuell geprägt ist von Genen und Umwelt, läßt sich an folgenden Daten leicht veranschaulichen: Die Gehirne eines neugeborenen Schimpansen und eines menschlichen Neugeborenen - deren Erbinformation zu fast 98% identisch ist - zeigen geringe, aber deutlich sichtbare Unterschiede im Aufbau einzelner Hirnregionen. Dies zeigt, daß die Erbinformation den Aufbau des Gehirns stark prägt. Das Gewicht des Gehirns eines menschlichen Neugeborenen, bei dem alle wichtigen anatomischen Merkmale wie Nervenbahnen bereits angelegt sind, beträgt ca. 400 g; das Gewicht des Gehirns eines menschlichen Erwachsenen beträgt ca. 1,5 kg. Obgleich sich an den einmal angelegten Nervenbahnen im weiteren Lebensverlauf wenig ändert, werden dennoch die Verbindungen zwischen einzelnen Nervenzellen ständig erfahrungsabhängig verändert. Es ist folglich ebenfalls klar, daß Umwelt und Erfahrung die Entwicklung des Gehirns stark prägen.

In jüngster Zeit sind vor allem aufgrund der atemberaubenden Fortschritte der Gentechnologie zwei große Forschungsprojekte ins Rollen gebracht worden, mit denen zum Ausklang dieses Jahrhunderts neue Einsichten in das normale Funktionieren und die Fehlfunktionen des zentralen Nervensystems gewonnen werden sollen. Diese beiden zunächst in den USA initiierten biologischen Großforschungsprojekte sind das „Humane Genom Projekt" und die „Dekade des Hirns" (1, 2). Inzwischen sind auch von der Europäischen Union erhebliche Geldsummen für das Human Genom-Project zur Verfügung gestellt worden - für die Dekade des Hirns wurden Mittel angekündigt. Auch die Hansestadt Hamburg leistet mit der Einrichtung des Zentrums für Molekulare Neurobiologie (ZMNH) mit immerhin vier Professorenstellen samt je 32 Mitarbeitern sowie 5 zusätzlichen, vom Bundesforschungsministerium finanzierten Nachwuchsforschergruppen einen aufwendigen Beitrag zu diesem Arbeitsgebiet (3).

Den neuen Forschungsergebnissen aus der Anwendung der Gentechnologie in der Neurobiologie werden revolutionäre Auswirkungen auf die Medizin und unsere Gesellschaft vorausgesagt. Leonard Heston, Direktor des renommierten 'Institute for Mental Illness' der Washington University, schreibt in seinem gerade erschienenen Buch „Mending Minds - A Guide to the New Psychiatry of Depression, Anxiety and other Serious Mental Disorders" (4) hierzu:

„Die Entschlüsselung der für die Erkrankungen des Nervensystems verantwortlichen Gene verspricht radikal neue Methoden für Therapie und Verhütung von diesen Krankheiten. Die Ergebnisse versprechen provokative Fragen für unsere Gesellschaft. In der fernen Zukunft werden wir uns Gedanken darüber machen, Erkrankungen des Nervensystems ganz zu verhindern. Es ist durchaus möglich, daß wir mit Hilfe gentechnischer Manipulationen nahezu alle Krankheiten werden verhindern, die Intelligenz und die Musikalität unserer Nachkommen erhöhen und die Produktivität der Nutztiere steigern können und gar neue Lebewesen so komplex wie die bekannten konstruieren und modulieren können, einschließlich unserer selbst."

Ähnliche Einschätzungen werden auch von anderen führenden Molekularbiologen vorgebracht - siehe z. B. die euphorische Aufbruchsstimmung auf dem von der renommierten Fachzeitschrift Nature kürzlich veranstalteten Kongreß „The Brain in Well-Being and Diseases - Neurosciences in the 90ies" (5).

Tatsächlich zeichnen sich bereits heute radikal neue Forschungsansätze und Anwendungsmöglichkeiten ab. Allerdings werfen die jüngsten Fortschritte der Neurobiologie auch Fragen auf, die sich aber nur zum Teil auch heute schon beantworten lassen. Es ist zu hoffen, daß der Forschungsschwerpunkt „BIOTECHNIK, GESELLSCHAFT UND UMWELT" (6) künftig verstärkt zur Klärung derartiger Fragen beitragen wird.

Im Folgenden möchte ich sechs Fragenkomplexe ansprechen:

1. Welche existierenden Probleme der Neurobiologie sollen mit den neuen molekularen Technolgien gelöst werden?
2. Wie ist der Stand der Forschung/Technologie auf dem Gebiet?
3. Welche Anwendungs- Entwicklungsmöglichkeiten zeichnen sich ab?
4. Welche Auswirkungen - erwünschter und unerwünschter Art - sind absehbar?
5. Welche neuen Probleme werden aufgeworfen?
6. Welche Handlungs- und Gestaltungsmöglichkeiten könnten sich ergeben?

1. Welche Probleme sollen gelöst werden?

Im Einleitungsreferat neurobiologsicher Fachkongresse wird diese Frage oft mit einer Auflistung der häufigsten neurologischen Erkrankungen zu beantworten versucht (s. Tabelle 1). Neurologische Erkrankungen sind zahlreicher als alle anderen Erkrankungen zusammen. Ca. 20% der Bevölkerung sind zur Zeit von einer neurologischen Erkrankung betroffen, wenn wir Alkoholismus, Hör- und Sehschwächen sowie die Altersdemenzen hinzurechnen; 7 % der Bevölkerung leiden an chronischer Depression, 1% an Schizophrenie; ca. 20% der Bevölkerung werden mindestens einmal in Ihrem Leben eine schwere psychische Erkrankung durchmachen. Der Schlaganfall ist nach wie vor die dritthäufigste Todesursache. Hirn- und Rückenmarksverletzungen stellen die langwierigsten und teuersten Folgen von Verkehrsunfällen dar.

Degenerative Erkrankungen sind insbesondere ein Problem alternder Gesellschaften wie der unsrigen, in der die Überfünfundsechzigjährigen bereits fast 15% der Bevölkerung ausmachen. Etwa die Hälfte der Überfünfundachtzigjährigen leiden an der Alzheimerschen Erkrankung, der Altersdemenz.

Tabelle 1: Prävalenz neurologischer Erkrankungen

neurologische Erkrankungen insgesamt	20 %
chronische Depression	7 %
Schizophrenie	1 %
Alkoholismus	4-5 %
Schlaganfall	3. häufigste Todesursache
Hirn- und Rückenmarksverletzungen	häufigste Spätfolgen von Verkehrsunfällen
degenerative Erkrankungen	> 50 % bei Überfünfundachtzigjährigen

Die gesellschaftlichen Folgekosten von Erkrankungen des Nervensystems wurden kürzlich in einem Bericht der US-amerikanischen 'National Foundation for Brain Research' zusammengefaßt, um das Ausmaß der Problematik zu unterstreichen (Tabelle 2). Die Autoren der Studie „The Cost of Brain Disorders" (7), die bei der Berechnung direkte und indirekte Kosten (wie Lohnkosten) mit einbezogen haben, kommen auf immerhin 7% des Bruttosozialprodukts. Je ca. 100 Milliarden US$ fallen auf die neurologischen Erkrankungen, die psychiatrischen Erkrankungen, die Alkoholabhängigkeit und die Drogenabhängigkeit. Die Autoren des Berichts empfehlen, die Bundesmittel für Hirnforschung in den USA von derzeit 1,8 Milliarden US$ zu vervierfachen. Allein die Einsparungen infolge der Entdeckung einer Heilung der Alzheimerschen Erkrankung oder der Schizophrenie würden schon in kurzer Zeit die getätigten Investitionen um ein Vielfaches wieder auszahlen.

Tabelle 2: Gesellschaftliche Kosten von Erkrankungen des Nervensystems in den USA (in Millionen US$)

Erkrankungen des Nervensystems	(7 % des BSP =) 401.000
neurologische Erkrankungen	104.000
psychiatrische Erkrankungen	136.000
Alkohol-Abusus	90.000
Drogen-Abusus	71.000
Bundesmittel für Hirnforschung	1.800

Natürlich werden die aufgeführten Probleme nicht allein mit Hilfe der molekularen Neurobiologie gelöst werden können. Nichtsdestotrotz werden die Ergebnisse dieser Forschung wichtige Einsichten und Impulse liefern.

2. Wie ist der Stand der Forschung und der Technologie auf dem Gebiet der Neurobiologie?

Selbstverständlich bauen die jüngsten Fortschritte der Neurobiologie auf den Ergebnissen traditioneller Untersuchungsmethoden auf. Der Neuroanatomie verdanken wir grundlegende Einsichten in Aufbau, Entwicklung und Evolution des Gehirns. Neuropathologie und -chirurgie haben uns Einsichten in die funktionelle Gliederung des Gehirns geliefert. Sie ermöglichten eine recht detaillierte Zuordnung von verletzten Hirnregionen zu beeinträchtigten Hirnfunktionen (z. B. bei Kriegsverletzten, Unfallopfern und Schlaganfallspatienten). Läsionen im Vorderhirn etwa beeinträchtigen das Planungsvermögen, Verletzungen im Schläfenlappen das Sprachverständis und im Hinterhirn die Verarbeitung visueller Informationen. Derartige Zuordnungen sind auch durch direkte elektrische Reizung von Nervenzellen im Zuge von Hirnoperationen bei lokaler Betäubung der Kopfhaut - das Hirn selbst ist schmerzunempfindlich - bei Patienten unter vollem Bewußtsein bestätigt worden.

Aufgrund neuroanatomischer und -physiologischer Untersuchungen kennen wir bereits die Grundlagen der Struktur von Nervenzellen sowie die physiologischen Grundlagen ihrer elektrischen Reizbarkeit. Nervenzellen sind auf Signalverarbeitung und Weiterleitung spezialisiert. Sie sind in der Lage, elektrische Impulse in eine Richtung weiterzuleiten. In der Regel empfängt eine Nervenzelle in der Nähe ihres Zellkörpers Signale anderer Nervenzellen oder Reize aus der Umwelt. Sie verwendet dazu spezielle, in ihrer Zellmembran - der Zellhülle - eingelagerte Rezeptoren. Nach der Integration der empfangenen Signale kann die Nervenzelle nun ihrerseits elektrische Impulse über ihren Fortsatz weiterleiten. Über diesen Fortsatz kann die Nervenzelle mit nahen, aber auch mit weit entfernt gelegenen Zellen in Verbindung stehen. An den Endigungen der Fortsätze werden - ausgelöst durch die eintreffenden elektrischen Impulse - Botenstoffe, die sogenannten Neurotransmitter, freigesetzt, die ihrerseits die elektrische Aktivität der Nachbarzellen anregen oder verhindern. Die Neuropharmakologie hat seit den 50er Jahren wichtige Einsichten in die verschiedenen Neurotransmittersysteme gegeben. Heute kennen wir über 200 verschiedene Transmittersubstanzen und ebensoviele oder mehr Rezeptoren.

Viele verschiedene Formen von Nervenzellen sind inzwischen bekannt. Die Gesamtzahl der Nervenzellen im menschlichen Gehirn wird auf 10-100 Milliarden (10-100.000.000.000) geschätzt. Jede Nervenzelle ist mit 1.000-10.000 anderen Nervenzellen verschaltet. Trotz der immensen Komplexität birgt das Nervensystem erkennbare Muster und Gliederungen.

Es sind im wesentlichen drei neue Untersuchungsmethoden, die für die euphorische Aufbruchstimmung unter den Neurobiologen sorgen. Zunächst wären die neuen bildgebenden Verfahren zu erwähnen - die Computertomographie, die Magnetresonanztomographie und die Positronen Emissions Tomographie. Diesen Verfahren gemein ist, daß sie einen Einblick in die Struktur und Stoffwechselaktivitäten des lebendigen, bei vollem Bewußtsein befindlichen Gehirns ermöglichen. Ziel dieser Verfahren ist, Bewußtseinsprozesse und Verhalten mit der Struktur und der Aktivität des Gehirns zu korrelieren. Von zunehmender Bedeutung für die Neurobiologie und eigentliche Motoren der Revolution in der Neurobiologie sind jedoch die Forschungsansätze mit umgekehrtem Vorzeichen, die sozusagen von unten nach oben gerichteten Verfahren der Zellbiologie und der Gentechnologie.

Die Fortschritte im Bereich der Zellkultivierungstechniken sind beeindruckend. Die 10 Milliarden Nervenzellen stammen ebenso wie alle anderen Zellen unseres Organismus von einer einzigen Zelle ab, der befruchteten Eizelle. Auf dem Weg zu reifen Nervenzellen, Muskelzellen, Hautzellen, Leberzellen, etc. müssen viele Millionen Zellteilungen stattfinden. Die neu entstandenen Zellen müssen Signale empfangen und verarbeiten, die Ihnen mitteilen ob sie sich etwa zu einer Sinneszelle für Lichtstrahlen entwickeln oder aber zu einer Nervenzelle, die die Signale von den erregten Sinneszellen weiter zu den verantwortlichen Schaltstellen im Gehirn leitet oder etwa zu einer Nervenzelle, die die Sensibilität der Sinneszellen steuert.

Es ist heutzutage möglich, Vorläuferzellen aus den unterschiedlichsten Stadien der Embryonalentwicklung sowie der postnatalen Entwicklung in Kulturgefäßen außerhalb des menschlichen Organismus´ um ein Vielfaches zu vermehren. Für eine Reihe von Modellsystemen, etwa die o. a. Entwicklung von Zellen im jungen neugeborenen Auge, kann man heute bereits im Kulturgefäß durch Zugabe geeigneter Botenstoffe die Differenzierung der Vorläuferzellen in die eine oder andere Richtung veranlassen (8).

Zwei wichtige Einsichten verdanken wir der Zellbiologie. Erstens das Phänomen des programmierten Zelltodes und zweitens das Prinzip der Zellregeneration. Es ist ein völlig normaler, physiologischer Vorgang, daß Zellen nach einer bestimmten Lebensdauer und nach dem Empfang eines entsprechenden Signals ein Selbstmordprogramm anschalten, aufgrund dessen sie ihre Stoffwechselaktivitäten innerhalb weniger Stunden einstellen und sich selbst auflösen. Je nach Organ und Entwicklungsphase kann dieser Zellsuizid große Ausmaße annehmen. In unserem Nervensystem sterben mehr als die Hälfte aller je generierten Zellen vor dem vierten Lebensjahr, im Auge sterben von manchen Zelltypen mehr als 90% der Zellen. Lange Zeit bestand das Dogma, daß sich ausgereifte Nervenzellen nicht mehr regenerieren können. Heute weiß man, daß dem nicht so ist und wir verfügen bereits über einige klonierte Wachstumsfaktoren, mit deren Hilfe Nervenzellen zur Regeneration angeregt werden können (9).

Die dritte und sicherlich folgenträchtigste Untersuchungsmethode schließlich ist die der Gentechnologie. Zum besseren Verständnis möchte ich Sie zuerst zu einer „Fahrstuhlfahrt" durch die Dimensionen des menschlichen Körpers einladen. Ein Organ, wie beispielsweise das der Mundschleimhaut, besteht aus sehr, sehr vielen Zellen. Jede Zelle enthält eine vollständige Kopie der

Erbinformation, verpackt in 23 Chromosomenpaaren. Die Erbinformation ist also in jeder Zelle doppelt enthalten - einmal väterlicherseits, einmal mütterlicherseits geerbt. Ein menschliches Chromosom von durchschnittlicher Länge besteht aus einer sehr langen Kette an Basenpaaren, den berühmten Buchstaben A, T, C und G des genetischen Alphabets. Mit einer normalen Schreibmaschine niedergeschrieben würde die 100 Millionen Buchstaben lange Kette eines Durchschnittschromosms 100 Bücher a 1000 Seiten mit je 1000 Buchstaben füllen. Die Entschlüsselung der Basenfolge auf den menschlichen Chromosomen schreitet mit zunehmender Geschwindigkeit voran. Das Ziel des menschlichen Genomprojekts, die vollständige Entschlüsselung der menschlichen Erbinformation, wird voraussichtlich kurz nach der Jahrtausendwende in weniger als 15 Jahren erreicht werden.

Jeder Chromosomensatz enthält schätzungsweise 100.000 Gene. Als Gen wird in der Regel derjenige Abschnitt der Erbinformation bezeichnet, der für die Produktion eines Proteins kodiert. Proteine sind die eigentlichen Träger aller Stoffwechsel- und Lebensfunktionen. Von den 100.000 Genen sind in einer Mundschleimhautzelle jedoch nur ein Bruchteil von etwa 5-10.000 Genen aktiv, d. h. sie werden in die entsprechenden Proteine übersetzt. In den Zellen anderer Organe ist jeweils ein anderes Muster an Genen aktiv. Es wird übrigens geschätzt, daß mehr als die Hälfte aller in den Genen kodierten Proteine die Funktionen der verschiedenen Zellen des Nervensystems ausführen.

Für die Funktion eines Proteins sind im wesentlichen zwei Parameter maßgebend: erstens seine Struktur und zweitens die Regulation seiner Produktion, d. h., wo und wieviel von dem Protein gemacht wird. Die Stuktur eines Proteins wird durch die Folge seiner Aminosäuren, den Buchstaben der Proteine, bestimmt, die wiederum in der Basenfolge seines Gens kodiert vorliegt und somit vorgegeben ist. Nur ein kleiner Teil - etwa 1 % - der Erbinformation kodiert übrigens direkt für Proteine. Dies sind die sogenannten kodierenden Abschnitte. Die Regulation der Proteinproduktion wird durch die Basenfolge in den benachbarten Regionen bestimmt.

Veränderungen in der Basenfolge - sogenannte Mutationen - sind eine fundamentale Eigenschaft der Erbinformation, ohne die es keine Evolution von Leben gäbe. Mutationen in den kodierenden Regionen können Veränderungen in der Struktur des Proteins bewirken (Nach dem genetischen Code wird eine Folge von drei Basen auf der Gen-Ebene jeweils in eine von zwanzig möglichen Aminosäuren auf der Protein-Ebene übersetzt. Die Veränderung einer Base führt häufig aber nicht immer zu einem Austausch der kodierten Aminosäure). Mutationen in den regulatorischen Abschnitten eines Gens können Veränderungen in Ort und Menge der Proteinproduktion bewirken.

Diese Mutation rühren direkt an unserem Thema „der unvollkommene Mensch": Für die meisten menschlichen Gene gibt es eine (oder einige wenige) Hauptvariante(n), die den meisten Menschen gemein ist. In der Regel zeigen 99 von 100 untersuchten Menschen ein und dieselbe Buchstabenfolge für ein bestimmtes Gen. Und nur wenige Menschen zeigen eine Abweichung von dieser sogenannten Normal- oder Häufigstensequenz in diesem untersuchten Gen. Auf die gesamte Weltbevölkerung bezogen sind Abweichungen aber gar nicht so selten. Wenn 1% von 6 Milliarden Menschen eine Abweichung in einem bestimmten Gen tragen, bedeutet dies immerhin insgesamt 60 Millionen Abweichungen. Tatsächlich wurde für jedes bisher untersuchte Gen eine große Vielfalt an Abweichungen gefunden, wenn lange genug gesucht worden ist.

Auf uns als Individuen bezogen heißt dies: Wenn jedes Hundertste unserer Gene von der Normalsequenz abweicht, so hat ein jeder von uns bei insgesamt 100.000 Genen immerhin je 1000 abweichende Gene väterlicherseits, sowie 1000 abweichende Gene mütterlicherseits geerbt. Das heißt - mit Ausnahme von eineiigen Zwillingen, die aus ein und derselben befruchteten Eizelle entstanden sind und deshalb exakt dieselbe Erbinformation tragen - ist ein jeder von uns eine genetisch individuell einzigartige Variante. Davon kann sich ein jeder übrigens durch Betrachten seiner Mitmenschen schnell überzeugen.

Wenn der „heilige Gral" der Molekularbiologie, die Entschlüsselung einer Repräsentativsequenz für die komplette Erbinformation des Menschen, in 10-15 Jahren zugänglich sein wird, so wird diese menschliche Repräsentativsequenz vermutlich zusammengesetzt sein aus einer Aneinanderreihung der jeweiligen Normalgene - sprich der in der menschliche Population häufigsten Varianten eines jeden Gens. Nur wird es keinen einzigen Menschen auf der Welt geben, der tatsächlich diese normale Erbinformation trägt. Denn jeder von uns wird in vielen, individuell unterschiedlichen Punkten von dieser Normalsequenz abweichen (10).

Nun ist es ganz wichtig zu begreifen, daß ein Protein in vielen Punkten von dem Standardprotein abweichen kann, ohne daß dies einen Einfluß auf seine Funktion haben muß. Andererseits kann eine einzige Abweichung an ungünstiger Stelle zum vollständigen Funktionsverlust führen.

Das breite Spektrum an möglichen Folgen von Mutationen ist kürzlich auf dramatische Weise an einem Protein mit Namen Bcl-2 gezeigt worden (11). Dieses Protein steuert auf noch unbekannte Weise das bereits erwähnte Programm des Zellsuizids und zwar in allen bisher untersuchten Tieren, vom Fadenwurm bis hin zum Menschen. Eine winzig kleine Art von Fadenwürmern mit dem schönen Namen *Caenorhabditis elegans* ist ein beliebtes Forschungsobjekt der Molekularbiologen. Denn jeder erwachsene Wurm besteht aus nur 959 Zellen und zwar genau 959 Zellen, 352 davon Nervenzellen. 131 weitere Zellen, die während der Wurmentwicklung aus der befruchteten Eizelle entstanden, sterben den programmierten Zelltod an genau definierten Orten und zu genau definierten Zeitpunkten der Entwicklung. 105 dieser 131 selbstgemordeten Zellen waren Neuronen.

Nun wurden zwei Mutanten dieses Wurms entdeckt, die jeweils an einer anderen, entscheidenden Stelle eine einzige Veränderung zu der Normalvariante des Bcl-2 Gens des *C. elegans* aufweisen. Im ersten Fall hatte die Veränderung lediglich eine Beeinträchtigung der Struktur und Funktion des Bcl-2 Proteins zur Folge. Im gesamten Zentralnervensystem und auch in anderen Organen der betroffenen Würmer sterben Zellen den programmierten Zelltod, die im normalen Wurm nicht sterben. Die Würmer werden mit schweren Behinderungen geboren, unfähig zu jedweder koordinierten Bewegung.

Im zweiten Fall hatte die winzige Genveränderung den völligen Funktionsverlust des Proteins zufolge. Es kommt bei den betroffenen Würmern zu massivem Zelltod in allen Geweben, der schließlich zum Stillstand der Embryonalentwicklung führt - die betroffenen Würmer werden tot geboren. Verblüffenderweise führt die Übertragung des menschlichen Bcl-2 Gens in das mutierte Würmchen - eine Routineübung im Zeitalter der Gentechnolgie - zu einer vollständigen Heilung des Defekts! Dabei unterscheidet sich das menschliche Bcl-2 Protein von dem Bcl-2 Protein des Wurms in fast 80% der Aminosäuren!

Dieses Beispiel zeigt wie viele weitere auch, daß die Mutation von einer Vielzahl von Bausteinen eines Gens die Funktionsfähigkeit des kodierten Proteins nicht wesentlich beeinträchtigen muß. Andererseits kann die Mutation eines einzelnen Bausteins verheerende Folgen haben.

Ein berühmtes, von Albert Einstein überliefertes Zitat lautet: „Gott würfelt nicht". Im Falle unserer Erbinformation aber würfelt die Natur sehr wohl, ja sie spielt ganz offensichtlich Lotterie. Ob die von unseren Eltern geerbte Mischung von Mutationen keine, kleine oder große Auswirkungen auf unsere Gesundheit haben, hängt zunächst von der genauen Lage der Mutationen ab. Das Beispiel der Bcl-2 mutierten Würmchens leitet bereits zum nächsten Fragenkomplex über:

3. Welche Anwendungs- und Entwicklungsmöglichkeiten der neuen Technologien sind absehbar?

Von größter Bedeutung in unmittelbarer Zukunft sind die Klonierung (Vermehrung im Reagenzglas) der für die Funktionen des Nervensystems relevanten Gene sowie die Aufklärung ihrer Struktur. Bereits heute sind die wichtigsten, für die Erregbarkeit der Nervenzellen verantwortlichen Gene kloniert worden. Bei den Genprodukten handelt es sich um große Familien verwandter Proteine, die in der Zellmembran der Nervenzellen verankert sind und als auf- und zuschließbare Kanäle für Ionen (kleine geladene Teilchen) fungieren. Auch zwei Hamburger Arbeitsgruppen des ZMNH haben international anerkannte Beiträge zur Klonierung dieser sogenannten Ionenkanäle geleistet. Darüberhinaus sind auch die Gene der Rezeptoren für die wichtigsten Neurotransmitter bereits kloniert worden. Die Zahl der veröffentlichten Genstrukturen für menschliche Neurotransmitterrezeptoren nähert sich der Zahl 200.

Diese Rezeptoren lassen sich zwei großen verwandten Familien zuordnen. Eine Familie besteht aus Ionenkanälen, die durch die Bindung eines spezifischen Transmitters direkt geöffnet werden. Die zweite Familie - die der sogenannten „goldenen 7" -

besteht aus Rezeptoren, deren Aminosäurekette die Zellmembran siebenmal vom Zellinneren zur Außenwelt passiert. Diese Familie, zu der übrigens auch die Lichtrezeptoren unseres Auges und die Geruchsrezeptoren der Nase sowie ein kürzlich klonierter Marihuana-Rezeptor gehören, zeichnen sich dadurch aus, daß sie nach Bindung des Transmitters, bzw. des Geruchsstoffes oder eines Photons an ihrem dem Zellinneren zugewandten Abschnitt ein Protein der G-Familie binden, dieses aktivieren und so eine Kaskade von Reaktionen auslösen, an derem Ende die elektrische Erregbarkeit der Zelle verändert wird - häufig wiederum über eine Veränderung von Ionenkanälen. Ferner sind die Gene für Schlüsselenzyme der Transmitter-Synthese und des Transmitterabbaus, bzw. des Transmittertransports kloniert worden. Besonderes Augenmerk gilt zur Zeit auch den Genen für Proteine, die die Entwicklung des Nervensystems sowie das Wachstum und die Ausdifferenzierung von Nervenzellen regulieren. Hierzu gehören Gene für Botenstoffe und Wachstumsfaktoren, Zell-Zell Interaktionsmoleküle sowie die sogenannten Transkriptionsfaktoren, Proteine, die das An- und Abschalten anderer Gene steuern.

Welche Entwicklungsmöglichkeiten bietet die Gentechnologie über die reine Klonierung von Genen und deren Strukturaufklärung hinaus? Die Verfügbarkeit von Gen und Genprodukt ermöglicht die Herstellung neuer Sonden für weiterführende Untersuchungen. Mit Hilfe derartiger Gensonden sowie mit Antikörpern können beispielsweise diejenigen Hirnregionen identifiziert werden, in denen die verschiedenartigen Rezeptoren für Benzodiazepine wie Valium, Librium und die ihnen verwandten Beruhigungsmittel lokalisiert sind. Man kann die Sonden auch einsetzen, um Varianten eines Gens aufzuspüren - in einem bestimmten Patientenkollektiv oder in einer Familie, in der eine bestimmte Erbkrankheit gehäuft auftritt, oder auch in der Bevölkerung insgesamt. Diese Variantendiagnose ist eine der unmittelbaren und folgenträchtigeren Anwendungsmöglichkeiten der Gentechnolgie. Zwei Beispiele sollen dies veranschaulichen.

Die Phenylketonurie oder kurz PKU ist eine der häufigsten Erbkrankheiten in Europa (12). Schon lange vor der Klonierung des verantwortlichen Gens diente sie als Beispiel für die Anwendbarkeit der Mendel´schen Gesetze beim Menschen. Das betroffene Gen heißt Phenylalanin Hydroxylase. In Europa ist jedes 60. Gen für dieses Enzym eine Defekt- oder Nullvariante. Da jeder von uns zwei Kopien des Gens trägt, ist jeder 30. von uns Träger eines defekten Phenylalanin Hydroxylase Gens.

Die PKU ist eine sogenannte rezessive Erkrankung, d. h., es erkranken nur diejenigen, die zwei defekte Gene tragen. Diese Menschen sind nicht in der Lage, die mit der Nahrung aufgenommene Aminosäure Phenylalanin zu verstoffwechseln. Es kommt bei diesen Menschen zur Anhäufung von Stoffwechselprodukten, die gerade in der frühen Entwicklungsphase des Gehirns in den ersten vier Lebensjahren schwere Schädigungen hervorrufen können. Ohne Behandlung werden die Betroffenen schwachsinnig.

Die Behandlung ist denkbar einfach aber praktisch mit erheblichen Mühen für die Eltern verbunden: Meidung der Nahrungsmittel, die Phenylalanin enthalten. Sofern die Diät streng eingehalten wird, entwickeln sich die Kinder völlig normal - ein klassischer Fall für das Zusammenspiel von Genen und Umwelt bei der Ausprägung einer Erkrankung.

Wegen der Häufigkeit der Erkrankung und der Einfacheit der Behandlung wird hier in der Bundesrepublik jedem Neugeborenen durch Einstich in die Ferse ein Tropfen Blut entnommen und dieser mit einem biochemischen Test auf das Vorkommen einer funktionstüchtigen Phenylalanin Hydroxylase hin untersucht. Bei einer genaueren Untersuchung des Gens bei von der PKU betroffenen Menschen in Europa und den USA sind bisher mehr als 30 verschiedene Veränderungen in dem PHA Gen entdeckt worden. Es ist überhaupt keine Frage, daß in der menschlichen Bevölkerung zahlreiche weitere Varianten dieses Gens vorkommen, von denen die meisten keine oder eine nur kaum merkbare Beeinträchtigung der Funktion des Genprodukts zur Folge haben. Selbstverständlich wird Vergleichbares auch für die anderen 50.000 Gene des ZNS zutreffen.

Meine Kusine leidet an einer Erkrankung mit Namen Retinitis pigmentosa (13), die hier in Deutschland mit einer Häufigkeit von 1/4000 auftrit. Die Retinitis pigmentosa ist gekennzeichnet vom unaufhaltsamen Absterben der Netzhaut im Auge, in der Regel führt dies im mittleren Lebensalter zur völligen Erblindung. Meine Kusine bemerkte seit ihrem 12. Lebensjahr eine zunehmende Verschlechterung der Sehfähigkeit. Heute, kurz nach ihrem Abitur, im Alter von 20 Jahren, sieht sie in abgedunkelten Räumen praktisch gar nichts mehr. Bei hellem Tageslicht hat sie ein stark eingeschränktes Gesichtsfeld, eine sogenannte Tunnelvision, und kann ihre Umwelt nur noch unscharf erkennen. Der Krankheitsverlauf ist von Patient zu Patient außerordentlich heterogen - ein möglicher Hinweis auf die Beteiligung von verschiedenen Genen oder Umweltfaktoren in der Pathogenese der Erkrankung. Die Retinitis pigmentosa ist eine Erbkrankheit, für die - im Gegensatz zur o. e. PKU - keine Therapie und keine Vorbeugemaßnahmen bekannt sind.

Die meisten Formen der Retinitis pigmentosa sind, wiederum im Gegensatz zur PKU, autosomal dominant, d. h., schon bei einem defekten Gen kommt es zum Ausbruch der Erkrankung. Im Jahre 1989 gelang es erstmals mit Hilfe von Genkartierungsstrategien und der Untersuchung von vermeintlichen Kandidatengenen, die Erkrankung in einer betroffenen Familie auf eine Veränderung des Rhodopsin Gens zurückzuführen. In den zweieinhalb Jahren seit der Erstveröffentlichung dieser Beobachtung sind 43 verschiedene Mutationen des Rhodopsin Gens in betroffenen Patienten entdeckt worden. Das Rhodopsin, das übrigens auch zu der o. e. „goldenen 7" Familie von Rezeptoren gehört, ist einer von vier verwandten Lichtrezeptoren des Menschen - und zwar der Lichtrezeptor der Stäbchezellen, die uns die schwarz/weiß Vision auch im Dunkeln ermöglicht.

Eines fiel an den im Rhodopsin Gen gefundenen Mutationen auf: Im Gegensatz zu den beschriebenen Mutationen bei der PKU, die fast alle Nullmutationen sind, das heißt Mutationen, die eine vollständige Syntheseblockade des Enzyms bedingen, führt keine einzige der Rhodopsin Mutationen bei der Retinitis pigmentosa zum Produktionsausfall des Proteins. Allerdings führen sie sehr wohl zu einer mehr oder weniger schwerwiegenden Funktionsbeeinträchtigung des Gens.

Diese Befunde bieten möglicherweise eine Erklärung für den autosomal dominanten Verlauf der Retinitis pigmentosa. Neben dem vom normalen Gen abgeschriebenen Rhodopsin wird von den Stäbchenzellen funktionsuntüchtiges Rhodopsin von dem mutierten Gen produziert. Es kommt zur Ansammlung aus einer Mischung der beiden Formen in den Stäbchenzellen, die sich nach den ersten vier Lebenjahren zeitlebens nicht weiter vermehren. Die chronische Fehlfunktion führt dann auf noch ungeklärte Weise zum Untergang der Zellen.

Aber die Gentechnologie vermag noch viel mehr: So kann man sich das Genprodukt nach entsprechender Übertragung des Gens von jeder beliebigen Zelle produzieren lassen - sei es von einer Bakterienzelle, einer Bäckerhefe, einer Eizelle des Frosches oder auch einer menschlichen Hautzelle. Dies ermöglicht das Austesten der Wirkung verschiedener natürlicher und synthetischer Substanzen im Reagenzglas am isolierten Genprodukt sowie an Zellen, die das Genprodukt herstellen. Das bedeutet eine große Vereinfachung und Beschleunigung von Testverfahren, etwa für neue, potentielle Medikamente, Insektizide oder auch chemische Waffen.

Darüberhinaus kann man das klonierte Gen im Reagenzglas beliebig verändern und die Auswirkung dieser Veränderungen auf die Funktion des Proteins untersuchen. Jede Doktorandin in einem molekularbiologischen Labor kann heute an „ihrem" Gen einzelne Basen austauschen, beliebig lange Basenfolgen einschieben oder auch ausschneiden und Abschnitte verschiedener Gene miteinander verschweißen.

Von großer Bedeutung ist schließlich die Möglichkeit der Herstellung des Genprodukts außerhalb des menschlichen Körpers im industriellen Maßstab. Eine Reihe so hergestellter menschlicher Genprodukte werden bereits in der Klinik eingesetzt - Vorreiter einer neuen Generation von Medikamenten.

Molekularbiologen ist in jüngster Zeit die Herstellung von sogenannten transgenen und knock-out Tieren (14, 15) gelungen. Die teilweise verblüffenden Ergebnisse dieser Untersuchungen liefern eine Fülle neuer Einsichten, insbesondere hinsichtlich der Entwicklung des Nervensystems. Darüberhinaus ergeben sich aus diesen Versuchen oft neue Tiermodelle für menschliche Erkrankungen. Zum besseren Verständnis dieser Technologien sollten wir uns das Schicksal einer befruchteten Eizelle in der ersten Lebenswoche auf der Wanderschaft vom Eierstock bis zur Einnistung in die Gebärmutter ins Gedächtnis rufen: Innerhalb des ersten Tages nach dem Eisprung kommt es zur Befruchtung. Einen weiteren Tag später ist es zur ersten DNA-Verdoppelung und zur ersten Zellteilung gekommen. Werden diese ersten beiden

Tochterzellen voneinander getrennt, so können sie sich völlig unabhängig voneinander zu vollständigen Individuen entwickeln - zu eineiigen Zwillingen. Das gilt auch noch für die Stadien nach den nächsten beiden Zellteilungen - die Bescherung wären dann eineiige Vierlinge bzw. weitere Mehrlinge. Ein paar Tage später hat sich der nun Blastozyste genannte Zellhaufen bereits in zwei unterschiedliche Zellsorten differenziert. Aus dem zentral gelegenen, auch Embryoblast genannten Zellhaufen entwickelt sich der Embryo. Der ringförmige Kranz an Zellen wird sich zur Placenta, dem Mutterkuchen, entwickeln. Erst in diesem Stadium nistet sich der Embryo ca. eine Woche nach dem Eisprung in die Gebärmutterschleimhaut ein.

Man kann aus diesen sehr frühen Embryonalstadien eine oder mehrere Zellen entfernen, ohne daß dies die Weiterentwicklung der verbleibenden Zellen zu einem vollständigen Individuum beeinträchtigen muß. Die entfernte Zelle kann in der Zellkultur vermehrt werden und steht dem ganzen Potential der Gendiagnostik zur Verfügung. Solche Untersuchungen werden übrigens bei besonderen Indikationen auch schon am Menschen angewendet. Das Verfahren wird von seinen Anwendern bezeichnenderweise auch 'BABI' genannt: **B**lastocyste **A**nalysis **B**efore **I**mplantation.

Man kann selbstverständlich neben den gendiagnostischen Verfahren auch das ganze Spektrum der genmanipulierenden Verfahren auf die o.g. Präimplantations-Embryonalstadien ansetzen. Zur Herstellung *transgener Tiere* wird das klonierte Gen direkt in den Zellkern der befruchteten Eizelle injiziert. Eine gute technische Assistenzkraft kann heutzutage eine DNA-haltige Lösung pro Stunde in tausend befruchtete Eier einspritzen. In einigen der so behandelten Eier wird die injizierte DNA in die Erbinformation der Eizelle aufgenommen. Gemäß den Anweisungen der mitübertragenen regulatorischen DNA-Sequenzen wird das aufgenommene Gen dann später an entsprechendem Ort und Zeitpunkt der Entwicklung angeschaltet und das Genprodukt produziert.

Bereits Anfang der 80er Jahre wurde das Gen für das menschliche Wachstumshormon auf eine befruchtete Eizelle der Maus übertragen. Das berühmt gewordene Ergebnis dieses Versuchs, die menschliches Wachstumshormon produzierende Riesenmaus, ziert das Titelbild eines Standardlehrbuchs zur Gentechnologie

(16). Mittlerweile wird diese Technologie dazu genutzt, um nützlichere transgene Tiere zu konstruieren, Schafe und Kühe z. B., die medizinisch relevante menschliche Proteine in ihrer Milch absondern (17). Lebende Bioreaktoren werden diese Tiere auch genannt. Anfang diesen Jahres hat der Chemiekonzern Bayer - der gleiche Konzern also, der zum Ausklang des vorigen Jahrhunderts das Aspirin entwickelte - für 30 Millionen DM das vom schottischen Biotechnologieunternehmen „Pharmaceutical Proteins" entwickelte, bisher teuerste Schaf der Welt erworben. Das Schaf heißt Tracy und produziert das menschliche Enzym a1-Antitrypsin in seiner Milch. Der a1-Antitrypsin Mangel ist, neben der o. e. PKU, einer der häufigsten Erbkrankheiten in Europa und man erhofft sich von der Verabreichung des gentechnisch hergestellten a1-Antitrypsins eine Linderung der klinischen Symptomatik bei betroffenen Patienten.

Bei der Herstellung sogenannter *knock-out* -Tiere wird das beschriebene Verfahren praktisch ins Gegenteil gekehrt. Statt ein neues Gen hinzuzufügen, wird ein vorhandenes Gen zerstört, um zu untersuchen, welche Auswirkungen der Gendefekt auf das Tier hat. Daraus kann man einerseits Hinweise auf die normale Funktion des Genprodukts bekommen, andererseits besteht so die Möglichkeit, sich Tiermodelle für menschliche Erbkrankheiten maßzuschneidern.

Für die Herstellung von diesen knock-out-Tieren entfernt man einige Zellen des Embryoblasten. Diese sogenannten Embryonalen Stammzellen - kurz ES Zellen - können mit Zellkulturtechniken um ein Vielmillionenfaches vermehrt werden, bei Beibehaltung ihres frühen Entwicklungsstadiums. Durch Zugabe entsprechender Wachstumsfaktoren können ES Zellen zur Differenzierung in viele verschiedene Zellarten angeregt werden. Nun ist es möglich, jedes bekannte Gen in diesen Zellen gezielt zu zerstören - durch Austausch des normalen Gens mit einer künstlich hergestellten, defekten Variante des Gens. Diejenigen ES Zellen, in denen eine derartige, sogenannte homologe Rekombination stattgefunden hat, können identifiziert und weitergezüchtet werden. Einige wenige dieser Zellen - 10 - 20 an der Zahl - werden dann in die Embryoblasten Region eines anderen Mäuse-Embryos, des sogenannten Leihembryos, injiziert. Es ist kaum zu glauben, aber aus diesem Zellgemisch entwickeln sich normale, „chimäre" Tiere, bei denen alle Organe aus einer Mischung von Tochterzellen des Leihembryos und der manipulierten ES Zellen bestehen. Sofern auch die Keimbahn chimär ist, kann man durch einfache Züchtungsverfahren Tiere züchten, die heterozygote oder homozygote Träger des „outgeknockten“ Gens sind. Heterozygot sind Tiere, die eine Kopie eines normalen Gens sowie eine Kopie des defekten Gens tragen; homozygot sind diejenigen Tiere, die zwei Kopien des defektet Gens tragen.

Bisher ist diese Technologie in nennenswertem Umfang erst bei der Maus angewendet worden. Immerhin ist es einer ganzen Reihe von Arbeitsgruppen in den letzten zwei Jahren gelungen, knock-out Mäuse für ihre jeweiligen Lieblingsgene zu konstruieren. Die Zahl der veröffentlichten Beispiele liegt bei ungefähr 200, viele Fälle betreffen Gene des Zentralnervensystems.

Von Verletzungsopfern und Tierversuchen her ist bekannt, daß eine Schädigung der Hippocampusformation die Unfähigkeit zur Folge hat, neue Erfahrungen in das Langzeitgedächtnis zu übertragen. In den Nervenzellen des Hippocampus hat man nun ein Enzym entdeckt, das von diesen Zellen in großen Mengen produziert wird (es kann dort bis zu 2% des Gesamtzellproteins ausmachen), jedoch in Zellen von anderen Hirnregionen nur in kleineren Mengen und in anderen Körperzellen überhaupt nicht. Nun lag die Vermutung nahe, daß dieses CaMKII genannte Enzym eine Rolle für die Gedächtnisfunktionen des Hippocampus spielt. Um diese Hypothese zu testen, haben Susumo Tonegawa und Mitarbeiter vom Massachussetts Insitute of Technology in Boston entsprechende CamKII knock out Mäuse konstruiert (18). Homozygote CamKII knock out Mäuse entwickelten sich augenscheinlich völlig normal. Sie sahen genauso aus wie ihre Geschwistertiere und zeigten keine besonderen Verhaltensauffälligkeiten. Doch bei komplizierten Lernaufgaben versagten die Tiere.

Bei einem der Lernversuche wird in einem Schwimmbecken mit hohen unüberwindbaren Rändern an einer für die Maus nicht sichtbaren Stelle direkt unter der Wasseroberfläche eine Plattform angebracht, auf der sich die Maus ausruhen könnte. Wenn man Orientierungspunkte hinzufügt, etwa ein Fähnchen über der Plattform, lernt die Maus sich den Ort der Plattform zu merken, um nach wiederholtem Reinwurf ins Schwimmbecken zielstrebig zur Plattform zu schwimmen. Wird der Versuchsleiter gemein und entfernt die Plattform oder setzt sie an eine andere Stelle, schwimmt die erfahrene Maus zunächst in die Gegend wo sie die

Plattform erwartet und schwimmt dort ausgiebig herum. Erst nach langer erfolgloser Suche am „richtigen“ Ort sucht die Maus in anderen Gegenden des Beckens nach möglichen Plattformen. Mit Hilfe einer Kamera lassen sich die Schwimmpfade von normalen und CaMKII knock out Mäusen dokumentieren und vergleichen. Die Ergebnisse zeigen, daß CaMKII knock out Mäuse derartige komplexe Orientierungsinformationen wesentlich schlechter behalten - und dies offensichtlich nur weil eines ihrer ca. 100.000 Gene defekt ist.

Das zweite Beispiel betrifft ein Gen, dessen erfolgreiche Klonierung nach langer intensiver Suche gerade erst vor zwei Jahren gefeiert wurde. Das Genprodukt des Retinoblastoma Gens - kurz Rb genannt - ist ein Zellkernprotein, das vermutlich das An- und Abschalten anderer Gene mitkontrolliert. Das Rb Protein scheint insbesondere für die Regulation von Genen notwendig zu sein, deren Genprodukte die Differenzierung der neuroepithelialen Vorläuferzellen im Auge kontrollieren. Seinen Namen hat es von einer relativ seltenen (1/20.000 in Europa und in den USA), im Jahre 1809 erstmals beschriebenen, gemeinen Erbkrankheit, die bei fast allen betroffenen Menschen schon im Kindesalter zur Ausbildung von bösartigen Augentumoren führt. Ohne Behandlung breitet sich der Tumor vom Auge über den Sehnerv ins Gehirn aus und entsendet von dort Metastasen über den ganzen Körper. In einigen betroffenen Familien fielen Deletionen im langen Arm des Chromosom 13 auf. Die Identifizierung und Klonierung des verantwortlichen Gens gelang vergleichsweise rasch und gleich drei konkurrierenden Arbeitsgruppen ungefähr gleichzeitig. Mittlerweile sind eine Reihe verschiedener zum Augenkrebs führende Mutationen des Rb Gens entdeckt worden.

Wie bei der Retinitis pigmentosa reicht auch beim Retinoblastom das Vorhandensein eines defekten Gens für die Anfälligkeit der Entwicklung von Augentumoren. Anders als die Retinitis ist das Retinoblastom bei rechtzeitiger Diagnose durch Entfernung des Tumors weitgehend heilbar. Betroffene Kinder werden alle drei Monate zur Augenuntersuchung einberufen, so daß die Tumoren im Frühstadium erkannt und mittels Laser- oder Cryotherapie zerstört werden können - bei Erhalt der Sehfähigkeit. Nach dem Abschluß der Augenentwicklung im 4. Lebensjahr ist das Risiko für weitere Tumoren nahezu gleich Null. Allerdings entwikkeln die Patienten im späteren Leben häufiger und früher als andere Menschen bösartige Knochen-, Brust- und Lungentumoren.

Vor wenigen Wochen beschrieben nun zwei Gruppen die erfolgreiche Konstruktion von Rb knock out Mäusen (19). Die Ergebnisse sind verblüffend und aufschlußreich: Homozygote Rb knock out Mäuse (also solche, die zwei Nullvarianten des Rb Gens tragen) sterben bereits in der Gebärmutter wenige Tage vor dem normalen Geburtsdatum. Es kommt in den betroffenen Embryonen, vor allem bei roten Blutkörperchen und Nervenzellen, zu schweren Fehlern der Zellreifung. Denn das Rb Genprodukt ist offensichtlich für den Halt der Zellteilung zum richtigen Zeitpunkt im Nervensystem und bei der Blutbildung verantwortlich. Heterozygote Rb knock out Mäuse (also solche, die ein normales Rb Gen und ein defektes Rb Gen tragen) hingegen entwickeln sich bis zur Geschlechtsreife weitgehend normal.

Im Gegensatz zu Menschen mit einem defekten Rb-Gen hat noch keines dieser Tiere ein Retinoblastom entwickelt - statt dessen entwickeln viele der Tiere Tumoren der Hirnanhangsdrüse. (Wäre das Gen ursprünglich in der Maus entdeckt worden, so hätte es wohl auch einen völlig anderen Namen - etwa „Pituitarioma" - bekommen.) Die Ergebnisse zeigen, daß der Organsimus Maus in mancher Hinsicht eben doch kein perfektes Modell für den Organismus Mensch darstellt. Nichtsdestotrotz gelang einer der Arbeitsgruppen - ähnlich wie bei den Bcl-2 defekten Würmern - die gentherapeutische Korrektur der sichtbaren Defekte der Rb knock out Mäuse durch Übertragung eines intakten *menschlichen* Rb-Gens. Das menschliche Rb-Genprodukt, obgleich immerhin in 20% der Aminosäurereste von seinem Maus Verwandten verschieden, konnte offensichtlich die fehlende Funktion des Mäuse Rb Proteins weitgehend ersetzen.

Diese Beispiele verdeutlichen, mit welch atemberaubender Geschwindigkeit wir uns das notwendige Wissen und die entsprechenden Technologien für die beliebige Veränderung unserer biologischen Umwelt zu eigen machen. Bisher sind keine technischen Grenzen dieser neuen, unheimlichen Macht, Lebewesen zu modulieren, erkennbar. Wir kommen damit zu dem sich direkt hieraus ergebenden Fragenkomplex.

4. Welche Auswirkungen der neuen Technologien, erwünschter und unerwünschter Art, sind absehbar?

Vereinzelt wurde bereits auf mögliche Auswirkungen hingewiesen. In Tabelle 3 sind einige absehbare Auswirkungen zur Übersicht nochmal zusammengefaßt. Zweifellos erwünscht ist das bessere Verständnis der molekularen Mechanismen der Erregungsübertragung, des Lernens, der degenerativen Erkrankungen. Denn dieses Verständnis bietet die Basis für die Entwicklung neuer Medikamente, neuer Diagnoseverfahren und neuer therapeutischer Ansätze.

Tabelle 3: Mögliche Auswirkungen der Fortschritte in der molekularen Neurobiologie

erwünschte Auswirkungen:
- besseres Verständis des Nervensystems und seiner Erkrankungen
- neue, spezifischer wirkende Medikamente und Insektizide
- bessere Vorbeugemaßnahmen infolge einer zeitigen Gen diagnostik
- neue Therapieansätze für bisher nicht heilbare Krank heiten

unerwünschte Auswirkungen:
- erhöhte Umweltbelastung durch Forschung und Industrie
- steigende Anzahl von Tierversuchen
- individueller und polizeilich-militärischer Mißbrauch neuer Drogen
- Stigmatisierung und Diskriminierung von Behinderten
- neue Eugenik
- verzerrtes Verständnis von Krankheit, Normalität und Humanität

Mit der Möglichkeit, Rezeptoren für Neurotransmitter im Reagenzglas beliebig zu vermehren, diese Rezeptoren in der Zellkultur auf Ihre Reaktion mit neuen Pharmaka hin zu untersuchen, eröffnen sich neue Ansätze für die Herstellung von spezifisch wirkenden Neuropharamaka. Je selektiver ein Pharmakon wirkt, desto geringer sind die Risiken von Nebenwirkungen aufgrund von

Reaktionen mit anderen Rezeptoren. Dies ist auch für die Herstellung von besseren Insektiziden von Bedeutung. Über entsprechende Reagenzglasversuche mit klonierten Rezeptoren aus Insekten und höheren Tieren erhofft man sich, Substanzen zu finden, die spezifisch auf die Rezeptoren von Insekten, nicht aber auf die des Menschen einwirken.

Die rechtzeitige Diagnostik von Gendefekten ermöglicht in manchen Fällen das Ergreifen von Maßnahmen zur Heilung oder Linderung der Krankheit (s. die Beispiele der Phenylketonurie und des Retinoblastoms). Die Verfügbarkeit reiner klonierter Gene und Zellkultivierungsverfahren eröffnet auch völlig neue Perspektiven der Behandlung, etwa die der direkten Injektion von DNA oder die der Transplantation von gentherapierten körpereigenen Zellen ins Nervensystem.

Zu den unerwünschten Auswirkungen gehört die Umweltbelastung durch die Forschungsvorhaben selbst, in denen z.T. sehr giftige Chemikalien eingesetzt werden und bei denen nicht unerhebliche Mengen von Sondermüll erzeugt werden. Dazu gehört auch die steigende Zahl von Tierversuchen. Als direkte Folge der beschriebenen Techniken zur Herstellung von transgenen und knock out Mäusen ist die Zahl der jährlichen Tierversuche erstmals seit 25 Jahren im letzten Jahr wieder angestiegen und der Trend ist eindeutig aufwärts.

Die Verfügbarkeit neuer synthetisch hergestellter, bewußtseinsbeeinflussender Drogen kann ihrerseits gravierende gesellschaftliche Probleme hervorrufen. Allgemein bekannt sind die schweren gesellschaftlichen Folgeschäden der breiten Anwendung von Alkohol und Beruhigungsmitteln sowie die Problematik des illegalen Drogenmarktes mit Heroin, LSD, Crack, etc. Dabei können Drogen individuell und von polizeilichen Institutionen mißbraucht werden.

Unerwünscht wäre sicherlich auch eine Verschärfung des Rüstungswettlaufs. Die klassischen chemischen Waffen greifen fast durchweg in Funktionsprozesse des Nervensystems ein. Die vielfältigen Investitionen militäreigener Forschungsinstitutionen in die molekulare Neurobiologie läßt Schlimmes befürchten (20).

Im zivilen Sektor bahnen sich aufgrund der wachsenden Möglichkeiten der Gendiagnostik Interessenskonflikte an: Versicherungsunternehmen und Arbeitgeber müssen ein außerordentlich starkes wirtschaftliches Interesse daran haben, an Daten über Gendefekte von potentiellen Versicherungsnehmern bzw. Arbeitnehmern zu gelangen, um sich durch Ausschluß der Betroffenen vor hohen finanziellen Risiken zu bewahren. Ohne entsprechende Vorbeugemaßnahmen ist die verstärkte Stigmatisierung und Diskriminierung von Behinderten vorprogrammiert. Die Anwendung der jüngsten Fortschritte in der molekularen Neurobiologie wird uns zweifelsohne vor völlig neue Probleme stellen.

5. Welche neuen Probleme werden aufgeworfen?

Ca. 3% der Forschungsmittel des US-amerikanischen Human Genom-Project sind für das ELSI Programm vorgesehen, das Untersuchungen der ethischen, legalen und sozialen Implikationen der Genom-Forschung fördern soll (21). Vier Hauptproblemfelder sehen die Initiatoren des ELSI Programms:

- Das der neuen genetischen Dienstleistungen: Wann und in welchem Umfang sollen sie angeboten werden? Wie können die aus den Diagnostikergebnissen resultierenden persönlichen Dilemmata gelöst werden?
- Das der Diskriminierung: Wie kann sie verhindert werden?
- Das der informationellen Selbstbestimmung: Wie kann der Datenschutz, die Privatsphäre gesichert werden?
- Das der Mißinterpretation: Wie kann die Öffentlichkeit von den neuen Ergebnissen und ihren Folgen unterrichtet werden? Wie können Mißinterpretationen und Mißbrauch der neuen Genetik verhindert werden?

In einem vor wenigen Wochen im Deutschen Ärzteblatt veröffentlichten Memorandum ging auch der ständige Arbeitskreis „Biomedizinische Ethik und Technologiefolgenabschätzung" beim wissenschaftlichen Beirat der Deutschen Ärztekammer auf das Problem der rasch steigenden Zahl an genetischen Diagnostikverfahren angesichts der völlig unzureichenden Kapazitäten an Beratungsstellen ein (22). Das klassische Konzept des „informed consent" bei genetischen Beratungen, das eine autonome, qualifizierte Zustimmung oder Ablehnung durch die Klienten auf der Grundlage einer nichtdirektiven, ausführlichen Beratung ermöglichen soll, wird schon bald nicht mehr eingehalten werden können. Darüberhinaus wurde auch auf die Probleme der Kommerzialisierung und der steigenden Kosten hingewiesen.

Als persönliche Dilemmata infolge der Gendiagnostik werden sich vorrangig neue ethische Konflikte in der Familienplanung und während der Schwangerschaft ergeben: Welcher Gendefekt ist schwer genug, daß er einen Schwangerschaftsabbruch rechtfertigt? Aber auch aus der freiwilligen Untersuchung der eigenen Erbanlagen werden sich neuartige Dilemmata ergeben. Denn anders als bei den Beispielen der Phenylketonurie und des Retinoblastoms, bei denen praktisch alle Betroffenen aufgrund des Gendefekts bereits im Kindesalter erkranken, kommt es bei vielen anderen Erkrankungen mit erblicher Komponente, wie Krebs, Diabetes und den meisten degenerativen Erkrankungen des Nervensystems, erst im fortgeschrittenen Alter zur Krankheitsmanifestation, oft auch zu überhaupt keinen Beschwerden. Zwar besteht kein Zweifel mehr daran, daß defekte Gene eine Voraussetzung für die Entwicklung von Krankheiten wie Altersschwachsinn und vielen Psychosen darstellen. Dies läßt sich eindeutig aus Familienanalysen und aus den Beobachtungen von getrennt aufgewachsenen Zwillingen schließen. Jedoch führen defekte Gene nicht notwendigerweise zum Krankheitsausbruch. Das belegen die gleichen Zwillingsstudien ebenfalls eindeutig. Erst wenn - oft völlig unbekannte - Umweltfaktoren hinzukommen, etwa bestimmte Nahrungsbestandteile (wie bei der Phenylketonurie), Strahlen (wie beim Retinoblastom), Krankheitserreger, soziales Milieu, kommt es bei vielen Erbkrankheiten auch zur Krankheitsmanifestation. Es ist absehbar, daß wir in den nächsten Jahren immer mehr Beispiele von Gendefekten und Genvarianten kennenlernen, die eine Prädisposition für die Entwicklung von bestimmten neurologischen oder psychiatrischen Erkrankungen bewirken. Welchen Wert wird eine derartige Risikovorhersage für die Betroffenen haben, wenn der Krankheitsverlauf nicht vorhergesagt werden kann, wenn die Umweltfaktoren nicht oder nur vage benannt werden können oder wenn - wie beim Veitstanz und der Retinitis Pigmentosa - keine therapeutischen Interventionsmöglichkeiten zur Verfügung stehen? Wie sollen wir mit dem Schicksal dieser „asymptomatisch Kranken" umgehen?

Neue Ergebnisse der Biologie sind in der Vergangenheit wiederholt fehlgedeutet und dazu mißbraucht worden, soziale Mißstände zu rechtfertigen. Gerade in der Genetik und der Psychiatrie hat dieser Mißbrauch schlimme Auswüchse hervorgebracht. Auch die Fortschritte der molekularen Neurobiologie werden nicht ohne Auswirkungen auf unser Verständnis von Krankheit, Normalität und Menschlichkeit bleiben. Es bleibt eine dringliche Aufgabe, Fehler der Vergangheit nicht zu wiederholen. Einer neuen Eugenik muß vorgebeugt werden.

6. Welche Handlungs- und Gestaltungsmöglichkeiten gibt es?

Das breite Spektrum möglicher Handlungs- und Gestaltungsperspektiven läßt sich vielleicht am einfachsten anhand von sogenannten best- und worst-case Szenarien veranschaulichen. Das best-case Szenario geht davon aus, daß die Neurobiologie in demokratischen und humanitären gesellschaftlichen Verhältnissen zur Blüte gelangt und die Anwendungen der neuen Forschungsergebnisse auch unter solchen gesellschaftlichen Verhältnissen erfolgen. Das worst-case Szenario berücksichtigt die Erfahrungen, daß demokratische Gesellschaftsverhältnisse nicht immer von Dauer sind und in weiten Teilen unseres Planeten auch nicht verwirklicht sind und daß wissenschaftlicher Fortschritt selbst in demokratischen Gesellschaften mißbraucht werden kann. Der tatsächlich beschrittene Weg wird stark von den tatsächlichen politischen und gesellschaftlichen Entscheidungen und Entwicklungen abhängen.

Erfüllen sich die in die molekulare Neurobiologie gesetzten Hoffnungen und Erwartungen, dann werden uns phantastische neue Wege der Therapie und Intervention in psychisches Leiden offenstehen. Es wird uns möglich sein, diejenigen Unvollkommenheiten (Gendefekte), mit denen uns das Lotteriespiel von Mutter Natur unweigerlich ausgestattet hat, zu bestimmen. Dort, wo möglich, werden die Betroffenen ihr Leben aufgrund dieser Information so einrichten, daß die entsprechende Erkrankung nicht oder erst sehr spät und nur milde auftritt - Beispiel Diät bei der Phenylketonurie. Oder sie nutzen die Information - siehe Beispiel Retinoblastom -, um regelmäßig zu gezielten Vorsorgeuntersuchungen zu gehen, so daß die Krankheit in einem frühen Stadium erkannt und somit erfolgversprechender therapiert werden kann.

Es werden neue Entscheidungsmöglichkeiten in bezug auf die genetische Konstitution unserer Nachkommen eröffnet, d. h. wir werden durch entsprechende pränatale Untersuchungen nicht nur den Mongolismus, sondern auch viele andere schwere Gendefekte frühzeitig diagnostizieren können, so daß die betroffenen Embryonen gar nicht erst in die Gebärmutter übertragen werden müssen oder sie schon in einem frühen Schwangerschaftsstadium abgetrieben werden können. Aufgrund hervorragender Beratungsstellen, einem hohen Maß an Verantwortungsbewußtsein und einer fundierten Ethik werden wir diese Technologien nur dafür einsetzen, schweres Leid zu verhindern bzw. dort wo dies nicht möglich war, es so gut wie möglich zu lindern. Ein Mißbrauch der Technologien für das genetische Maßschneidern unserer Kinder nach unserem Wunschbild wird durch entsprechende gesetzliche Regelungen unterbunden.

In der Psychatrie werden uns neue Medikamente zur Behandlung schweren psychischen Leidens zur Verfügung stehen, die aufgrund ihrer feinen Spezifität wesentlich weniger Nebenwirkungen als die heutigen Psychopharmaka aufweisen. Auch bei den Insektiziden wird die verbesserte Spezifität einen Rückgang der Nebenwirkungen auf den Menschen zur Folge haben.

Die neuen bewußtseinsbeeinflussenden Drogen werden von uns verantwortungsbewußt - und nur gelegentlich zur Verschönerung der Freizeit oder zu einem bewußtseinserweiternden Trip - eingesetzt. Die süchtigmachenden Drogen wie Alkohol und Crack werden zunehmend durch mildere, weniger gefährliche Mittel ersetzt. Der militärische und polizeiliche Mißbrauch wird durch demokratische Kontrollinstanzen verhindert.

Die Geschichte lehrt uns, daß wissenschaftliche Fortschritte immer wieder zur Zementierung und zum Ausbau von Machtverhältnissen gebraucht werden und daß mögliche humanitäre Anwendungen dem Mandat der Ökonomie geopfert werden. In einem worst case-Szenario wiederfährt dies auch den neuen genetischen und bewußtseinsbeeinflussenden Technologien.

Unter dem Mandat der Ökonomie führen die neuen Technologien zu einer Verschärfung der Gegensätze in der 2/3-Gesellschaft: Die neuen diagnostischen und therapeutischen Möglichkeiten stehen nur denjenigen offen, die zahlen können. Versicherungen, Arbeitnehmer und die Allgemeinheit nutzen die Technolgien um Ihre Kosten zu senken. Die sozial und genetisch Schwachen und die Behinderten werden von den gesellschaftlichen Prozessen weitgehend ausgeschlossen. Es stehen Ihnen weder Arbeitsplätze noch Versicherungen zur Verfügung. Sie werden stigmatisiert und diskriminiert.

Im Zuge von Kostendämpfungsbemühungen gerät die Pränataldiagnostik zunehmend unter staatliche Kontrolle. Für eine Vielzahl von diagnostizierbaren Gendefekten wird der Schwangerschaftsabbruch als Regelfall verordnet. Es wird eine neue Eugenik betrieben. Das öffentliche Verständnis von Normalität und Gesundheit wird von der Diskussion um die Erbinformation dominiert: Normal ist, wer normale Gene hat.

Unmutsäußerungen und Aufstände werden durch das Angebot besänftigender Drogen verhindert, notfalls durch polizeilich/militärischen Einsatz derartiger Mittel wieder unter Kontrolle gebracht.

In einem demokratischen Rechtsstaat ist die Entwicklung vor allem durch Gesetze, über die Mittelvergabe für Forschungsvorhaben und nicht zuletzt auch über die Ausbildung, der klassischen Aufgabe der Universität, beeinflußbar. Der verantwortungsvolle Umgang mit den neuen Technologien erfordert ein hohes Maß an ethischem Bewußtsein. Dies stellt hohe Anforderungen auch an die universitäre Ausbildung. Eine Ausweitung der Kapazitäten geeigneter Beratungsstellen wird erforderlich sein. Dringend ist ferner die keinesfalls triviale Aufklärung der breiten Öffentlichkeit über die Konsequenzen der neuen Technologien.

Es bleibt der Universität Hamburg mit ihrem neuen Forschungsschwerpunkt „Biotechnik, Gesellschaft und Umwelt“ zu wünschen, daß sie dazu beiträgt, die unbestreitbaren Chancen wie auch die vermeidbaren Fehlentwicklungen und Mißbrauchsmöglichkeiten der jüngsten Fortschritte in der Neurobiologie aufzuzeigen, so daß erstere sinnvoll umgesetzt werden können und uns letztere weitgehend erspart bleiben.

Literatur

1) ABELS, G.: „Konstruktion großer Forschung: Das 'Human Genome Project'" Forum Wissenschaft I/92, 1-11 (1992)
2) ABBOTT, A.: „Confusion about form and function clouds launch of EC's Decade of the Brain". Nature 359, 260 (1992)
3) ZENTRUM FÜR MOLEKULARE NEUROBIOLOGIE IN HAMBURG (ZMNH): Jahresbericht 1992 (Universität Hamburg, UKE, Martinistr. 52, D-2000 Hamburg 20, FRG)
4) HESTON, L.: Mending Minds - A guide to the New Psychiatry of Depression, Anxiety and Other Serious Mental Disorders, W.H. Freeman And Company, New York (1992)
5) SHORT, N.: „Molecular neurology comes of age - Participants at Nature's conference on 'The brain in well being and disease' were excited that hitherto intractable problems are now beginning to crack under the impact of powerful new techniques" Nature 360, 295-296 (1992)
6) ALBRECHT, S., H. KALTHOFF, F. KOCH: „Der Logos der Biotechnik" Forum Wissenschaft 6/3, 65-66 (1989)
7) „The decade of the brain. Arguments that research support for neuroscience should quadruple miss the point and are not convincing." (editorial) Nature 357, 348 (1992)
8) LILLIEN, L. C. CEPKO: „Control of proliferation in the retina: temporal changes in responsiveness to FGF and TGF alpha." Development 115, 253-266 (1992)
9) SCHINSTINE, M., M.D. KAWAJA, F. H. GAGE: „Intracerebral delivery of growth factors: potential application of genetically modified fibroblasts." Prog. Growth Factor Res. 3, 57-66 (1991)
10) GOODFELLOW, P. N.: „Human Genome Project - Variation is now the theme" Nature 359, 777-778 (1992)
11) ALTMAN, J.: „Programmed cell death: the paths to suicide" Trends Neurosci. 15, 278-280 (1992)
12) EISENSMITH, R. C., S. L. WOO: „Phenylketonuria and the phenylalanine hydroxylase gene." Mol. BIol. Med. 8, 3-18 (1991)
13) McINNES, R. R., R. A. BASCOM: „Retinal genetics: a nullifying effect for rhodopsin" Nature Genetics 1, 155-157 (1992)

14) PALMITER, R. D., R. L. BRINSTER: „Germ-line transformation of mice." Ann. Rev. Genetics 20, 465-500 (1986)
15) SEDIVY, J. M., A. L. JOYNER: Gene Targeting, W.H. Freeman and Company, New York (1992)
16) WATSON, J. D., J. TOOZE, D. T. KURTZ: Recombinant DNA - A Short Course, W.H. Freeman and Company, New York (1983)
17) WALL, R. J., H. W. HAWK, N. NEL: „Making transgenic livestock: genetic engineering on a large scale." J. Cell. Biochem. 49, 113-120 (1992)
18) SILVA, A. J., R. PAYLOR, J. M. WEHNER, S. TONEGAWA: „Impaired spatial learning in a-calcium-calmodulin kinase II mutant mice" Science 257, 206-211 (1992)
19) HARLOW, E.: „Retinoblastoma - for our eyes only" Nature 359, 270-271 (1992)
20) JONAS, P: „Welche Möglichkeiten zur Erforschung, Entwicklung und Produktion biologischer und chemischer Waffen eröffnet die Gentechnologie?" Schriftenreihe Wissenschaft und Frieden 12, 192-194 (1989)
21) ANNAS, G. J., E. SHERMAN (eds.): Gene Mapping: Using Law and Ethics as Guides, Oxford University Press, Oxford (1992)
22) VILMAR, K., H. P. WOLFF: „Memorandum: Genetisches Screening. Erstes Beratungsergebnis des Ständigen Arbeitskreises „Biomedizinische Ethik und Technologiefolgenabschätzung" beim Wissenschaftlichen Beirat der Bundesärztekammer" Deutsches Ärzteblatt 89, Heft 25/26, B-1433 (1992)

Neurowissenschaften und Humangenetik: Aufgaben der Technologiefolgenabschätzung

ASTRID SPEER

Die Neurowissenschaften haben die Aufklärung der normalen und krankhaft veränderten Struktur und Funktion des zentralen und peripheren Nervensystems zum Inhalt. Von ihnen werden Erkenntnisse erwartet, die helfen, Prävention, Diagnostik und Therapie entsprechender Erkrankungen zu verbessern. Schädigungen des zentralen Nervensystems betreffen ungefähr 10% der Bevölkerung in Europa.

Die Ursachen krankhafter Veränderung des Nervensystems sind vielfältig. Sie lassen sich prinzipiell in exogene und endogene Ursachen einteilen und reichen von Unfällen, Infektionen, Stoffwechselstörungen bis hin zu Veränderungen des genetischen Materials des Menschen, der DNA.

Genetische Ursachen von Erkrankungen des Nervensystems

Struktur und Funktion des Nervensystems basieren auf rund 75% der im menschlichen Genom vorhandenen 50.000 bis 100.000 Gene. 1991 waren 90 Gene des Nervensystems kartiert und teilweise auch isoliert und analysiert (Nicholson 1991). Die 1993 veröffentlichte Liste kartierter Gene (McKusick et al., 1993) weist zum Beispiel allein 11 Genorte auf dem X-Chromosom auf, die mit geistiger Retardierung in Verbindung stehen. Kürzlich wurde die teilweise Sequenz von 1.000 cDNAs des Gehirns publiziert (Khan et al., 1992). In den nächsten Jahren ist im Rahmen des „Human-Genom-Projects“, einer Forschungsinitiative mit dem Ziel der Analyse der Struktur der menschlichen DNA und der Lokalisierung aller menschlichen Gene, auch mit einem wesentlichen Zuwachs lokalisierter, isolierter und analysierter Gene aus dem Nervensystem zu rechnen.

Die wissenschaftlichen Ziele des „Human-Genom-Project"

Die Tabellen 1 und 2 geben eine Zusammenfassung der wesentlichen wissenschaftlichen Ziele des „Human-Genom-Projects" der USA und der Europäischen Gemeinschaft (Informationsmaterial: U.S. Department of Health and Human Service & U.S. Department of Energy; Biomedizinische und Gesundheitsforschung, Kommission der Europäischen Gemeinschaft, Generaldirektion XII-für Wissenschaft, Forschung und Entwicklung).

Tabelle 1:

„Human-Genom-Project", USA: Wissenschaftliche Ziele 1991-1995

1. Kartierung und Sequenzierung des menschlichen Genoms genetische Karte [1], physikalische Karte [2], DNA-Sequenzierung
2. Untersuchungen an Modellorganismen
3. Informatik: Daten-Sammlung und -Analyse
4. Untersuchungen zu ethischen, juristischen und sozialen Gesichtspunkten
5. Ausbildung von wissenschaftlichem und technischem Personal
6. Entwicklung und Verbreitung neuer Technologien

[1] Die genetische Karte (Kopplungskarte) bestimmt die Lokalisation von Genen, die für Erkrankungen oder biologische Eigenschaften (mit)verantwortlich sind, auf den Chromosomen.

[2] Die physikalische Karte bestimmt die Lokalisation, die Reihenfolge und den Abstand in der Anzahl von Nukleotidpaaren für klonierte DNA.

Tabelle 2:

Biomedizinische und Gesundheitsforschung 1991-1994 in der Europäischen Union Bereich III: Analyse des menschlichen Genoms
1. Vervollständigung der genetischen und physikalischen Karte
2. Studien über die genetischen Grundlagen von biologischen Eigenschaften
3. Sequenzierung von Teilen mit großer biologischer Relevanz
4. Aufklärung genetischer Komponenten von multifaktorellen Erkrankungen
5. Entwicklung von Therapiestrategien

Für die aufgeführten Ziele stehen in den USA 200 Millionen Dollar pro Jahr und in der EG für biomedizinische und Gesundheitsforschung insgesamt im Zeitraum 1991-1994 131,67 Millionen ECU zur Verfügung.

Neben den staatlich geförderten Programmen gibt es private Initiativen. Hierzu gehört das Forschungszentrum „Genethon" in Evry (Frankreich). Sein Forschungsprofil umfaßt die physikalische, genetische und Transcriptions[1]-Karte, die Entwicklung von Software zur Datenverarbeitung sowie die Entwicklung neuer Technologien (Informationsmaterial Genethon).

Das „Human-Genom-Project" in der öffentlichen Diskussion

Verfolgt man die öffentliche Diskussion zum Human-Genom-Project, so stehen weniger die wissenschaftlichen Ziele der Grundlagenforschung selbst im Mittelpunkt des Interesses, sondern die

[1] Die Transcriptionskarte lokalisiert die Gene einer Zelle, eines Gewebes oder eines Organs, die in mRNA und Protein umgesetzt werden, auf den Chromosomen.

Anwendung der in der Forschung erzielten Ergebnisse. Dies ist sicher darauf zurückzuführen, daß es an einer entsprechenden auch populärwissenschaftlichen Sachkenntnis in weiten Teilen der Bevölkerung fehlt und man auf Bereiche ausweicht, die jeder glaubt, aus eigenem Erleben nachvollziehen zu können. Das Schließen dieser Lücke ist jedoch die unabdingliche Voraussetzung für eine sachliche und verantwortungsvolle Diskussion über die Möglichkeiten und Grenzen der Gentechnik sowie einer Folgenabschätzung nicht nur hinsichtlich der Grundlagenforschung, sondern auch der Anwendung der erzielten Ergebnisse.

Die Übermittlung einer adäquaten Sachkenntnis zu neurobiologischen, genetischen und gentechnischen Fragestellungen an die verschiedensten Bevölkerungsgruppen muß eine der ersten Aufgaben einer Technikfolgeabschätzung auf diesem Gebiet sein.

Wird die Diskussion auf die Forschung zurückgeführt und fängt nicht erst bei der Anwendung schon vorhandener Ergebnisse an, so muß die jeder Forschung zugrundeliegende Frage beantwortet werden, ob wir umfangreicherer Kenntnisse auf dem Gebiet der genetischen Grundlagen der Struktur und Funktion des Nervensystems bedürfen. Geht man z. B. im ärztlichen Bereich nicht davon aus, daß Patienten ihre Krankheit als schicksalhaft hinzunehmen haben, muß diese Frage bejaht werden. Umfangreicheres neurobiologisches/genetisches Wissen kann jedoch auch unbestritten direkt oder indirekt (z. B. durch Vernachlässigung sozialer Komponenten) zum Schaden von Personen und Personengruppen eingesetzt werden.

Das Aufzeigen von Nutzen ebenso wie von generellen direkten und indirekten Gefahren durch umfangreichere Kenntnisse auf neurobiologischem/genetischem Gebiet und die Verminderung von Schaden durch sachgerechte Information der Gesellschaft und Beratung gesetzgebender Instanzen ist eine Aufgabe der Technikfolgenabschätzung. Dabei ist davon auszugehen, daß keine prinzipiellen technischen Grenzen existieren werden.

Auch bei Konsens über die Notwendigkeit einer neurobiologischen/gentechnischen Forschung gibt es zahlreiche Probleme, die Anlaß zu Diskussionen sind. Ihre Ursachen liegen in:

- der jeden Forschung eigenen Diskrepanz zwischen Forschungsstand und Forschungsziel und damit auch Anwendungsmöglichkeiten und Anwendungsgrenzen;

- den unterschiedlichen Interessen von Personen bei der Anwendung von Forschungsergebnissen und damit auch der Forschung selbst.

Stand des „Human-Genom-Projects" und der Anwendungsmöglichkeiten in der Medizin

Tabelle 3:

Human-Genom-Project: medizinische Anwendung	
physikalische, genetische Karte	Erbanlageträger-, Vorgeburtsdiagnostik (z. B. Morbus Werdnig-Hoffmann Huschenbett et al. 1993)
Genisolierung, -charakterisierung	
Identifizierung krankheitsauslösender Mutationen	Differential-, Erbanlageträger-, Vorgeburtsdiagnostik (z. B. Martin-Bell Syndrom Oberle et al.1991)
Proteinanalytik	Therapiestrategien (Riess et al. 1987, Weatherall 1991)

Tabelle 3 zeigt die Diskrepanz zwischen umfangreichen diagnostischen Möglichkeiten auf der einen Seite und sehr eingeschränkten meist nur symptomatischen therapeutischen Möglichkeiten für genetisch (mit)bedingte Erkrankungen auf der anderen Seite. Bereits in sehr frühen Forschungsstadien sind gute diagnostische Möglichkeiten gegeben; dagegen steht die Verwirklichung von gentechnischen Therapiestrategien, die umfangreiche und komplexe Kentnisse voraussetzt, erst am Anfang.

Die Analyse des gegenwärtigen Forschungsstandes einschließlich methodischer Entwicklungen sowie der Möglichkeiten der Anwendung von Forschungsergebnissen gehört zu einer Technikfolgenabschätzung ebenso wie das Aufzeigen von Widersprüchen in der Entwicklung zwischen den einzelnen Bereichen. Hieraus lassen sich Entwicklungstendenzen sowie Nutzen und Gefahren ableiten.

Zusammenfassung der Aufgaben der Technikfolgenabschätzung

(1) Die Übermittlung einer adäquaten Sachkenntnis zu neurobiologischen, genetischen und gentechnischen Fragestellungen an die verschiedensten Bevölkerungsgruppen muß eine der ersten Aufgaben einer Technikfolgeabschätzung auf diesem Gebiet sein.
(2) Das Aufzeigen von Nutzen ebenso wie von generellen direkten und indirekten Gefahren, hervorgerufen durch umfangreichere Kenntnisse auf neurobiologischem/genetischem Gebiet und die Verminderung von Schaden durch sachgerechte Information der Gesellschaft und Beratung gesetzgebender Instanzen ist eine Aufgabe der Technikfolgenabschätzung. Dabei ist davon auszugehen, daß keine prinzipiellen technischen Grenzen existieren werden.
(3) Die Analyse des gegenwärtigen Forschungsstandes einschließlich methodischer Entwicklungen sowie der Möglichkeiten der Anwendung von Forschungsergebnissen gehört zu einer Technikfolgenabschätzung ebenso wie das Aufzeigen von Widersprüchen in der Entwicklung zwischen den einzelnen Bereichen. Hieraus lassen sich Entwicklungstendenzen sowie Nutzen und Gefahren ableiten.
(4) Die Technikfolgenabschätzung muß die Interessen einzelner Personen und Personengruppen an der neurobiologisch/gentechnischen Forschung und Anwendung und daraus resultierende Interessenkonflikte aufzeigen.

Literatur

BIOMEDIZINISCHE UND GESUNDHEITSFORSCHUNG (BIOMED 1) 1991-1994, Bereich III: Analyse des Menschlichen Genoms, Informationspaket, hrg. Commission of the European Communities, Brussels

GENETHON, Human Genome Research Centre 1993, Evry

HUSCHENBETT, J., HANKE, R., PFEIFER, L., SPEER, A.: Prenatal diagnosis of the acute form of proximal spinal muscular atrophy: experience on the acceptance of linkage analysis by the families, in: Prenatal Diagnosis, 1993, im Druck

KHAN, A. S., WILCOX, A. S., POLYMEROPOULOS, M. H., HOPKINS, J. A., STEVENS, T. J., ROBINSON, M., ORPANA, A. K., SIKELA, M.: Single pass sequencing and physical and genetic mapping of human brain cDNAs, in: Nature Genetics 2, 180-185, 1992

McKUSICK, V. A., AMBERGER, J. S.: The morbid anatomy of the human genome: chromosomal location of mutations causing disease, in: J Med Genet 30, 1-26, 1993

NICHOLSON, G. A.: Mapping brain genes, in: The Medical Journal of Australia 154, 7-9, 1991

OBERLE, I., ROUSSEAU, F., HEITZ, D., KRETZ, C., DEVYS, D., HANAUER, A., BOUE, J., BERTHEAS, M. F., MANDEL, J. L.: Instability of a 550-Base Pair DNA Segment and Abnormal Methylation in Fragile X Syndrome, in: Science 252, 1097-1102, 1991

RIESS, O., MICHEL, A. SPEER, A., COBET, G., COUTELLE, CH.: Introduction of genomic diagnosis of classical phenylketonuria to the health care system of the German Democratic Republic, in: Clinical Genetics 32, 209-215, 1987

UNDERSTANDING OUR GENETIC INHERITANCE - The U.S. Humane Genome Project: The First Five Years FY 1991-1995, National Technical Information Service, U.S. Department of Commerce, Springfield

WEATHERALL, C., BLAU, H. M.: Gene therapy in perspective, in: Nature 349, 275-276, 1991

Patentansprüche und Verfügungsrechte. Die Umverteilung von Rechten in der internationalen Agrarentwicklung im Blick der Technikfolgenabschätzung

MICHAEL FLITNER

Während der achtziger Jahre haben Gerichte in den führenden Industriestaaten die Barrieren hinweggefegt, die der Patentierung von Lebewesen als solchen bisher im Wege gestanden hatten. Waren die Verfahren der Mikrobiologie in den meisten Ländern schon länger als technisches Handeln akzeptiert worden und mithin dem Patentrecht zugänglich, so beschloß das höchste Gericht der USA erstmals 1980, auch Lebewesen selbst als eine patentfähige Sache zu behandeln. In einer denkbar knappen Entscheidung wurde an einem Bakterium der Gattung Pseudomonas diese grundlegende Wende vollzogen und nun schritten Patentämter und Gerichte in den Industriestaaten zügig voran. Auf Mikroorganismen folgten Pflanzen (1985), auf Pflanzen folgten Tiere (1988), und heute wird bereits um die Patentfähigkeit menschlicher Gensequenzen gestritten. Eine heftige Debatte, die sich in den einschlägigen Wissenschaftszeitschriften wiederfindet, ist jüngst darüber ausgebrochen, daß ein Wissenschaftler der US-Gesundheitsbehörde NIH über 2000 Gensequenzen aus dem menschlichen Gehirn zum Patent angemeldet hat - und inzwischen meldete auch ein der Hamburger Universität angegliedertes Institut für Reproduktionsmedizin einige menschliche Gensequenzen (bzw. cDNA) zum Patent, die für die Produktion von Eiweißen des Nebenhodens verantwortlich sind.

Wie einst die Goldgräber ihre „claims“ abzustecken pflegten, so werden heute Bezirke auf den Landkarten der Gene mit Patentansprüchen gespickt, noch ehe das vollständige Genom eines einzigen höheren Organismus bekannt wäre. Pharmakonzerne schließen Verträge mit Instituten und ganzen Staaten in den Tropen, die den Großteil der biologischen Vielfalt der Erde beherbergen, so unter anderem die Firma Glaxo in Ghana, der Merck-Konzern in Costa Rica und die British Technology Group in

Kamerun, Verträge, die ihnen Erstverwertungs- und Patentrechte an „neu" entdeckten und isolierten Genen sichern. Erbgut von Bakterien, von Algen und Pflanzen, von Insekten und Säugetieren wird mittlerweile ebenso patentiert wie Gene, die menschlichen Krankheitserregern ihre Form verleihen und damit für zukünftige Impfstoffe interessant erscheinen.

Diese ganze Entwicklung dauerte kaum ein Jahrzehnt, sie wurde ohne eine Änderung von Gesetzen oder internationalen Abkommen vollzogen, ohne im engeren Sinne politische Entscheidung, im Großen und Ganzen auch ohne eine gesellschaftliche Diskussion. Weder eine wissenschaftliche noch eine patentrechtliche Logik begründeten diesen Trend, allein Patentämter und Gerichte sorgten mit ihren neuen Auslegungen für die Patentfähigkeit aller Lebensformen. Die Gründe für diesen Wandel liegen zu allererst in den geballten und anwaltsbewaffneten Interessen der chemischen Industrie, die die Biotechnologie während der achtziger Jahre unter Kontrolle zu bringen versuchte, nachdem sie die wissenschaftliche Entwicklung während der siebziger Jahre verschlafen hatte. Vornehmer ausgedrückt: Es fand ein klassischer Innovationszyklus im Schumpeterschen Sinne statt (vgl. Kenney 1986). Mehrere Faktoren erleichterten dabei den Erfolg der Patentlobby: Die Biotechnologie ist die erste Schlüsseltechnologie, die sich im Kontext von weltumspannender Medienvernetzung und ebenso operierenden Konzernen entfaltet; gleichzeitig fällt sie mit dem größten Privatisierungsschub der Nachkriegszeit in der Forschungslandschaft der Industriestaaten zusammen, Drittmittelforschung an den Universitäten, Aushöhlung und Privatisierung der öffentlichen Dienstleistungsbereiche, das Zeitalter der „Reagonomics".

An anderer Stelle sind bereits generelle Bedenken gegen die Patentierung von Lebewesen erhoben worden, so auch im Rahmen eines Hamburger TA-Kolloquiums (Lukes 1990), und ebenso wurde bereits ausführlich dargelegt, welche rechtlichen Anpassungsleistungen in den verschiedenen Ländern notwendig waren, damit diese Entwicklung ihren Lauf nehmen konnte (vgl. Leskien 1992). Ich will daher hier weder die rechtlich-immanenten Probleme weiter behandeln, noch die ganze Palette der Bedenken aller Art wiederholen, sondern mich nur mit einem Punkt der Auswirkungen etwas näher befassen, der Bedeutung dieser

Veränderung für den Bereich der internationalen Agrarforschung und -entwicklung.

Ich werde dazu in einem ersten Teil kurz darauf eingehen, welche wesentlichen Umschichtungen die Patentierung von Lebewesen im Agrarsektor mit sich bringt, welches die wichtigsten Folgen einer Ausweitung des Patentrechts in diesem Bereich sein werden. Anschließend werde ich betrachten, welche Positionen einige bedeutende internationale Akteure der Agrarforschung derzeit in dieser Frage bezogen haben. Die Ergebnisse dieser Betrachtung stelle ich einem neueren Theorieansatz aus der Agrarkrisenforschung gegenüber: Die Patentierung von Pflanzen, so mein Vorschlag, läßt sich in die neuere Debatte über die Rolle von Verfügungsrechten, sogenannten „entitlements“, einfügen und damit bietet sich ein Ansatz, die auf den verschiedensten Erwägungen beruhende Kritik an der Patentierung von Lebewesen in bezug auf die internationale Agrarentwicklung in einen kohärenten Theorierahmen einzubetten. Schließlich komme ich in einem dritten Teil zu der Frage, ob und inwieweit die Technikfolgenabschätzung (TA) an der behandelten Frage weiterhelfen kann, wobei ich eine Studie des US-amerikanischen Office of Technology Assessment betrachten werde, die sich mit der Patentierung von Lebewesen auseinandergesetzt hat.

Patentrecht und Pflanzenzüchtung

Zunächst also: Welche Veränderungen bringt die Ausweitung des Patentrechts auf den Bereich der Landwirtschaft und der Agrarforschung? Zwei Punkte sind hier ohne Zweifel von unmittelbarer Bedeutung. Zum einen wird mit der Patentierung von Pflanzen die Ausgangssubstanz für die Pflanzenzüchtung zu einer Ware, die privaten Eigentumsansprüchen unterworfen ist. Die Pflanzen einer patentierten Kartoffelsorte etwa, Samen oder Stecklinge dieser Pflanze, ja auch nur Teile ihres Genoms o.ä. darf gemäß dem Patentrecht, wie es z. B. in der deutschen Fassung lautet, niemand ohne Genehmigung des Patentinhabers „herstellen, anbieten, in Verkehr bringen, gebrauchen“ oder zu einem dieser Zwecke auch nur „einführen oder besitzen“. D. h., jede Benutzung dieser Pflanze zur Weiterzüchtung - ebenso wie zu anderen Zwecken - ist ohne Genehmigung untersagt.

Wie mir in einer Reihe von Gesprächen deutlich wurde, haben viele Pflanzenzuchtbetriebe die Bedeutung dieser Bestimmung noch nicht voll erfaßt. Sie gehen oftmals wie selbstverständlich davon aus, daß nur etwa ein neues Gen, das z. B. mit gentechnischen Methoden in eine Kartoffelsorte eingebracht wurde, der ausführenden Firma „gehört", daß sie aber durchaus weiterzüchten könnten mit dem Endprodukt, solange sie nur dafür sorgen, daß das neue Gen in ihrer Sorte wieder verschwindet. Dem ist aber gerade nicht so. Wenn die Pflanze patentiert wurde, wie es derzeit vielhundertfach jährlich in Europa geschieht, dann ist eine Weiterzucht mit dieser Pflanze lizenzpflichtig, ganz gleichgültig wie das Endprodukt aussehen mag. Begrenzt wird dieser Anspruch allein durch die Fähigkeit und den Willen des Patentinhabers zur Verfolgung seiner Rechte.Die EG-Komission hatte in ihrem jüngst vom Parlament abgelehnten Richtlinienvorschlag zur Patentierung von biotechnologischen Erfindungen jedoch auch hierfür eine Lösung parat.Sie sprach sich dafür aus, die Beweislast bei „lebenden Patenten" grundsätzlich umzukehren: Nachweisen soll künftig nicht mehr der Patentinhaber, daß das von ihm beanspruchte Verfahren oder die von ihm beanspruchten Gensequenzen benutzt wurden, nachweisen soll in diesen Fällen vielmehr der der Patentverletzung Bezichtigte, daß er einen eigenen Weg gefunden, andere Pflanzen oder Gene benutzt hat.

Diese Entwicklung wird sicher nicht sofort spürbar werden, schon allein deshalb, weil die Pflanzenzüchtung trotz Gentechnik immer noch ein Geschäft ist, das Zeit erfordert. Die mehrjährigen Kreuzungs- und Rückkreuzungstechniken werden in absehbarer Zeit kaum überflüssig und durch die Gentechnik bisher nur ergänzt, nicht etwa ersetzt. So mögen die noch wenigen patentierten, großenteils herbizidresistenten Pflanzen noch ohne Bedeutung sein für den Züchtungsprozeß in seiner ganzen Breite, mit seinen verschiedenen Fruchtarten und einigen hundert Sorten. Wenn die Gentechnik jedoch nur einen Teil der in sie gesetzten Erwartungen erfüllt und ökonomisch bedeutsame neue Eigenschaften zunehmend in den Züchtungsprozess eingehen, dann werden in zehn, fünfzehn Jahren alle wichtigen marktgängigen Sorten mehr oder weniger stark mit patentierten Genen aufgeladen sein. Die wichtigen, transferierten Gene und Genkomplexe reichern sich nach und nach schließlich auch in den Ausgangslinien der Züchtung an, denn von jeher hat die Pflanzenzucht auf

Vorhandenem aufgebaut. Daß mit der Akkumulation patentierter Gene aber eine Monopolisierung des Züchtungssektors einhergehen wird, scheint ganz unvermeidlich, wenn man in Betracht zieht, wem die Patente der Gentechnik heute gehören. Gut zwei Drittel aller Patente, die bis 1991 beim Deutschen Patentamt im Bereich Gentechnik (Klasse C 12N15) vergeben wurden, gingen an nur sechs Chemiefirmen (Gill 1991:93ff).

Ebenso bedeutsam ist die zweite Veränderung, die eine Patentierung von Pflanzen nach dem gängigen Patentrecht der Industriestaaten unmittelbar mit sich bringt, das Ende des sogenannten Landwirteprivilegs. Was verbirgt sich hinter diesem Begriff? Nach dem bisherigen Schutzrechtsystem für Pflanzen, dem Sortenschutz, war es den landwirtschaftlichen Betrieben freigestellt, ihr Erntegut zur Aussaat im nächsten Jahr wiederzuverwenden und auch im Rahmen nachbarschaftlicher Hilfe weiterzugeben. Bei patentiertem Saatgut ist das nicht mehr der Fall. Der Nachbau, wie die Wiederaussaat genannt wird, fällt mit unter das Patent und wird somit lizenzpflichtig, d. h. von der Erteilung einer Lizenz abhängig, und falls diese Lizenz denn erteilt wird, muß bezahlt werden. Vergleichbare Bestimmungen wurden jüngst auch im Sortenschutz der Europäischen Union eingeführt (EG-Verordnung 2100/94).

Dies wird sich für die landwirtschaftlichen Betriebe sehr deutlich bemerkbar machen. In der Bundesrepublik lag 1990 der Saatgutwechsel für die wichtigsten Getreidearten Winterweizen und Wintergerste bei knapp 50 Prozent, was bedeutet, daß im Schnitt nur jedes zweite Jahr neues Saatgut gekauft wird (BDP 1991). Ganz ähnlich sieht es in Frankreich, Italien oder den USA aus, soweit es sich nicht um Pflanzen handelt, bei denen fast nur Hybride angebaut werden, wie etwa Mais. Der berühmte nordamerikanische Weizen beispielsweise wird zu zwei Dritteln „nachgebaut“, d. h. aus selbstgewonnenem Saatgut gezogen. Die Ernteerträge, das darf man bei der harten Konkurrenzlage auf den internationalen Getreidemärkten schließen, scheinen kaum darunter zu leiden, wenn so verfahren wird - freilich aber die Erträge der Saatgutfirmen, denen der Nachbau schon seit Jahrzehnten ein Dorn im Auge ist.

An beiden Punkten, so läßt sich sagen, werden Rechte umverteilt, von den Pflanzenzuchtbetrieben auf die chemische Industrie, von den landwirtschaftlichen Betrieben auf die Saatgutbranche.

Was die Inhaber eines Pflanzenpatents erhalten, wird anderen genommen. Die substantielle Umverteilung von Rechten, und das ist für das Folgende entscheidend, erfolgt dabei nicht nur durch eine inhaltliche Ausweitung des Patentrechts, wie sie gerade für den Pflanzenbereich umrissen wurde, sondern auch durch eine territoriale Ausweitung. Auf Druck der Industriestaaten, zunächst vor allem bilateral durch die USA, in jüngerer Zeit auch multilateral im Welthandelsabkommen GATT, haben in den letzten Jahren eine Reihe von Entwicklungsländern ihr Patentrecht angepaßt, ja in einige Fällen sind diese Länder in vorauseilendem Gehorsam schon weiter gegangen als die Industriestaaten selbst. In Mexiko etwa sind Pflanzen bereits problemloser zu patentieren als in Europa (Wijk 1991).

Die Folgen der Umverteilung von Rechten werden in den Entwicklungsländern in beiden genannten Bereichen noch problematischer sein. Zum einen besteht in vielen dieser Länder kein prosperierender Züchtungssektor, wie er etwa in der Bundesrepublik nach wie vor existiert. Vielmehr finden wir günstigenfalls eine mehr oder weniger ausgebaute öffentliche Pflanzenzüchtung und daneben, oder auch stattdessen, einige große, international tätige Saathandelsfirmen, so etwa in den meisten Ländern Südostasiens und neuerdings auch in Indien. Hier wird sich die Konfrontation zwischen kapitalkräftigen Patentinhabern und in der Regel mager ausgestatteten öffentlichen Betrieben unvermeidlich ergeben und es scheint fraglich, ob auf Dauer eine öffentliche Züchtung im Patentwettstreit konkurrenzfähig bleiben kann. Wo es zu Auseinandersetzungen kommt, sind die verhandelten Beträge erklecklich: Die durchschnittlichen Kosten eines Patentstreits liegen in den USA derzeit bei etwa einer halben Million Dollar für jede Seite pro Patentanspruch (Belcher und Hawtin 1991:33).

Vor allem jedoch sind die Verhältnisse in den Ländern des Südens viel eindeutiger, was die Rolle des Nachbaus anbetrifft. Fast durchgängig wird zu 80 bis 100 Prozent die Aussaat hier aus der Ernte vorgenommen. Und dies gilt nicht etwa nur für die „least developed countries“ (LLDCs), die „am wenigsten entwickelten Länder“, sondern ebenso für diejenigen Gegenden mit einer starken landwirtschaftlichen Modernisierung und einem Anteil an modernen Sorten, der durchgängig über der Hälfte der Anbaufläche liegt (Groosman 1991). Ob beim Weizen in Pakistan oder beim

Reis auf den Philippinen, wo in beiden Fällen ganz überwiegend moderne Hochzuchtsorten angebaut werden, jeweils beträgt der Nachbau um die 90 Prozent. Im Schnitt wird also gerade alle zehn Jahre neues Saatgut gekauft. Selbst wenn man den Anteil des Saatguts an den landwirtschaftlichen Inputkosten mit nur einigen Prozenten vorsichtig veranschlagt, ergibt sich daraus eine ganz überragende ökonomische Bedeutung des Nachbaus in diesen Ländern.

Verfügungsrechte und internationale Politik

Wie verhalten sich nun gegenüber dieser Entwicklung die internationalen Akteure im Forschungsfeld Landwirtschaft und Biotechnologie? Ich will im folgenden nur drei Akteure betrachten, die wohl zu den wichtigsten in diesem Feld zählen, zum einen das Biotechnologieprogramm der UNIDO, der Organisation der Vereinten Nationen für Industrielle Entwicklung, zum zweiten die Gruppe der Internationalen Agrarforschungszentren (CGIAR), die vorwiegend von der Weltbank und großen Stiftungen finanziert werden, und schließlich die Organisation für Ernährung und Landwirtschaft der UN, die FAO.

Die UNIDO hat ab 1983 ein Programm aufgelegt, daß einen systematischen Transfer der Neuen Biotechnologien unterstützen soll. In Triest (Italien) und Neu Delhi (Indien) wurden zwei Internationale Zentren (International Centres for Genetic Engineering and Biotechnology) gegründet, die selbst Forschung betreiben und zahlreiche Seminare und Schulungskurse für Teilnehmer aller Parteien anbieten sollen. Sozialökonomische oder umweltbezogene Fragestellungen spielen im Programm der Zentren keine besondere Rolle, im wesentlichen wird dort heute nachholende Entwicklung anvisiert, soll dort geforscht werden wie in jedem anderen biotechnischen Forschungsbetrieb der Welt auch (ICGEB 1994). Als Organisation aus dem industriellen Bereich ist die UNIDO seit ihrer Gründung in Technikfeldern aktiv, in denen das Patentrecht unhinterfragbar und z.T. notwendige Bedingung des Technologietransfers war, und so kann es hier kaum überraschen, daß keine Kritik an der Patentierung der biotechnologischen Erfindungen laut wird. Vielmehr zeichnet sich eine Politik ab, die in den UNIDO-Zentren entwickelten Technologien selbst zu patentieren. Anfang 1990 gab ein leitendes Gremium bereits die Empfehlung, die Zentren „sollten eine aktive Politik betreiben, um ihre Forschungsergebnisse zu patentieren“ (GEBM 1990). Etwas befremdlich ist dies vor allem deshalb, weil Indien, Sitz eines der beiden Zentren, in den Verhandlungen der Welthandelsrunde GATT eine Ausweitung des Patentrechts vehement bekämpft hat.

Entscheidender als die Tätigkeiten der UNIDO ist für die internationale Agrarforschung jedoch die Politik der Gruppe der Internationalen Agrarforschungszentren (CGIAR), die inzwischen samt und sonders auch mit biotechnologischen Methoden arbeiten. Bereits Mitte der achtziger Jahre begannen einige Institute der Gruppe, u. a. das kenianische ILRAD-Institut, die Patentierung ihrer Ergebnisse zu betreiben. 1990 schließlich wurde ein erstes Seminar zu Fragen des geistigen Eigentums für die Institute veranstaltet. Im folgenden Jahr wurden gemeinsam vom Beirat der Gruppe Prinzipien entworfen, um die es im Oktober 1991 in Washington zu schweren Auseinandersetzungen kam. Im dort vorgelegten Dokument heißt es, die Zentren sollten selbst Patente beantragen, um Verhandlungsmasse zu schaffen und so die Zusammenarbeit mit dem Privatsektor zu vertiefen. Gleichzeitig wird das Argument der „defensiven Patentierung“ bemüht: Die Patentierung als Schutz, um die Aneignung durch Dritte zu verhindern (CGIAR/TAC 1991) - ein Scheinargument, wäre doch der viel einfachere und sichere Weg, dies auszuschließen, die umfassende Veröffentlichung, dann nämlich mangelte es einem Patentantrag Dritter schlicht an der notwendigen Neuheit.

Inzwischen hat man sich nach zähem Ringen innerhalb der CGIAR geeinigt, selbst keine Patente auf die in den Zentren gelagerten und bearbeiteten züchterischen Materialien anzustreben. Ganz offen bleibt aber bisher noch das Problem, wie der privatrechtlichen Aneignung dieser Materialien durch Dritte entgegengewirkt werden soll und kann. Die gefaßten Beschlüsse werden kaum greifen können, wenn sich die derzeit gängige Rechtsauffassung stabilisiert, nach der natürliche Gene schon dann als „Erfindung“ gelten, wenn sie nur isoliert wurden. Um dies zu verhindern müßten in jedem Einzelfall bei der Abgabe von Proben durch die Zentren Verträge abgeschlossen werden, ein aufwendiges und schwer zu kontrollierendes Verfahren, welches der Pflanzenzüchtung in aller Welt wenig förderlich sein dürfte.

Schließlich bleibt drittens die Landwirtschaftsorganisation der Vereinten Nationen, die FAO zu betrachten. In ihren Gremien sind nicht erst die neuen Biotechnologien Auslöser der Eigentumsdebatte gewesen. Schon seit über zehn Jahren fordern die „Entwicklungsländer" hier einen Ausgleich für die Benutzung ihrer biologischen Vielfalt durch die Pflanzenzüchtung in aller Welt - die Vielfalt der meisten wichtigen Nutzpflanzen kommt bekanntlich aus Ländern, die zu den „Entwicklungsländern" zählen (vgl. Mooney 1983, 1985). Bereits 1983 wurde im Rahmen der FAO eine (rechtlich nicht bindende) Übereinkunft („Undertaking") verabschiedet, in welcher die Ausweitung der geistigen Eigentumsrechte an lebender Materie kritisiert wird. Der Ausweitung des Patent- und Sortenschutzrechts im Norden wurde in der FAO das Prinzip der „Farmers' Rights" gegenübergestellt, der Rechte jener Bäuerinnen und Bauern, die seit unzähligen Generationen bis zum heutigen Tage die Vielfalt der Nutzpflanzen erhalten und erweitern. Mit den Farmers' Rights wird nicht nur eine Unterstützung bei den Erhaltungsaufgaben eingefordert, sie beanspruchen auch ein Recht, der wissenschaftlichen Ergebnisse, die auf Basis der pflanzlichen Ressourcen entstehen, in vollem Umfang teilhaftig zu werden, ganz entsprechend dem Prinzip des „gemeinsamen Erbes der Menschheit", wie es in der Diskussion um die Internationale Seerechtskonvention in den siebziger Jahren geprägt wurde.

Allerdings mangelt es bis heute noch weitgehend an praktikablen und durchsetzbaren Kompensationsmechanismen, wie die Farmers' Rights zu einem Gegengewicht gegen den Haupttrend in Richtung einer Privatisierung der biologischen Vielfalt werden könnten. Auf die Frage, ob und inwieweit der private Saatgutsektor zu Abgaben verpflichtet werden kann (etwa in Form einer Steuer), folgt unvermeidlich die ebenso diffizile Frage, wer über die einkommenden Gelder verfügen soll und wofür, vor allem wie dabei die im Prinzip der Farmers' Rights verankerte Basisorientierung umsetzbar wird. Weder das Prinzip des gemeinsamen Erbes der Menschheit noch das komplementäre Prinzip der nationalen Souveränität bedeuten per se eine Erweiterung von Handlungsmöglichkeiten für die Bäuerinnen und Bauern bzw. ländlichen Gruppen, auf die das Konzept ursprünglich zugeschnitten war.

Genau dies ist aber der springende Punkt. In der neueren Forschung über Agrarkrisen, über Ernährung, und das heißt im

Krisenfall: Nicht- oder Mangelernährung, setzt sich immer mehr die Erkenntnis durch, daß im Zentrum des Problems Verfügungsrechte stehen, sogenannte *entitlements*, wie im angelsächsischen Sprachraum inzwischen der feststehende Begriff lautet. Diesen Begriff, der mir nützlich erscheint, die Frage der Patentierung von Pflanzen theoretisch einzubetten, hat der indische Ökonom Amartya Sen Anfang der achtziger Jahre geprägt, in Abgrenzung zu den gängigen Erklärungsansätzen der Agrarkrisenforschung, die sich vor allem auf die Nahrungserzeugung pro Kopf in einem gegebenen Raum beziehen. Sen und seine Mitarbeiter stellten den demographisch-agrarökonomischen Modellen von Nahrungsmangel die These des *food entitlement decline* entgegen (Sen 1981, Drèze und Sen 1990, 1991). Dieser Ansatz betont den Rückgang der Verfügungsrechte von Bauern und Bäuerinnen über agrarische Ressourcen bzw. ländlicher und städtischer Armutsgruppen über Beschäftigung und Einkommen (und damit im letzteren Falle den Verlust von Kaufkraft zum Erwerb von Nahrungsmitteln). Unter diesem theoretischen Blickwinkel wird die bedeutende Rolle staatlicher Verteilungspolitik ebenso erfaßt wie die außerordentlich unterschiedlichen Zugangsmöglichkeiten innerhalb von Gruppen und Haushalten. Kritischer Faktor der Ernährungssicherheit, so die Grundthese plakativ zusammengefaßt, sind nicht in erster Linie die Ernteerträge. Viel ausschlaggebender mag in den meisten Fällen das Geschlecht sein, das Alter, Vorhandensein und Funktion eines Sozialsystems, die Verhältnisse des Grundbesitzes u. a., Faktoren, die sich als gesellschaftlich bestimmte Verfügungsrechte, entitlements, artikulieren.

Wenn auch zahlreiche historische Einzelstudien mittlerweile eindrücklich die Rolle der Verfügungsrechte belegen, so läßt sich wohl an diesem Erklärungsmodell die Unschärfe, die große Bandbreite der zusammengefaßten Phänomene kritisieren. Für den hier behandelten Zusammenhang der Patentierung in der internationalen Agrarforschung scheint mir der Erklärungsansatz jedoch einen passenden Rahmen anzubieten, denn eben von solchen Verfügungsrechten handelt die Auseinandersetzung um die Patentierung - und die Befürworter der Gentechnik stellen ja selbst gerne immer wieder den Bezug dieser Technologie zur Ernährungslage in aller Welt her, beschwören deren segensreiche Wirkung. Wer darf welches Saatgut verwenden, wie oft darf es verwendet werden, wer hat Ansprüche auf das Ausgangsmaterial?

Die Verfügung über das Saatgut, deren Bedeutung oben deutlich wurde, ist ein Recht, das unmittelbar die erste Ebene der Produktion betrifft, wie die Verfügung über Boden und Wasser. Ebenso kann jede Einschränkung der freien Nutzung und Weiterentwicklung der biologischen Vielfalt nur als ein negativer Faktor in einer Bilanz bäuerlicher entitlements aufgefaßt werden. Daß diese negativen Faktoren durch positive Effekte der Biotechnologie zugunsten der Entwicklungsländer auf der makroökonomischen Ebene auch nur ausgeglichen würden, scheint alles andere als wahrscheinlich. Ganz allgemein wird angenommen, daß jedenfalls die mittelfristigen Auswirkungen der biotechnologischen Umbrüche auf den Weltmärkten gerade für die benachteiligten Regionen neue Schwierigkeiten bringen werden. Insbesondere wird eine Verschlechterung der ökonomischen Situation durch die neuen Biotechnologien dort erwartet, wo ein geringes eigenes Forschungspotential und die hohe Abhängigkeit vom Export weniger Agrarprodukte Hand in Hand gehen, wie etwa bei der Mehrzahl der Staaten des tropischen Afrika (vgl. Junne 1990).

Es zeichnet sich also, wenn man so will, auf sanfte, rechtliche Art eine neue Kolonisierungsphase ab. Zum einen die Übernahme und Kontrolle eines öffentlich erzeugten Forschungsfeldes - von der DNA-Struktur über die Enzymtechnologie bis hin zu den ersten Gentransfers von Cohen und Boyer ist ja die ganze Gentechnik zunächst im öffentlichen Bereich entwickelt worden. Susan George war es wohl, die den Vergleich anstellte, ein ganzes Haus sei öffentlich finanziert gebaut worden und jetzt setzten Privatfirmen das Dach darauf und beanspruchten es dann als ihr Eigentum. Zum zweiten eine Kolonisierung des Lebendigen, der menschlichen Körper und der biologischen Vielfalt weltweit. Der technischen Kontrolle der Nahrungskette, der Reproduktion, des „fetalen Umfelds" usw. folgt die politisch-ökonomische Kontrolle auf dem Fuße. Vorläufige letzte Station in der „Materialschlacht" sind die derzeitigen Verhandlungen um die Ausgestaltung der Konvention über biologische Vielfalt im Umweltprogramm der Vereinten Nationen (UNEP), die jüngst auf der Rio-Konferenz verabschiedet wurde (vgl. Flitner und Leskien 1992). Die Nutzungsrechte der lokalen Bevölkerung in den Zentren der biologischen Vielfalt finden dort im Moment geringe Beachtung, hoch im Kurs stehen dagegen bilaterale „Rohstoffabkommen" vom eingangs erwähnten Typ, in denen einzelne Firmen oder Institute privatrechtliche Exklusivverträge schließen.

Was könnte TA leisten?

Ich habe hier nur ein Wirkungsfeld betrachtet, was die Folgen einer Ausweitung des Patentrechts auf den Bereich der Lebewesen angeht, doch ich denke, schon dieser kleine Ausschnitt macht deutlich, daß eine solch bedenkenlose Expansion, wie sie im Moment geschieht, nicht zu vertreten ist bei einer Betrachtungsweise, die über die Interessensphäre eines Industriesektors hinausgeht. Die in unseren Lebenszusammenhang viel unmittelbarer hereinreichenden Felder Reproduktionsmedizin und Gentechnik am Menschen erlauben kaum ein anderes Urteil, jedenfalls war meine Erfahrung auf mehreren Diskussionsveranstaltungen, daß die überwältigende Mehrzahl der Menschen ein dem technischen Bereich entlehntes, exklusives Verwertungsrecht für den Bereich der menschlichen Natur ganz und gar ablehnt.

Wie steht nun aber die Technikfolgenabschätzung (TA) dieser Entwicklung gegenüber, was kann sie im Bezug auf das diskutierte Problem der Patentierung von Lebewesen leisten? Was müßte sie leisten? Eine Annäherung an diese Fragen will ich anhand eines TA-Verfahrens versuchen, das Ende der achtziger Jahre in den Vereinigten Staaten durchgeführt wurde. Das dort beim Kongress angesiedelte Büro für Technikfolgenabschätzung (Office of Technology Assessment, OTA) erstellte 1988 einen Bericht zur Frage der Patentierung, den ich, ausgehend von meiner Fragestellung, kurz vorstellen will.

Ganz im Sinne der TA-Ideale Aktualität und Entscheidungsorientierung war Ausgangspunkt dieser Studie der damalige Streit in den USA um die Patentierung von Tieren, wie er derzeit auch vor dem Europäischen Patentamt in München ausgetragen wird. Im April 1987 war vom Board of Appeals and Interferences, der Berufungskammer des amerikanischen Patentamts, entschieden worden, daß bestimmte polyploide Austern patentierbar seien, da es sich bei ihnen um in der Natur nicht vorkommende „Erzeugnisse“ oder „compositions of matter“ handele. Das beantragte Patent war zwar dennoch wegen mangelnder erfinderischer Höhe abgelehnt worden, da, wie es hieß, das Verfahren der Polyploidisierung bekannt gewesen sei. Wenige Tage später aber hatte der Präsident des US-amerikanischen Patentamts nochmal in einer Stellungnahme deutlich gemacht, daß mit dem getroffenen Entscheid Tiere in Zukunft im Prinzip patentfähig seien.

Ein Sturm der Entrüstung folgte und so wurde zunächst ein Moratorium in der Frage der Tierpatente bis Ende des Jahres 1987 verkündet, während dessen Dauer Auseinandersetzungen in Repräsentantenhaus und Senat zu einer Reihe von Gesetzentwürfen führten, unter anderem auf Initiative von Al Gore, dem jetzigen US-Vizepräsidenten. In dieser Situation wurde das OTA beauftragt, einen umfassenden Bericht zur Frage der Patentierung von Lebewesen anzufertigen. Noch während der Bericht entstand, wurden allerdings weitere Fakten geschaffen - im April 1988 wurde mit der berühmten Harvard-Krebsmaus erstmals in der Geschichte ein Säugetier patentiert.

Wie ging das OTA bei seinem Bericht (OTA 1988) vor? Drei Elemente bestimmten die durchaus typische Vorgehensweise. Erstens verfertigten die ständigen Mitarbeiter des Büros einen Literaturbericht, in dem zusammengefaßt wird, was bisher zu der Frage erschienen ist. Zweitens wurde ein Workshop veranstaltet, auf dem mehrere Interessengruppen ihre Standpunkte kundtun konnten: Naturwissenschaftler, VertreterInnen des Patentamts und verschiedener Behörden, der Lobbyverband der Biotech-Industrie (Industrial Biotechnology Association, IBA) und schließlich der Bauernverband (American Farm Bureau Federation). Für diesen Workshop wurden drittens insgesamt fünf Auftragsstudien vergeben: Zwei zum Thema Pflanzen wurden von Patentkanzleien erstellt, eines von der Hinterlegungsstelle für patentierte Mikroorganismen (American Type Culture Collection, ATCC), eines zu ethischen Fragen vom medizinischen College in Houston und schließlich schrieb ein ausgewiesener Befürworter der Patentierung (W. Lesser von der Cornell University) über deren ökonomische Effekte.

Wenn wir uns diese Liste betrachten, so sehen wir da einen sehr eingeschränkten Kreis, eine ganz ähnliche Allianz, wie sie auch das Advisory Panel, den Beirat der ganzen OTA-Abteilung für die neuen Entwicklungen der Biotechnologie, bestimmt: Wissenschaftler aus einschlägig interessierten Kreisen, darunter sehr wenige Kritiker, die Wissenschaft insgesamt sogar noch in der Minderzahl gegenüber Vertretern der Privatindustrie, soweit sich das in den USA noch trennen läßt. Um es in Zahlen auszudrücken: Von 22 Personen im Beirat sind 11 aus der Wirtschaft bzw. Lobbyverbänden, 9 von Universitäten oder Kliniken, unter den letzteren ein ausgewiesener Kritiker der Biotechnologie (S. Krimsky) und schließlich zwei externe Vertreter aus Japan und der EG. Aus der EG war das damals Mark Cantley von der Concertation Unit for Biotechnology in Europe (CUBE), ein Brüsseler Gentechnik-Lobbyist, mittlerweile in Diensten der OECD.

Zu welchen Schlüssen kommt nun der Bericht? Im wesentlichen lenkt er von der Gesamtentwicklung ab und kommt zu dem Schluß, daß keine grundsätzlich neue Frage durch die Patentierung von Tieren aufgeworfen werde. Die Zuspitzung auf die Frage der Tiere scheint zwar zunächst dem Anlaß der Studie gemäß akzeptabel. Andererseits wird dadurch dem Kontext, in dem diese Spezialfrage steht, kaum noch Rechnung getragen. Die grundsätzliche Frage der Patentierung von Lebewesen wird so schon in dem Moment, als sie zum ersten Mal für die Politik inhaltlich aufgearbeitet wird - das patentierte Bakterium ist gerade 7 Jahre alt - nicht mehr als prinzipielle Frage angesehen. Jenseits der Tierpatentierung wird gewissermaßen nur über Geschichte berichtet, umfassende Alternativen werden nicht diskutiert.

Mehrere Ebenen der Betrachtung gehen in dem OTA-Report völlig verloren, am krassesten gilt dies für die gesamte internationale Dimension der Frage, auf die ich hier den Schwerpunkt gelegt habe. Die US-Handelspolitik, die zur Zeit der Studie dem Patentrecht anderer Staaten außerordentliche Bedeutung beimißt und, wie oben angedeutet, zu sogenannten Vergeltungsmaßnahmen der USA gegen Länder wie Brasilien und Thailand führte, bleibt ganz tabuisiert. Ebenso wird auf die aktuelle patentkritische Debatte in der FAO fast nicht eingegangen, und dies obwohl zur gleichen Zeit die US-Delegation in Rom fieberhaft verhandelt und versucht zu verhindern, daß sich die erwähnte Übereinkunft der FAO auch auf Zuchtlinien bezieht.

Dies mag beides noch verständlich sein durch die Auswahl der wenigen kritischen Stimmen in dem TA-Prozeß. Da diese hauptsächlich aus Kreisen der Agraropposition kommen (z. B. der Wisconsin Farmers Defense Fund), haben sie selbst ein nicht gerade kritisches Verhältnis zu allen Arten von Protektionismus, und genau damit drohen ja die USA nach ihrem Handelsgesetz. Zudem ist in Kreisen der Landwirtschaft bekanntlich auch das

Interesse am Wohlergehen der Landwirtschaft in den Ländern des Südens begrenzt. Befremdlich bleibt aber dennoch, daß auch die Frage des Nachbaus in dem Bericht weitgehend ausgespart bleibt, die doch die landwirtschaftlichen Betriebe in den Industriestaaten gleichermaßen trifft. Der Begriff Landwirteprivileg (farmers exemption) selbst kommt nicht einmal im ansonsten sehr ausführlichen Index des 200-Seiten Reports vor, und in der Zusammenfassung des Pflanzenteils heißt es lapidar: „Der Report beschäftigte sich nicht mit dem Landwirteprivileg, auch wenn es offenbar weitverbreitete Unzufriedenheit in der Industrie mit der Bestimmung gibt. Andererseits würde ein völliges Verbot des Nachbaus die Bauern 500 Mio US$ jährlich kosten.“ In dem 20-seitigen Executive Summary, das erfahrungsgemäß allein die Politikstäbe erreicht, werden diese Fragen dann noch zurückhaltender behandelt.

Schließlich ist die zweite große Lücke in dem Bericht, daß kein Wort über die Patentierung von Teilen, Genen usw. des Menschen darin vorkommt. Diese Entwicklung war zum gegebenen Zeitpunkt bereits klar abzusehen, denn entsprechende Anträge lagen damals bereits dem US-Patentamt vor. Gleichwohl ist es nur zu verständlich, daß hier eine ohnehin sensibilisierte Öffentlichkeit nicht noch weiter beunruhigt werden sollte und der Bericht sich gerne dieser Frage entledigt.

Was heißt das nun über die Möglichkeiten und Grenzen von TA, oder bescheidener: von TA an dieser Frage? Zunächst einmal sehen wir hier, daß Technikfolgenabschätzung in ihrer institutionalisierten Form wie so oft ihren eigenen Ansprüchen nicht gerecht werden kann, was die Ideale frühzeitig und umfassend angeht. Die dargestellten Auslassungen sind in diesem Fall nicht nur fragwürdig, sie verweisen zudem auf ein grundsätzliches Problem der TA bei Konflikten, die bereits in der politischen Auseinandersetzung zu relativ eindeutigen und ausdifferenzierten Positionen geführt haben. Schon die Auswahl der Fachleute, die meist verschiedenen Lagern zugeordnet werden können, wird zum Politikum, das das Ergebnis der Analyse entscheidend vorherbestimmt. Welche Seite bekommt welche Studien, wieviele Experten, wieviel Raum? Wer wird überhaupt nicht gehört, wer macht das „Design“ der Untersuchung?

Die vorliegende Studie zeigt eine doppelte strukturelle Vorgabe: Zum einen die Vorherrschaft des wissenschaftlich-industriellen Komplexes unter den Durchführenden der TA. Je mehr über Drittmittelforschung, Privatisierung, Patentierung an den Universitäten usw. dieser Komplex geschaffen wird, umso weniger sind Wissenschaftler noch in der Lage, unabhängig zu denken, gesellschaftlich wünschenswerte Lösungen zu formulieren. In diesem Fall ist das Thema geradezu selbstbezüglich: Die Zusammensetzung der OTA-Gruppe aus Wissenschaft und Industrie ist Ergebnis eben des Prozesses, der auch zur Durchsetzung des Patentrechts im Bereich der Biotechnologie führte und der hier beurteilt werden soll.

Dieses Interessen-Geleitetsein ist nun nichts Neues und sollte nicht ein prinzipielles, theoretisches Problem für TA sein. Es ist dann nicht einfach zu beheben, wenn es Expertisen gar nicht mehr außerhalb des Interessensbereichs gibt. Die Leute aus den Umweltbehörden kennen dieses Problem von verschiedenen Bereichen der industriellen Produktion her, daß die einzigen, die sich bei den Verfahren noch auskennen, die Bediensteten der Firmen sind und eine Behörde mithin einfach auf deren Rat angewiesen ist, um beurteilen zu können, was möglich ist und was nicht. Ihr selbst fehlen die Kapazitäten, in diesen Sektoren wissenschaftlich zu arbeiten und produktionsrelevante Daten werden wenig veröffentlicht. Für den vorliegenden Fall trifft dies aber keineswegs zu. Eine ganze Reihe von WissenschaftlerInnen, vorwiegend aus der Agrarsoziologie, hat sich zu den Auswirkungen der Patentierung von Lebewesen auf den Agrarbereich ausgiebig geäußert, ohne daß sie hier berücksichtigt worden wären (M. Kenney, J. Kloppenburg, F. Buttel u. a.).

Ein zweites Problem, eine zweite strukturelle Vorgabe, die mir noch grundlegender scheint, ist das Zerlegen eines Problems in „Normalwissenschaften“, d. h. in Wissenschaften, die selbst jeweils relativ starr an Standards von Verfahren, Fragestellungen etc. gebunden sind. Das bedeutet zum einen, daß diese Wissenschaften jede für sich schon eine strukturell gleichbleibende Sicht immer wieder erneuern, was die untersuchten Bereiche betrifft. Die TA steht in Gefahr, diesen Kanon auf höherer Ebene zu wiederholen. Bekannt und beliebt ist etwa die grundlegende Aufteilung in soziale Folgen, ökologische Folgen und ethische Folgen, wie sie der OTA-Bericht zur Patentierung einmal mehr aufnimmt. Je EinE VertreterIn aus der Soziologie, aus der Biologie, aus der Wirtschaft - Moraltheologie dazu und fertig ist der Brei. Daraus folgt nicht unbedingt eine interdisziplinäre Durchdringung des Problems, sondern bestenfalls eine Art Multidisziplinarität, die ganz verschiedene Probleme strukturell gleich abbildet. Fällige Entscheidungen spiegeln dann in aller Regel die ökonomischen „Sachzwänge“ wieder, versehen mit ethischen Fußnoten gegen die vermeintlichen Auswüchse.

Von vornherein korrespondieren die unterschiedlichen Wissenschaften tatsächlich oftmals nur mäßig miteinander, sie haben unvergleichbare Einheiten. Am Beispiel eines Staudammbaus wurde einmal beispielhaft gefragt: Wie verrechnet man eine Eisvogelbrutstätte gegen 50 Megawatt? Diese Tendenz zur Vermittlungsunfähigkeit wird noch verstärkt, wenn grundsätzlich vorwiegend anerkannte Fachwissenschaftler, Vertreter des „mainstreams“, zum Zuge kommen. Denn kritische Hinweise, so schreibt ein erfahrener TA-Autor, „sind neben wirtschaftlich nachteilig Betroffenen nach unserem Erfahrungen von Gruppen zu erwarten, die beruflich außerhalb des betrachteten Technikfeldes stehen: Philosophen, Nonkonformisten oder Journalisten mit breitem Erfahrungshorizont“ (Jochem 1986:107). Ich bin überzeugt, daß das auch für den von mir diskutierten Fall der OTA-Studie zur Patentierung von Lebewesen gilt. Einer Gruppe aus Wirtschafts- und Wissenschaftsjournalismus hätte nicht an den größeren politischen Bezügen vorbeigekonnt, hätte die neue Phase der Naturverwertung klarer benennen können als Wissenschaftler und Patentrechtler und hätte damit die politischen Fragen zumindest aufgeworfen.

Was heißt das praktisch für Technikfolgenabschätzung? Wenn, wie im Fall der Patentierungsfrage, nicht ein Mangel an rationalem Diskurs den Kern des Problems bildet, sondern vielmehr großenteils bekannte Argumente auf sehr eindeutige Interessenlagen treffen, wird die TA zum überflüssigen Spiegel der gesellschaftlichen Verhältnisse. Jenseits der Akzeptanzbeschaffung kann es in diesen Fällen ihre Aufgabe wohl nur sein, einen übergeordneten wissenschaftskritischen Lernprozeß zu organisieren. Aber auch in den Fällen, wo es sich nicht um die drapierte Auseinandersetzung um politisch-ökonomische Machtfragen handelt, kann TA nur dann produktiv werden kann, wenn sie die Fachgrenzen überschreitet und gleichzeitig innerhalb der Fächer nicht nur auf die anerkannten Mehrheitspositionen baut. Im Gegenteil müßten gerade dann Minderheitenpositionen, ich will sie einmal etwas hochgestochen „Paradigmenbrecher“ nennen (vgl. den Beitrag von Hohlfeld in diesem Band), ausgiebig zum Zug kommen, die scheinbar abseitige Aspekte und Sichtweisen einbringen. Dies wäre um so eher zu realisieren, wenn es sich, wie im Hamburger Fall, vom Ort der Institutionalisierung her weniger um konkrete Entscheidungsberatung handeln kann, als um die Organisierung kritischer wissenschaftlicher Denkanstöße. Ich denke, daß hier solch ein querliegender Prozeß organisiert werden muß, der in Forschung und in der Lehre andere Sichtweisen zuläßt, sie geradezu heraufbeschwört. Notwendig gehört dazu die Einbeziehung von gesellschaftlichen Gruppen außerhalb des Wissenschaftsfeldes.

Literatur

BELCHER, B., HAWTIN, G. (1991): A Patent on Life. Ownership of Plant and Animal Research. Ottawa.

BUNDESVERBAND DER DEUTSCHEN PFLANZENZÜCHTUNG (BDP) (1991): Jahresbericht 1990. Bonn.

CGIAR/TAC (1991): CGIAR Programme on Plant Genetic Resources: Some System-wide Issues. Washington.

DRÈZE, J., SEN, A. (1990,1991) (Hg.): The political economy of hunger. Vol. 1-3. Oxford.

FLITNER, M., LESKIEN, D. (1992): Weltweiter Schutz und Patentschutz der biologischen Vielfalt? In: Wechselwirkung 14, H.2, S. 28-31.

GILL, B. (1991): Gentechnik ohne Politik. Frankfurt, New York: Campus

GROOSMAN, T. et al. (1991): Seed industry development in a north/south perspective. Wageningen: PUDOC

ICGEB (1994): ACTIVITY REPORT 1993. WIEN: UNIDO

JOCHEM, E. (1986): Hilfen und Irrtümer beim Rückgriff des Prognostikers auf die Vergangenheit. In: Dierkes, M. et al. (Hg.): Technik und Parlament. Technikfolgenabschätzung: Konzepte, Erfahrungen und Chancen. Berlin, S. 93-114.

JUNNE, G. (1990): Biotechnologie und nicht-industrialisierte Länder. In: Albrecht, S. (Hg.): Die Zukunft der Nutzpflanzen.

Biotechnologie in Landwirtschaft und Pflanzenzüchtung. Frankfurt, New York: Campus, S. 72-82.
KENNEY, M. (1986): Schumpeterian innovation and entrepreneurs in capitalism. A case study of the US biotechnology industry. In: Research Policy 15, S. 21-31.
LESKIEN, D. (1992): Patente auf die Gentechnik. Zum Vorschlag für eine EG-Richtlinie über den rechtlichen Schutz biotechnologischer Erfindungen. In: IUR 4, 1992, S. 207-211.
LUKES, R. (1990) Rechtsetzung als wirtschaftlicher Faktor - die Folgen einer Dominanz des Patentrechts über den Sortenschutz. In: Albrecht, S. (Hg.): Die Zukunft der Nutzpflanzen. Biotechnologie in Landwirtschaft und Pflanzenzüchtung. Frankfurt, New York: Campus, S. 83-95.
MOONEY, P. R. (1983): The law of the seed. In: Development Dialogue 1-2, 1983.
OTA (1988): Patenting Life. Washington: Office of Technology Assessment
SEN, A. (1981): Poverty and Famines. An Essay on Entitlement and Deprivation. Oxford: Oxford University Press
WIJK, J.v. (1991): Diminishing national sovereignty in intellectual property protection: enforced global recognition of patents in biotechnology. Nairobi Symposium Papers June 1991.

Zur Rückholbarkeit des Rückkanals: Gedanken zu Medientechniken und Technikfolgenabschätzung

HANS J. KLEINSTEUBER

Es erscheint nachgeradezu erstaunlich, wie selten bisher Medientechniken als Gegenstand sozialwissenschaftlicher Analyse problematisiert wurden. Dabei demonstrieren sie in ganz besonderer Weise, wie sehr die menschliche Fähigkeit, Artefakte und technologische Systeme herzustellen und ökonomisch zu nutzen, in Gegensatz zu seiner begrenzten Fähigkeit gerät, die Folgen dieses Tuns erträglich zu gestalten (Böhret 1990: 19). In den letzten zwanzig Jahren hat sich die Medienlandschaft unzweifelhaft fundamental geändert, was wesentlich als Konsequenz neuer Medien(techniken) zu sehen ist; wenn auch andere Prozesse eng damit verknüpft waren, insbesondere die Einführung des kommerziellen Fernsehens.

Dieser Artikel stellt sich im Kontext der Technikfolgen-Problematik zwei Aufgaben. Zum Ersten soll erörtert werden, warum in der deutschen Wissenschaftstradition das Interesse und damit das Analysevermögen in Sachen Medientechnik vergleichsweise gering ausgebildet ist - gerade im Gegensatz zu nordamerikanischen Ansätzen. Zum zweiten wird am Beispiel der Kontroverse um die Verkabelung und der daraus resultierenden Pilotprojekte die politische Funktionalisierung der Wissenschaft beschrieben, konkretisiert am ‘Rückkanal’. Diese Pilotprojekte gelten auch als die bisher einzige Abweichung von der These eines eher geringen Wissenschaftsinteresses an Medientechnik; sie sollten nicht zuletzt der Abschätzung von Technikfolgen dienen. Kritische Anmerkungen zur eher ruhmlosen Rolle der sozialwissenschaftlichen Medienforschung im Bereich Technik beenden die Darstellung.

Medien und ihre Technik

Massenmedien sind schon per definitionem ohne Technik nicht denkbar. Eine typische Definition von Massenkommunikation lautet, daß sie den Prozeß beschreibe, „durch den spezialisierte soziale Gruppen *technologische* Vorrichtungen anwenden, um symbolische Inhalte an ein großes, heterogenes und weit verstreutes Publikum zu verbreiten“ (Silbermann 1982: 289, Hervorhebung durch mich). Massenkommunikationsmittel unterscheiden sich von anderen Kommunikationsformen, insbesondere der oralen Kommunikation, durch die Zwischenschaltung von Techniken, die Zeit und Raum transzendieren.

Massenmedien sind ein Schlüsselbestandteil des technischen Zeitalters, ihre Anfänge liegen am Beginn der Neuzeit. Als frühestes Massenmedium gilt gemeinhin die im 17. Jahrhundert entstandene Zeitung, welche die von Gutenberg zur 'Serienreife' geführte Drucktechnik mit der periodischen Publikation kurzer, an große Leserschaften adressierter Druckwerke verband (Koszyk 1987; Eisenstein 1979). Zeitungen und Zeitschriften werden heute nach der Art ihrer technischen Herstellung mit dem Anglizismus Printmedien etikettiert. Unter Einsatz der Drucktechnik wurden Informationen reproduzierbar und erlaubten damit ihre weite Verbreitung. Ebenso konnten Informationen, gebannt auf Papier, gespeichert werden, wurden damit eine Art vom Menschen abstrahierendes 'Gedächtnis' und veränderten entscheidend die Zeitdimension; wegen der weiterhin bestehenden Schwerfälligkeit des Nachrichtentransports per Papier waren die Veränderungen durch frühe Printmedien in der Raumdimension eher gering.

Dies änderten die elektronischen Medien, sie begannen mit einer anderen technischen Erfindung, dem Morsetelegraphen von Samuel Morse 1838. Diese Technik ermöglicht die zeitlose Überwindung großer Distanzen und unterwarf damit den Raum erstmals einem technischen Imperativ. Nur wenige Jahre nach Bekanntwerden dieser Erfindung entstanden die ersten Nachrichtenagenturen (nach der Technik genannt: Wire Agencies), die Informationen über große Distanzen transportierten. Nachdem die drahtgebundene Nutzung des elektromagnetischen Sendespektrums beherrscht wurde, kam mit dem Ende des 19. Jahrhunderts die drahtlose Radio-Telegraphie auf. Aus der drahtgebundenen Telegraphentechnik entstanden über die Jahre Telephon, Kabelfernsehen und Computernetze. Aus der drahtlosen 'Funk'technik erwuchsen, nachdem man das Publikum 'rundum' als Adressaten entdeckt hatte, der heutige 'Rund'funk (wiederum ein technischer Terminus), also die terrestrische Ausstrahlung von Hörfunk und Fernsehen, dazu die Satellitenübertragung und der Mobilfunk.

Wird die technische Basis aller Massenmedien in der bundesdeutschen Kommunikationswissenschaft adäquat rezipiert? Gehen wir von der oft gerühmten sog. Lasswell-Formel aus, die zwar nicht unumstritten ist, dennoch ein akzeptables Orientierungsgerüst darstellt (Bentele 1984; Hadorn/Cortesi 1985). Sie gliedert den Kommunikationsprozeß in folgende Bestandteile:

Wer	(Sender)	Kommunikatorforschung
sagt was	(Botschaft)	Aussagen-/Inhaltsanalyse
in welchem Kanal	(Kanal)	Medienforschung
wem	(Empfänger)	Rezipientenforschung
mit welchen Wirkungen?	(Reaktion)	Wirkungsforschung

In der Lasswell-Formel kommt Technik begrifflich eigentlich mehrfach vor, in Form der Termini Sender, Kanal und Empfänger. Kein Wunder, denn sie überträgt Vorstellungen einer technisch vermittelten Kommunikation in die Kommunikationswissenschaft - was man ihr auch zum Vorwurf machte (Schulz 1989: 101).

Geht man freilich in die zugeordneten Forschungsfelder hinein, so löst sich deren technischer Ursprung wieder auf, geht jeder Bezug zu technischen Strukturen verloren. Die Kommunikatorforschung beschäftigt sich z. B. mit den Sinnproduzenten, etwa den Journalisten, die Rezipientenforschung mit den Adressaten der Information, etwa den Zuschauern. Auch hinter dem Begriff des Kanals verbirgt sich eher die Frage nach der inneren Organisation oder Struktur des Mediums, etwa Presseverlag oder Rundfunkanstalt. Dabei ist der technisch-materielle Aspekt des Terminus Kanal offensichtlich: "Die Kanäle sind Leitungen zu unseren Sinnesorganen: Zum Auge führt der visuelle Kanal, zum Ohr der akustische..." (Hadorn/Cortesi 1985: 23). Verfolgen wir die sprachliche Seite der Kommunikationswissenschaft weiter, so bleibt festzustellen, daß sie sich ständig weiterer technischer Termini bedient (z. B. wird der zitierten Lasswell-Formel häufig vorgeworfen, ihr fehle der Aspekt der 'Rückkopplung'), ohne daß der ständige Rekurs auf Technik reflektiert erscheint. Technik durchdringt die Begrifflichkeit, geht aber in den hergestellten Bezügen verloren.

Definitorisch, so scheint es, wird die technische Seite der Medien verleugnet - sie spielt auch sonst in der sozialwissenschaftlichen Kommunikationsforschung nur eine untergeordnete Rolle. Die technische 'Hardware' der Medien, die Satzcomputer, Druckmaschinen, Senderstudios, Antennen, Satelliten, Empfangsgeräte etc. werden selten thematisiert. Dafür sind, so scheint es, die technischen Disziplinen zuständig, etwa die Hochfrequenzphysik oder die Nachrichtentechnik. In einem der seltenen, für Nicht-Techniker geschriebenen Texte zur Medientechnik stellt der Autor einleitend fast resignativ fest, es gebe „kaum verwendbare Literatur zur Technik aller Medien. Die vorhandenen Nachschlagewerke sind entweder für Kinder oder für Elektroniker bzw. Physiker geschrieben“ (Geretschläger 1983 7).

Sicherlich macht uns Sozialwissenschaftlern die moderne Medientechnik den Zugang nicht leicht. Früher funkte ein Sender tatsächlich. Heute gilt, daß speziell die materielle Seite des Rundfunks in hohem Maße abstrakt und miniaturisiert auftritt. Während man die Leittechniken der frühen Industrialisierung, wie die Dampfmaschine, in Erscheinung und Funktion noch visuell 'durchschauen' und physisch 'begreifen' konnte, sind wir bei der Funktechnik auf Schaltbilder, abstrakte Verdrahtungspläne oder kaum sichtbare Muster auf winzigen Microchips angewiesen. Hieber spricht in diesem Zusammenhang von der „Unmöglichkeit der Faßbarkeit rundfunktechnischer Vorgänge in gewohnheitsmäßig-anschaulichen Begriffen, welche alle, die nicht die Prinzipien der ihnen zugrunde liegenden fachwissenschaftlichen Praxis beherrschen, von einem begreifenden Zugang ausschließt“ (Hieber 1983 203). Wenn heutige Technik viel von ihrer früheren Konkretheit verloren hat, so erhöht es eher noch die Verantwortung des Wissenschaftlers, sich vor einer öffentlichen Äußerung über ihren Charakter gründliche Kenntnisse anzueignen.

Hardware und Software der Medien

Sozialwissenschaftliche Kommunikationsforschung, so wurde hier behauptet, interessiert sich vorrangig für die Inhalte der Medien, für die Texte und Programme, deren Verbreitung, Rezeption und Wirkung sowie für ihre Produzenten, die Kommunikatoren, also - wenn man so will - für den 'Software'-Aspekt der Medien.

Dabei erscheint es konstitutiv, daß - genau wie bei Computern - ein Massenmedium immer eine Verbindung von materieller Hardware mit immaterieller Software eingeht: Beide kommen als unauflösbare Einheit daher. Anders ausgedrückt: Ohne eine technische Struktur als Vorleistung ist keine journalistische Arbeit möglich. Schaut man z. B. in die Geschichte der Boulevardzeitung, so stellt man fest, daß sie so sehr ein Ergebnis der jeweils verfügbaren Drucktechniken war - Dampf-, später Rotationsdruck, Bilderdruck, Farbdruck etc. - wie das Produkt von journalistischen und Marketing-Innovationen.

Der Zusammenhang zwischen Hardware und Software der Medien wird schon auf der sprachlichen Ebene deutlich: Viele der in der deutschen Sprache verwandten Begriffe zu Medien sind ambivalent, können also je nach Einsatz eine der beiden Ebenen bezeichnen. Die Zeitung ist gleichzeitig ein Produkt von Papier und Druckerschwärze, also Hardware (in den New Yorker Obdachlosenzeitungen wird betont, daß sie sich hervorragend zur Wärmedämmung eignen) wie auch eine Sammlung aktueller Nachrichten, die in der Frühzeit der Druckmedien gleichfalls Zeitung hießen. Eine der ersten deutschen Tageszeitungen, erschienen ab 1650 in Leipzig, nannte sich 'Einkommende Zeitungen'. Präziser ist hier - wie übrigens häufig - die englische Sprache, die die Doppelnatur der Zeitung eindeutig ausdrückt: Im Begriff 'newspaper' steckt die Hardware (paper) ebenso wie die Software (news).

Diese zu beobachtende Ambivalenz speziell der deutschen Sprache gilt auch für andere zentrale Medienbegriffe: Das Radio bezeichnet gleichermaßen ein Empfangsgerät (Hardware) wie ein Programmangebot (Software). Auch dies eine Ambivalenz, die Angelsachsen so nicht akzeptieren, für sie wäre es ein 'radio receiver' oder ein 'radio programme'. Es scheint, daß unsere Sprache schon auf der semantischen Ebene ermöglicht, so zu tun, als redeten wir über Technik, wo wir nur deren Anwendung meinen. Die deutsche Sprache kaschiert offensichtlich besonders gut die faktische Technik-Ignoranz der mit ihr Hantierenden.

Die 'neutrale' Technik

Die Trennung von Hard- und Software ist nicht nur ein Problem von Sprache und wissenschaftlicher Zuordnung, sie durchdringt zutiefst unsere Art, über Technik und deren gesellschaftliche Nutzung zu denken. Mit ihr ist eng die Vorstellung verbunden, daß die jeweilige Technik (Hardware) neutral sei, mithin auch kein spezifischer Gegenstand sozialwissenschaftlicher Erforschung sein müsse. Die technische Hardware wird quasi fertig und unabänderlich von den Ingenieuren (ausgebildet an den Technischen Hochschulen) angeliefert, erhält ihre Software-Qualität aber erst durch die gesellschaftliche Entscheidung über die Art ihrer Nutzung, an der Politiker und auch Wissenschaftler beteiligt sein können (letztere kommen dann aus den Sozial- und Geisteswissenschaften).

Konsequenz dieser Denkweise ist, daß die Entscheidung über den gesellschaftlichen Einsatz der Technik und ihren Einsatz in jedem Fall in der Domäne von Politik und Wissenschaft erfolgt, hier finden wir die 'Herren' über die Anwendung. Idealtypisch wird die Grundsatzentscheidung von den (Medien-)Politikern getroffen - der Sozialwissenschaftler steht ihnen beratend zur Seite. Dieses Bild einer an sich unschuldigen Technik mag in den letzten Jahren seine Blessuren im Bereich der Atom- oder Gentechnologie erhalten haben, im Bereich der Medientechnik lebt es kaum eingeschränkt weiter.

Bei aller Ambivalenz der Sprache wird auch die Technik als ambivalent interpretiert. Ein Musterbeispiel für diese vorherrschende Einschätzung gab uns der ehemalige Ministerpräsident von Baden-Württemberg, Lothar Späth, in seinem Buch zum Kabelfernsehen: „Wie jede Technik ist auch die Informationstechnik ambivalent. Es gilt deshalb ihre Vor- und Nachteile gegeneinander abzuwägen. Technik liefert einerseits das wohltemperierte Wohnzimmer, die schmerzlose Operation, den materiellen Wohlstand und die soziale Sicherheit; Technik liefert aber andererseits auch die neue Autobahntrasse, die Tankerkatastrophe und die Lärmbelästigung in unseren Städten" (Späth 1981 12). Man sollte die Meinung eines technikunkundigen Spitzenpolitikers (oder seines Ghostwriters) nicht zu ernst nehmen, erschiene dieses Zitat nicht repräsentativ für weitverbreitete Einstellungen in unserem Lande. Schließlich sehen es Erfolgspolitiker als zentrale Aufgabe, dominierende Einschätzungen stellvertretend, quasi populistisch für die Bevölkerung zu artikulieren. Späths Äußerungen würden wahrscheinlich auch große Mehrheiten der Deutschen zustimmen.[1)]

Die Folgen dieser Leitvorstellungen von Technik sind weitreichend. Technik an sich ist weder gut noch schlecht. Beruhend auf einem dezisionistischen Grundverständnis wird die zentrale Entscheidung über Wohl und Wehe einer Technik der Politik zugewiesen. Politiker entscheiden letztlich, im Idealfall beraten von Wissenschaftlern, über deren 'Sozialverträglichkeit' (vgl. etwa das Programm Sozialverträgliche Technikgestaltung in Nordrhein-Westfalen: von Alemann/Schatz 1987). Die Gestalter der technischen Hardware in den Elektronikunternehmen und die Betreiber der Technik, etwa bei der Post, treten bei dieser Sichtweise in den Hintergrund; Technikgenese konnte so auch kein Thema der Medienwissenschaft werden. Der Politiker mit seinem Omnipotenzanspruch behauptet nicht nur eine gesellschaftliche Gestaltbarkeit der Technik, er fordert sie auch für sich ein. Späth sagte hier nicht nur etwas über die Kabeltechnik, er beanspruchte auch, daß die Entscheidung über deren Einsatz in seinen Einfluß- und Machtbereich zu fallen habe. Wo Politiker sonst gern auf die Grenzen ihrer Entscheidungsmöglichkeiten hinweisen, haben sie sich in der Medienpolitik bisher immer vorgedrängelt. (Die Gründe dafür liegen nun keineswegs in der Technik, sondern eher in dem Interesse aller Regierenden, ein gutes und kontrollierbares Ver-

1) Das Zitat ist noch aus einem anderen Grunde aufschlußreich: Es stammt aus Späths Buch: Das Kabel - Anschluß an die Zukunft. Auch hier unverkennbare sprachliche Ambivalenzen: Im Titel wird das Kabel schlagwortartig seiner angeblichen Neutralität entkleidet und als unverzichtbare Zukunftstechnologie proklamiert. Wen wundert, daß die Bundespost wenige Jahre später diesen zugkräftigen Slogan übernahm und für ihren Kabelanschluß in farbigen Broschüren, eingerahmt von glücklich lachenden Menschen, mit derselben Formel warb: 'Der Anschluß an die Zukunft' (Bundespost 1985).

hältnis zu den Medien zu haben - immer mit scheelem Blick auf die nächste Wahl.)

Dem bei uns herrschenden Verständnis folgend, fügt die Politik einer allen gesellschaftlichen Lösungen offenen Hardware eine gesellschaftlich bestimmbare Software zu. Tatsächlich bilden, so das Argument hier, Hardware und Software eine Einheit, sie sind lediglich zwei Seiten des einen Mediums. Eng damit verbunden ist der Sachverhalt, daß wesentliche Nutzungsmöglichkeiten technisch vorgegeben sind, also der politischen Entscheidung faktisch entzogen. Technik an sich kann 'demokratisch' oder 'autoritär' sein, wie es Mumford eindrücklich entwickelt hat (Mumford 1980).

Die Gestaltungsmacht der Technik wird verdrängt

Die Verdrängung der mit dem 'teutonischen' Denkmodell verbundenen Gestaltungsmacht von Technik hat bei uns eine lange Geschichte. Schon der deutsche Idealismus behauptete den Vorrang des Geistigen (Gott, Idee, Begriff) vor der Materie. Diese Trennung setzte sich im Hochschulwesen fort, wo die 'harten' technikwissenschaftlichen Fächer (in der Technischen Hochschule) institutionell streng von den 'weichen' geisteswissenschaftlichen (in der Universität) getrennt wurden.

Umfang und politische Bedeutung dieser Teilung, die bis zur Verdrängung wurde, sollen am Beispiel Post/Telekom und ihrer Rolle im Rundfunk verdeutlicht werden. In der derzeitigen Aufteilung der Funktionen zwischen einerseits der Post/Telekom auf Bundesebene und ihrer Sendehoheit (Hardware) und zum anderen den Rundfunkanbietern auf Länderebene mit ihrer Programmhoheit (Software) reproduziert sich die beschriebene Zweiteilung.

Bis heute kultiviert die Post die Vorstellung einer medienpolitischen Neutralität als Resultat ihrer Begrenzung auf Übertragungstechnik. Erst bei genauem Hinsehen erschließt sie sich als zentraler rundfunkpolitischer Akteur, etwa während der Einführung des Hörfunks anfangs der 20er Jahre oder auch bei den Erprobungen des Fernsehens in den Jahren der Nazi-Herrschaft. Kaum wurde das Postministerium 1982 von einem Christdemokraten übernommen, fanden seine Ingenieure in der Bundesrepublik eine Fülle ungenutzter Sendefreqenzen, deren Existenz sie vorher abgestritten hatten. Die deutsche Post kaschiert mit ihrem Beharren auf eine lediglich technische Kompetenz bis heute erfolgreich die unbestreitbare Tatsache, daß sie, vergleicht man sie mit ausländischen Postorganisationen, ein einmalig umfassendes Monopol und damit eine unvergleichlich starke politische Position innehat.

In diesen Kontext paßt die Entscheidung der Westalliierten, die nach 1945, eingedenk der fragwürdigen Rolle der Post im Dritten Reich ihren Einflußradius schwächten, indem sie den von ihnen aufgebauten Rundfunkanstalten auch die Hoheit über ihre Sendeanlagen übertrugen, also Hardware und Software in eine Hand gaben - wie es international üblich ist. Diese Entwicklung wurde mit dem Fernsehurteil des Bundesverfassungsgerichts von 1961 beendet, seitdem betreibt die Post alle danach errichteten Sender wieder in eigener Regie. So nimmt nicht mehr Wunder, daß die Post zum beherrschenden Akteur in der Debatte um die Neuen Medien wurde und schließlich auch die Verkabelung weitgehend allein bestritt. Um nur ein Beispiel für die Ausnahmerolle der Post zu geben: In den meisten Staaten ist eine Radio- oder TV-Station sofort daran zu identifizieren, daß auf dem Gebäude oder direkt daneben die dazugehörige Antenne installiert ist - Hardware und Software gehören auch räumlich zusammen. Sendeantennen sind fast überall auf der Welt das Symbol für einen Sender, in der Bundesrepublik dagegen für die Alleinherrschaft der Post.

Medientechnik anders gesehen

Die Besonderheit der geschilderten Herangehensweise wird erst in der komparativen Sicht deutlich. Das deutsche Technikverständnis erweist sich in der internationalen Sozialwissenschaft eher als Ausnahme. In der angelsächsischen, insbesondere der US-amerikanischen und kanadischen Tradition wird Technik ganz anders, nämlich eher als unmittelbar wirkende, die Gesellschaft in erheblichem Umfang qua Technik prägende Kraft interpretiert. In der Geschichte der USA wurden z. B. zentrale Techniken wie im 19. Jahrhundert die Dampfmaschine, die Eisenbahn und im 20. Jahrhundert die Freiheit des Einzelnen stärkende Techniken wie das Automobil oder der Computer, als materieller Ausdruck des 'American Way of Live' interpretiert (etwa: Patton 1993). Sie gelten als Techniken, die aus der freiheitlichen Tradition der USA erwachsen sind und deshalb auch umgekehrt befreiend und demokratisierend in die Gesellschaft hineinwirken.

In bezug auf die neuen Kommunikations- und Medientechniken hat der Sozialwissenschaftler Ithiel de Sola Pool, der hier exemplarisch vorgestellt wird, die zentralen Argumente in seinem Klassiker 'Technologies of Freedom' (1983) zusammengefaßt. Für ihn sind die neuen Techniken in der Lage, die Medien zu 'demassifizieren', das Individuum zu stärken und damit endlich die Versprechungen der US-Verfassung auf 'free speech' zu realisieren. In seinem Verständnis drängt die Technik selbst zur Befreiung der Menschen. „Technology will not be to blame if Americans fail to emcompass this system within the political tradition of free speech. On the contrary, electronic technology is conducive to freedom. The degree of diversity and plentitude of access that mature electronic technology allows far exceeds what is enjoyed today" (Pool 1983: 231). Bei der von ihm postulierten Eigendynamik der Technik erscheint die Politik nicht mehr als Schiedsrichter, sondern eher als hinderliche Kraft, welche die an sich befreiende Kraft der Technik durch Fehlleitung und Überregulierung zunichte machen könnte.

Ein anderer Ansatz stammt von dem Kanadier Marshall McLuhan, dessen weltweit bekannte Studien zwar auch bei uns vorliegen, aber selten seriös rezipiert wurden. Sein wohl bekanntestes Buch, betitelt 'The Media is the Massage', wurde bei uns fast immer mißverstanden. In dem Wortspiel von 'message' und 'massage' sollte die Doppelwirkung aller Medien verdeutlicht werden: Sie enthalten nicht nur eine Botschaft (also die Software), sondern massieren den Adressaten in einer unmittelbar physischen Weise. Die Hardware des Mediums wirkt laut McLuhan direkt auf die Hardware des menschlichen Körpers, insbesondere seine Sinnesorgane (McLuhan/Fiore 1967). Diese Parteilichkeit der Medien tue dem Menschen Gutes, schaffe etwa im 'global village' (eine andere McLuhansche Formel) Kenntnis der Menschen von einander und befördere damit, so seine Annahme, den Weltfrieden.

Die Technikeuphorie von de Sola Pool und der Technikdeterminismus von McLuhan stehen hier stellvertretend für einen Grundzug der nordamerikanischen Kultur, einen optimistischen

Umgang mit Technik, verbunden mit der Vorstellung, sie habe entscheidend den Aufstieg zu Wohlstand und Demokratie bestimmt. So viel Optimismus hat natürlich in der nordamerikanischen Technikdiskussion auch Skepsis und Ablehnung provoziert. So gibt es eine ebenso alte und wohlartikulierte Richtung, die Technik mit destruktiven und menschenfeindlichen Folgen identifiziert. Erstaunlicherweise sind in deutscher Übersetzung vor allem Autoren dieser Sichtweise bei uns bekanntgeworden: Dazu zählen Lewis Mumford und seine Kritik am 'Mythos der Maschine' (1964), Neil Postman mit seinen kritischen Arbeiten zum Fernsehen (z. B. 1982) oder auch Marie Winn mit ihrer Behauptung, das Fernsehen sei eine 'Droge im Wohnzimmer' (1979). Die zeitweise Popularität derartiger Ansätze in Deutschland, inbesondere in den 70er Jahren, beruht wohl darauf, daß sie die seinerzeitige Technikskepsis gut einfingen und sich vergleichbare Herangehensweisen in unserer Tradition nicht finden. Ein Grund für das weitgehende Schwinden derartiger Ansätze in den 80er Jahren liegt möglicherweise in der (wie nachfolgend dargestellt wird) mit den Kabelpilotprojekten kreierten optimistischeren Sicht von Medientechnik.

Das Kabel wird zum politischen Streitthema

Die oben erläuterte Behauptung, daß sich deutsche Medienwissenschaft wenig mit Medientechnik auseinandergesetzt habe, bedarf einer gewichtigen Einschränkung. In den 70er Jahren hatte eine Diskussion um die Sinnhaftigkeit der Einführung von Kabelfernsehen eingesetzt, wobei es jahrelang so schien, als wenn Skeptiker eine schnelle Einführung der neuen Technik verhindern könnten. Es ging um die (im Ausland keineswegs mehr) neue Technik des Koaxialkabels, dessen Einsatz die terrrestrische Übertragung des TV-Bildes ablösen sollte. Diese an sich geringe Innovation barg allerdings medienpolitischen Sprengstoff, da das Kabel die Zahl der Übertragungskanäle für TV-Programme massiv erhöhte: Neben den damals drei öffentlich-rechtlich gefüllten Kanälen war auf dem Kabel Platz für Dutzende weiterer Programme, die bei nüchterner Überlegung nur von (damals nicht existenten) kommerziellen Anbietern eingespeist werden konnten. Eine Verkabelung mußte also einen starken Sog in diese Richtung auslösen oder anders ausgedrückt: Das Kabel ergriff im Wortsinne Partei. Es kam der erklärten medienpolitischen Programmatik der CDU sehr entgegen, die kommerzielle Konkurrenz forderte, während die SPD den öffentlich-rechtlichen Status Quo verteidigte. Wie zu erwarten, ging es also in der Kabel-Diskussion nicht primär um diese (relativ innovationsarme) neue Technik, sondern um den Parteienstreit, der wiederum stellvertretend war für die hinter den Parteien stehenden Interessen: CDU/CSU (Wirtschaft allgemein, Kommunikationsindustrie, Werbewirtschaft, Verleger) und SPD (Gewerkschaften, Journalistenverbände, Rundfunkanstalten) (Mettler-Meibom 1986: 174ff; Hiegemann 1988: 85).

Zu den seinerzeitigen Argumenten der CDU zählten weiterhin eine Sicherung der industriepolitischen Kompetenz der deutschen elektronischen Industrie gegenüber Japan und USA und der Abbau eines 'Investitionsstaus' im Bereich elektronischer Medien. Ihr medienpolitisch erklärtes Ziel einer Zulassung kommerzieller Anbieter konnte angesichts der föderalen Kommunikationsverfassung der Bundesrepublik nur in einem der von ihr regierten Bundesländer erfolgen, zudem mußte es behutsam angegangen werden, denn das Bundesverfassungsgericht hatte sich mehrfach gegen ihre Kommerzialisierungspläne ausgesprochen. Die SPD, bis 1982 in Bonn in der Regierungsverantwortung, spielte gegen die offensive Haltung der CDU auf Zeit, trug medienpädagogische Bedenken vor (Kanzler Helmuth Schmidt propagierte beispielsweise den TV-freien Tag) und befürwortete einen langsamen, wissenschaftlich kontrollierten Einstieg in die Ära der Neuen Medien. In dem damaligen, komplexen Interessengeflecht gab es zudem massiven Widerstand gegen die Verkabelung auf der Ebene von Bürgerinitiativen und kritischen Intellektuellen ('Kabylon'), so daß insgesamt erhebliche Akzeptanzschwierigkeiten bestanden. Dabei verwoben sich auf allen Seiten technische mit nicht-technischen Vorstellungen und Argumenten (z. B. Schutz der Familie, der Kinder) - die weitere Darstellung wird auf erstere beschränkt.

Kabelfernsehen wird erprobt

Zur Klärung der anstehenden Fragen wurde vom Postminister eine Kommission KtK berufen, die sich in ihrem Telekommunikationsbericht von Anfang 1976 u. a. auch zum Kabelfernsehen äußerte: "Da die Errichtung eines bundesweiten Breitbandverteilnetzes wegen des Fehlens eines ausgeprägten und drängenden Bedarfs heute noch nicht empfohlen werden kann, und da neue Inhalte - auch solche, die nicht Rundfunk sind - erst der Entwicklung bedürfen, werden zunächst Pilotprojekte (Modellversuche) mit Breitbandkabelsystemen empfohlen" (Empfehlung E9: KTK 1976: 119). Die sich sofort anknüpfende Frage, wer die zusätzlich geschaffenen TV-Kanäle füllen solle, mußte in dieser pluralistisch besetzten Kommission umgangen werden. Ein medienpolitischer Konsens darüber wäre nicht möglich gewesen, der Rückzug auf die vertraute Vorstellung 'unpolitischer' Technik und ihrer Erprobung ersetzte letztlich eine inhaltliche Stellungnahme.

Die Geschichte der darauf in vier Bundesländern begonnenen Pilotprojekte ist mehrfach geschrieben worden (Schmidbauer/Löhr 1983; Mettler-Meibom 1986; Hiegemann 1988); hier wird die technische Dimension akzentuiert. Was die technische Auslegung anbetrifft, sprach sich die Kommission naheliegenderweise für die Erprobung unterschiedlicher Techniken aus, darunter auch alternativer Technologien für einen von ihr positiv bewerteten Rückkanal (KTK 1976: 116, 124), der zwar als sehr kostenaufwendig, aber in Versuchen als realisierbar dargestellt wurde. Schließlich wurde, wenn auch nicht in dieser Begrifflichkeit, eine Begleitforschung vorgeschlagen, in der - ganz anders als später von den Bundesländern realisiert - Studiengruppen die Experimentalbedingungen präzisieren, das Untersuchungsverfahren formulieren, etwaige Experimentaleingriffe vorsehen und den Versuch bis zur Endauswertung begleiten sollen (KTK 1976: 126). Bernd-Peter Lange, einer der Wissenschaftsvertreter in der KTK, erklärte 1976 vor Kommunikationswissenschaftlern, wesentliches Ziel dieses 'Tests' durch Pilotprojekte sei es zu prüfen, ob es überhaupt einen nennenswerten Bedarf nach derartigen Kommunikationsformen gebe. Dabei solle eine sozialwissenschaftliche Begleitung sicherstellen, daß für diesen Test Repräsentativität und Vergleichbarkeit gewährleistet bleibt (Lange 1978: 31).

Die nach langwierigen und schwierigen Verhandlungen zwischen den Ministerpräsidenten schließlich eingerichteten Pilotprojekte ließen eine hochgradige Politisierung erkennen. Dabei verfolgten die Landesfürsten teils medienpolitische, teils standortpolitische Ziele (Hamburg bewarb sich, allerdings vergeblich, mit einem Verkabelungsgebiet, das auch die Universität einbezog, die freilich davon kaum etwas ahnte). Technologiepolitik verband sich mit politischer Symbolik: Das erste und medienpolitisch wichtigste Projekt in und um Ludwigshafen (die anderen drei waren in München, Berlin und Dortmund), umfaßte auch den Wohnsitz von Bundeskanzler Kohl, der zum Leidwesen der Verantwortlichen erst Ende 1984 einen - dann natürlich öffentlichkeitswirksamen - Antrag auf Verkabelung stellte. Die Bundespost übernahm (entgegen Empfehlungen einer Mehrheit der KtK) exklusiv die Verkabelung, was angesichts ihres bürokratischen Konservatismus und ihrer Politik der Einheitstechnik nicht gerade Experimentierfreudigkeit versprach.

Technikfolgenabschätzung und Begleitforschung

Die Pilotprojekte rechtfertigten sich aus ihrer Begleitforschung, deren Ergebnisse abgewartet werden sollten, bevor weitere medienpolitische Grundsatzentscheidungen zu fällen waren. Faktisch sind Folgenabschätzung und Begleitforschung in einem engen Verbund zueinander zu sehen, wobei die 'querschnittliche' Folgenabschätzung der 'längsschnittlichen' Begleitforschung vorgelagert ist. Technology Assessment soll dann „das verfügbare Wissen (...) über die Realisierungsbedingungen und Wirkungen von Technologien möglichst antizipativ, in einer tendenziell umfassenden Gesamtbilanz und entscheidungsorientiert darstellen" (Paschen 1986: 24). Dagegen zeichnet sich Begleitforschung dadurch aus,"den Prozeß der Realisierung einer Innovation nach Maßgabe bestimmter Kriterien zu gestalten, nachdem die grundlegenden Entscheidungen über den Einsatz der Technik bereits gefallen sind" (ebenda).

Die Kabelpilotprojekte traten zumindest bis zu ihrem Beginn mit dem Anspruch auf, daß in ihnen verschiedene Optionen der Kabeltechnik zu testen sind. Entsprechend sollten sie 'ergebnisoffen' und 'rückholbar' angelegt sein. In ihnen sollte insoweit auch eine Art konkreten Technology Assessments betrieben werden. Sicherlich ist es gegenüber Puristen nicht gestattet, die Erforschung der Folgen des Kabelfernsehens mit dem US-Terminus des Technology Assessment zu belegen, da insbesondere die geforderte Breite der zu untersuchenden Technikfelder und die institutionalisierte Form wissenschaftlicher Politikberatung fehlten (Dierkes 1986). Dennoch hat es nie vorher oder nachher ein vergleichbares Projekt der Technikforschung im Bereich Medien gegeben. Erstaunlich ist, daß die sozialwissenschaftliche 'Entdeckung' der Folgenabschätzung, die zeitlich parallel zur Einrichtung der Begleitforschung erfolgte, die erste Gesamtdarstellung erschien 1982 (Böhret/Franz), keine Bedeutung hatte. Zu einer Verwebung beider Entwicklungsstränge kam es kaum (Ausnahme: Bormann et. al. 1979). Als absehbar wurde, daß für die Begleitforschung erhebliche Forschungsmittel ausgelobt würden, setzte ein allgemeiner Run ein. Einwände, daß unter den gegebenen Bedingungen eine seriöse Folgenschätzung nicht möglich sei (etwa Rupp 1978), wurden kaum mehr erhoben.

Es scheint, daß es seinerzeit an der politischen Großwetterlage lag, wenn Konzepte der Begleitforschung allmächtig, die Folgenabschätzung aber kaum erwähnt wurden. Schließlich werden Forderungen nach Technikfolgenabschätzung aus einer eher technikskeptischen Grundhaltung lanciert und betonen stärker die Eigensinnigkeit der Technik. Begleitforschung ist dagegen auch für technikferne Felder (z. B. Kinderfernsehen) möglich, steht in ihrer Unverbindlichkeit in der Nähe der Akzeptanzforschung und unterstützte so faktisch die beginnende technikeuphorische Politisierung des Kabels.

Diese Begleitforschung zu den Kabelpilotprojekten hat in der Geschichte der Medienwissenschaft der Bundesrepublik herausragende Bedeutung, „...nie zuvor wurden ähnlich aufwendige (in finanzieller wie organisatorischer Hinsicht) Forschungsanstrengungen in einer relativ kurzen Zeitspanne und zu einem relativ eng umgrenzten Gegenstandsbereich unternommen" (Hasebrink 1991: 239). Die Pilotprojekte wurden - ganz anders als es sich die KtK vorgestellt hatte - durchgehend als medienpolitische Chefsache gehandelt, wurden direkt aus den Staatskanzleien heraus administriert und dienten der politischen Selbstdarstellung der Ministerpräsidenten. Zwar wurden wissenschaftliche Kommissionen gebildet, doch waren diese eng an die Exekutive angeleint: Eine Bundeskommission endete vorzeitig im Parteienstreit und hinterließ kaum Ergebnisse.

Die Realität der Pilotprojekte

Die Sprache um die Kabelfernseh-Pilotprojekte bezog ihre Schlüsselbegriffe gern aus naturwissenschaftlich-technischem Vokabular, Begriffe wie 'kontrolliertes Experiment' oder 'Soziallabor' waren üblich, besonders entlarvend ist sicherlich die von den Verantwortlichen in Ludwigshafen geprägte Metapher vom 'Urknall im Medienlabor' (Ory/Sura 1987: 5).[2] Am 1. Januar 1984 begann dort der Betrieb mit 19 Fernseh- und 23 Hörfunkkanälen, als die Verkabelung des Projektgebiets noch in vollem Gange war. An demselben 1. Januar wurden bereits erste private Anbieter aufgeschaltet; das öffentliche Sendemonopol war damit gebrochen (Ory/Sura 1987: 21). Die damaligen TV-Anbieter, unter ihnen durchaus echte Pioniere, sind heute weitgehend vergessen; sie haben ihren Platz längst großen multimedialen Konzernkonsortien, den zwei 'Sendefamilien', freimachen müssen. Aber das ist eine andere Geschichte.

Entgegen aller Rhetorik sind die Pilotprojekte mit konventioneller Technik ausgestattet worden, wie sie an vielen Orten der Welt bereits in Betrieb war (die Kabeltechnik wurde in den USA seit den späten 40er Jahren eingesetzt). Getestet wurden Program-

---

2) Die Metapher vom Urknall demonstriert, wie hier sehr bewußt naturwissenschaftlich-physikalische Begriffe eingesetzt werden, um eine politikferne Ausgangssituation zu suggerieren. Das Bild vom Urknall im Labor - sicherlich nicht von einem Naturwissenschaftler stammend, der würde eine Explosion an diesem Ort tunlichst zu vermeiden suchen - bezieht sich auf die am 1. Januar 1984 erfolgte Einschaltung des damals noch kleinen, erst im Ausbau begriffenen Kabelnetzes. Die Metapher 'Urknall', also der Rekurs auf die Entstehung unseres Universums, widerlegt unmittelbar die Vorstellung von Labor und Experiment, weil sie jede Versuchsanordnung verläßt und eine gerichtete Entwicklung beschreibt, die - wie im Kosmos - unabänderlich und determiniert abläuft. Das Bild suggeriert, wohl um Widerstand zu minimieren, einen technischen Sachzwang, den es nicht gab und lenkt in einem pseudo-naturwissenschaftlichen Jargon von dem eigentlichen Knall, der ersehnten Kommerzialisierung, ab.

me und Akzeptanzen, nicht aber technische Optionen - ein klarer Widerspruch zu den deklarierten Zielen. Wie es dazu kam, soll hier am Beispiel des bereits erwähnten Rückkanals dargestellt werden, der weitreichendsten der angekündigten Technikinnovationen.

Der Mythos vom 'Rückkanal'

Erinnern wir uns, daß es in den 70er Jahren massive Skepsis über die Sinnhaftigkeit einer Einführung von Kabelfernsehen gab. In der Abwehr dieser Kabelkritiker spielte der 'Rückkanal' eine zentrale Rolle; als Medientechnik fand er sich im Mittelpunkt vieler Erörterungen. Für den Rückkanal hatten sich schon die Autoren des KtK-Berichts erwärmen können, mehr noch, der Rückkanal schien für sie eine Selbstverständlichkeit zu sein. Sie stellten fest: "Die Pilotprojekte zur Errichtung und Nutzung von Breitbandverteilnetzen mit Rückkanal dienen der Bewältigung eines Innovationsproblems und verlangen deshalb hohe Flexibilität" (F53; KtK 1976: 126). Auch in eine Nachfolgestudie der fünf Wissenschaftler der KtK, bei der es um Einzelheiten bei der Gestaltung der Pilotprojekte geht, bezogen sie den Rückkanal in die Optionen ein und befürworteten ihn (Kaiser et. al. 1978).

Verfechter der neuen Technik wiesen immer wieder auf die demokratisierende Potenz des Kabels hin. Karl Steinbuch, ein auf CDU-Kongressen gern gesehener Wissenschaftler, bemühte z. B. Brechts Radiotheorie („... aus einem Distributionsapparat in einen Kommunikationsapparat zu verwandeln"), um die Vorzüge der Verkabelung samt Rückkanal zu preisen. „Auf Rück-Kanälen können beispielsweise übertragen werden: Kritik an Sendungen, Stellungnahmen zu Befragungen, Erfolgskontrolle bei Bildungsprogrammen, Anforderung bestimmter Programme usw" (1978: 90; zu Brecht vgl. auch Späth 1981: 12).

Die Vorstellung vom Rückkanal als einem selbstverständlichen Bestandteil des Kabelfernsehens wurde darauf bei seinen Befürwortern zu einer feststehenden Parabel. Blättert man heute die diesbezügliche Literatur durch, so trifft man auf hochrangige Wissenschaftler und Institutionen, die sich intensiv und offensichtlich gut finanziert mit entsprechenden Fragen auseinandersetzen. Ein Schwerpunkt der Forschung war das Berliner Institut für Zukunftsforschung, wo z. B. 1978 ein Kolloquium zu 'Zweiweg-Kabelfernsehen und Datenschutz' stattfand (Dette/Kreibich/Steinmüller 1979). Dort wurden auch Forschungsdesigns entwickelt, in denen sich Vertreter aus verschiedenen Disziplinen, etwa Kommunikations-, Kommunal- und Bildungswissenschaft, Gedanken über den Einsatz von 'Dialogdiensten' machten (Dette/Kreibich/Kunert-Schroth 1979). In den meisten Forschungsentwürfen wurden der 'Dialogfähigkeit' von Kabelfernsehen Qualitäten angedacht, die gesellschaftlich sinnvolle Nutzungen suggerierten; dazu zählten z. B. Innovationen in der lokalen Publizistik, Verbesserung des Verhältnisses der Bürger zu kommunalen Dienstleistungen oder Vermehrung von Bildungsangeboten. Auftraggeber war oft das BMFT, allerdings sind genaue Aufgabenstellungen selten zu finden. Methodisch gesehen stellten die vorgelegten Entwürfe durchweg 'best-case'-Szenarien dar, schilderten also die Techniken von ihrer denkbar positivsten Seite. Anders als in der Technologiefolgenabschätzung immer wieder gefordert (Dierkes 1993), wurde der Gegenstand nicht von allen Seiten beleuchtet und mit unterschiedlichen Methoden angegangen. Die skeptische Position, der 'worst-case', das negative Szenario blieben unbeachtet.

Diese Designs verkamen so tendenziell zu einer wissenschaftlich kaum haltbaren, politisch aber äußerst nützlichen Verklärung der untersuchten Technik. Dabei ist unverkennbar, daß die beteiligten Wissenschaftler sich mit kritischem Vokabular um gesellschaftsverändernde Positionen bemühen; ihre Absicht wird deutlich, „soziale Innovation und technisches Experiment miteinander zu verknüpfen“ (Bormann et. al. 1979: 448). Man erhält den Eindruck, daß Wissenschaftler in der geschilderten Konfliktsituation - tendenzielle Ablehnung der Technik bei attraktiver Finanzierung der Forschung über sie - sich mit einer Art animistischer Beschwörung der Technik behalfen: Statt Technik-Potentiale unter gegebenen Bedingungen realistisch auszuforschen, wurde der Technik der Auftrag erteilt, bestimmten fortschrittlichen Leitbildern zu folgen. Dabei fehlte es an der zentralen Prämisse: Der Rückkanal war nicht mehr als ein Mythos.

Die internationale Nicht-Existenz des Rückkanals

Der Rückkanal war keine deutsche Erfindung: Das Konzept war Ende der 60er Jahre von der elektronischen Industrie der USA erdacht worden, die sich davon neue Märkte versprach. Sobald die Industrie gefordert wurde, ihre Verheißungen technisch umzusetzen, kam sie in Schwierigkeiten. Der Kommunikationskonzern Warner hatte in Columbus, Ohio, ein (damals sehr fortschrittliches) Koaxial-Kabelnetz mit 30 TV-Kanälen zusätzlich mit der Möglichkeit versehen, auf zentrale Anfragen mit einigen Knöpfen individuell antworten zu können. In diesem Qube bezeichneten Projekt betrieb Warner ab 1977 technische und programmliche Erpobungen: Zuschauer wurden befragt, etwa zum Programm, zur Qualität von Werbespots (ein Interesse der Werbewirtschaft) oder auch in Spiele (Quiz etc.) einbezogen. Diese Rückmeldemöglichkeit (von einem Kanal im Sinne eines TV-Übertragungsbandes konnte keine Rede sein) erwies sich als teuer, technisch anfällig und für die Zuschauer wenig attraktiv. Anfangs der 80er Jahre wurde dieser rudimentäre Rückkanal ersatzlos abgeschaltet. Eine andere, winzige Demonstrationsanlage auf Glasfaserbasis wurde einige Zeit in Higashi-Ikoma, Japan, betrieben.

Die Idee des Rückkanals wurde von unserer elektronischen Industrie aufgegriffen, von ihr propagiert und als im Ausland bereits praktizierte Technik dargestellt (Kaiser/Marko/Witte 1977). Die Schilderungen wurden häufig mit der Drohung verbunden, daß die Bundesrepublik im technologischen Rennen unrettbar zurückfalle, wenn dergleichen nicht auch bei uns realisiert werde.

Die Berichterstattung über Columbus und Higashi durchzog jahrelang die Fachdarstellungen (etwa: Brepohl 1982: 185ff) und in der Konsequenz wurde das einseitig gerichtete Kabelfernsehen zunehmend als Durchgangsstadium interpretiert. Die Entwicklung werde, so hieß es, zügig von einfachen Verteilanlagen zu breitbandigen interaktiven Kabelkommunikationsanlagen weitergehen (z. B. Geretschläger 1983: 153ff). In einer weiteren Vergröberung dieser Technikphantasien entstand dann sogar die Metapher von der 'Kabel-Demokratie' (Vowe/Wersig 1983), in der sich die demokratische Verheißung (ausgerechnet) durch das Koaxialkabel erfüllen werde.

Die entscheidende Tatsache wurde von einer wahren Flut von Schriften buchstäblich verdeckt: Einen ernsthaften, zumal differenzierte Rückkopplung ermöglichenden Rückkanal hat es in großen, unter alltäglichen Bedingungen arbeitenden Koaxialnetzen nie gegeben. Er war, das belegen Erfahrungen in den USA, beim damaligen Stand der Technik nicht zu realisieren. Eine seriöse vergleichende Untersuchung hätte sehr schnell über Möglichkeiten und Grenzen dieser Technik informiert und den Demokratie-Phantasien jeden Boden entzogen. Der jahrelang propagierte Rückkanal war ein Mythos, technisch gab es ihn nicht. Es ist retrospektiv interessant zu registrieren, daß die praktizierte Begleitforschung um lokale Pilotprojekte einen regelrechten deutschen Autismus produzierte. Forscher wurden mit generösen Mitteln zur kleinräumigen Detailarbeit animiert; die naheliegende Aufarbeitung internationaler Erfahrungen fiel völlig heraus. Nur so konnte mit dem Rückkanal-Mythos überhaupt Politik gemacht werden.

Der Weg des Rückkanals durch die Institutionen

Ursprünglich waren es 'die', also alle Pilotprojekte, die eine als 'State-of-the-Art' angesehene Zwei-Weg-Eigenschaft erhalten sollten. Mit zunehmender Konkretisierung schob man die Erprobung von 'Dialogdiensten' dann dem verspätet anlaufenden Projekt Berlin zu. Dort sollte an ein am Heinrich-Hertz-Institut laufendes Laborprojekt 'Zweiweg-Kabelfernsehen' angeknüpft werden, in dem der Dialog mit zentralen Computern erprobt wurde, der nach Darstellung seiner Bearbeiter eine Fülle von Informationsdiensten ermöglichte, wie auch die „individuelle Befriedigung von Benutzerwünschen". Seine Bestandteile waren Information (z. B. Wareninformation, Warentests), Bildung (VHS-Kurse, Universitäten), Vermittlung (Bürgernahe Verwaltung, Gesundheit) und Unterhaltung (Telespiele) (Schmidbauer/Löhr 1983: 78). 1980 wurde der Kommunikationswissenschaftler Wolfgang Langenbucher beauftragt, dem (noch-)SPD-Senat in Berlin ein Projektdesign-Bericht vorzulegen. Dies erfolgte im März 1981, zwei Monate vor der Senatsübernahme durch die CDU. Das allein ließ den zusammenfassenden Band mit 12 Anlagen und 1400 Seiten Umfang zur politisch hergestellten Makulatur werden. Der frischgebackene CDU-Wissenschaftssenator Wilhelm Kewenig erklärte gar öffentlich, er verstehe diesen Bericht nicht.

Die weitere Entwicklung wurde von parallel zum Kabel entwickelten Übertragungstechniken (was nach der Logik der Pilotprojekte eigentlich nicht sein konnte) und der politischen Machtübernahme durch die CDU geprägt. Die Dialogdienste wurden in jener Zeit um die von den Zeitungsverlegern forcierte 'Faksimile-Zeitung' und später den 'Kabeltext' ergänzt bzw. präzisiert; in die Planungen woben sich zudem die seinerzeit parallel entwickelten Übertragungstechniken Video- und Bildschirmtext, die beide ohne Kabel auskommen (Schmidbauer/Löhr 1983: 74ff). Auch der jahrelang proklamierte Kabeltext wurde niemals entsprechend den damaligen Plänen realisiert.

Wie nicht anders zu erwarten, führte der Regierungswechsel in Berlin erst einmal zum Stillstand, wobei die CDU sich auch 1982 noch zu 'computergestützten Dialogdiensten' bekannte (Hiegemann 1988: 69ff). Als dann das Pilotprojekt Berlin 1985 als letztes inauguriert wurde, ist auch davon (mit Ausnahme sehr begrenzter, von der Begleitforschung nicht erfaßter Versuche) nichts mehr zu finden. Manche der in der Vorplanung aktiven Wissenschaftler hatten sich entäuscht abgewandt, andere mit der CDU-Führerschaft in der Stadt arrangiert und an der Begleitforschung beteiligt. Allgemein gilt: Je näher die Pilotprojekte rückten, um so stärker wuchs der Druck wirtschaftlicher Interessenten und die standortpolitische Begehrlichkeit der Länderfürsten - während jede technische Experimentierbereitschaft schwand. Retrospektiv gilt: "Neue Infrastrukturen der Kommunikation wurden bis auf wenige Ausnahmen in den Kabelpilotprojekten nicht realisiert und getestet" (Jäckel 1989: 8). Bedrückend ist es zu sehen, daß unter den zahlreich beteiligten Wissenschaftlern keiner erkennbar gegen den Wegfall des Rückkanals rebelliert hat - er geriet schlicht in Vergessenheit.

Die Absurdität des Rückkanals

Aber konnte man den Rückkanal wirklich ernst nehmen? Die Stilisierung des Rückkanals zur demokratischen Universalwaffe mußte einem Beobachter bereits damals durchschaubar sein. Sie erfolgte über zwei Ebenen: die der Technik und die der Macht. Technisch gesehen ist das Koaxialkabel mit seiner Verteilstruktur denkbar ungeeignet, Signale in der Gegenrichtung zu transportieren:

Der technische Aufwand ist selbst für bescheidene Ergebnisse viel zu hoch, das wurde sehr schnell im Projekt Qube in Columbus klar. Eine simple Technikanalyse auf der Grundlage internationaler Erfahrungen hätte diese Einschätzung bestätigt - wahrscheinlich ist sie deswegen auch nie in Auftrag gegeben worden.

Natürlich können Rückkanäle, installiert auf der Basis einer tatsächlich dafür geeigneten Technik, Partizipation und aktive Kommunikation in einer Gesellschaft erhöhen. Das könnte in bestehenden Medien ebenso erfolgen, wie solchen, die auf neuen Techniken beruhen. 'Rückkanäle' könnten in vorhandenen Medien eingerichtet werden, etwa durch von Bürgern gestaltete Kolumnen in Tageszeitungen oder Sendeplätze, die man in vorhandenen Medien den Lesern bzw. Zuschauern eröffnet. Dem steht die exklusive und gerichtete Grundstruktur der real erlebbaren Medien entgegen, die keinesfalls technisch bedingt ist, sondern Ausdruck ebenso real erfahrbarer Vermachtung des Zugangs zu Kommunikationskanälen. Die Projektion demokratischer und partizipativer Absichten auf die neue Kabeltechnik versöhnte, so besehen, die kritische Intelligenz nicht nur mit dem Kabel, sondern auch mit der weiterwirkenden Verlegermacht. Letztere setzte sich schließlich auf ganzer Linie durch, weil alle gutgemeinten Rückkanal-Rechnungen ohne den Eigensinn der Kabel-Technik gemacht worden waren.

Die immer wiederholte Parabel vom demokratisierenden Kabel diente, so sieht es aus, letztlich ganz anderen Zielen. Aus heutiger Sicht macht man sich nicht mehr die Widerstände klar, die seinerzeit nicht nur in der SPD, sondern auch in den sich gerade konstituierenden neuen sozialen Bewegungen, Bürgerinitiativen und grünen Partei artikulierten und den Einstieg in die Verkabelung auch tatsächlich jahrelang behinderten. Selbst Politiker konnten an diesem breiten Widerstand nicht vorbeigehen; Ministerpräsident Späth etwa verhöhnte die Kritiker seiner Kabelpläne: "Sachkompetenz und objektive Gesamtschau ist verpönt, weil sie dem eigenen politischen Vorurteil nur hinderlich wäre" (Späth 1981: 18). Er wußte, so scheint es, die Wahrheit, belegt durch vielfache Wissenschaftler-Aussagen. Folgt man seiner argumentativen Chancen-Risiko-Bilanz, so böten die neuen Kommunikationstechniken jede Chance, sie dem Menschen dienstbar zu machen. Zu seinem Katalog der Verheißungen zählten u. a.: „Verbesserung der Chancen- und Kommunikationsgerechtigkeit jedes einzelnen Bürgers", „Humanisierung der Arbeitswelt...", „Erhöhte Qualifizierung und Verbesserung von Arbeitsplatzstrukturen...", „Verringerung des Stadt-Land-Gefälles, unterschiedlicher Bildungsniveaus usw." (Späth 1981: 13).

Die technologische Ahnungslosigkeit der damals das Kabel Propagierenden erweist sich aus heutiger Sicht als bedrückend. Aber an den vielen Debatten um Pro und Contra Kabel ging es niemals um Medientechnik, immer nur um Medienpolitik. Die Parabel vom 'demokratischen Kabel', schon fast als ein Allheilmittel, gab medienpolitischen Sinn. Sie war das Angebot der politischen 'Rechten', die kommerzielle Präzedenzfälle schaffen sollte, an kompromißbereite Teile der immer noch querliegenden 'Linken'. Auf eine Verkabelung, im Tempo durch die Pilotprojekte gebremst, dazu mit demokratischen Akzenten versehen und wissenschaftlich abgepuffert, konnte man sich als kleinsten gemeinsamen Nenner einigen. Begleitforschung erforderte ein Abwarten der Ergebnisse, Strategie des Hinhaltens und Vertröstens auf die Zukunft, die einen letztlich vernichtenden Keil in die ehemals geschlossenen Reihen der Kabel-Gegner trieb. Dieser Minimalkonsens der Pilotprojekt-Befürworter aus verschiedenen Richtungen war nur möglich, weil alle Seiten sich darauf einigten, das Kabel als politisch gestaltbar zu begreifen. Hätten Beteiligte sich zuerst einmal um simple Fragen bemüht, wären die Grundlagen für diesen Prozeß zusammengebrochen: Was ist das Koaxialkabel? Was vermag das Kabel zu leisten?

Zum sozialwissenschaftlichen Umgang mit Technik

Im Nachgang der Kabelpilotprojekte geriet deren ursprünglich festgelegte Aufgabe, neue Techniken rückholbar zu testen, vollends in Vergessenheit. Statt die Widersprüche dieser Medien- und Technologiepolitik zu thematisieren, wurde die politische Funktionalisierung gerade auch unter Begleitforschern zum ganz normalen, ja geradezu unvermeidlichen Vorgang umgemünzt, so als wolle man die Vorgeschichte vergessen machen: „...die zunächst versuchsweise Erprobung von Kabelfernsehen und privatem Rundfunk in Kabelpilotprojekten entpuppte sich rasch als eine politische Innovation, die in ein duales Fernsehwesen mündete"

(Jäckel/Schenk 1991: 5).[3] Was im Vorfeld als begrenzter technischer Test angekündigt wurde, erweist sich retrospektiv als Beginn der größten medienpolitischen Wende der Nachkriegszeit.

Die Begleitforschung fußte auf der zentralen Annahme, daß medienwissenschaftliche Forschungsergebnisse Einfluß auf die politische Entscheidung nehmen könnten. Eine Annahme, die auf die oben bereits erörterte Vorstellung baut, daß die technische Hardware keine Eigendynamik entwickelt und auch nach ihrer Installierung politisch entscheidbar bleibt. Politik und Wissenschaft redeten so gemeinsam von der 'Rückholbarkeit' der Projekte, eine - wie wir heute wissen - naive und realitätsferne Vorstellung. Eine klarsichtige Analyse hätte ergeben, daß bereits mit der Verkabelung vollendete Tatsachen geschaffen wurden, die von niemandem mehr zurückzuholen waren.

Ein Beispiel aus einer uns vertrauteren, weil älteren Technik: Der Bau einer Autobahn ist umstritten. Um eine zukünftige Akzeptanz zu klären, wird sie im Rahmen eines wissenschaftlich begleiteten Projektes gebaut und mehrere Jahre probeweise betrieben. Dann soll über ihre Weiterführung oder endgültige Sperrung verkehrspolitisch entschieden werden. Ist das realistisch? Konnte wirklich ein Wissenschaftler annehmen, daß die in jenen Jahren schon in die Milliarden gehenden Post-Investitionen in die Verkabelung zu einem beliebigen Zeitpunkt gestoppt und die Netze wieder abgeschaltet werden könnten? Und: Hatte wirklich jemand angenommen, daß die zahlreichen neu geschaffenen Übertragungskanäle anders als mit kommerziellen Programmen gefüllt werden könnten?

Diese Autobahn-Metapher ist nicht hergeholt. Es entspricht schließlich einer weitverbreiteten Form des Umgangs mit neuen, noch unbekannten Techniken, sie mit bereits vertrauten Techniken zu vergleichen. Der CDU-Medienpolitiker und ab 1982 Postminister Schwarz-Schilling zog ständig diese Parallele, freilich

3) An diesem Satz ist nicht zuletzt seine Ambivalenz auffällig. Im konkreten (materiellen) Wortsinne bezeichnet die 'Puppe' eine Entwicklungsstufe der Insekten bei vollständiger Verwandlung (Metamorphose), also ein Durchgangsstadium in einem vorher determinierten Prozeß. Dieser Logik folgend, steckt im Kabelfernsehen, wenn auch verborgen, bereits das duale System - der politische Gehalt der Technik wird indirekt bestätigt.

mit anderer Zielrichtung. Als frischgebackener Postminister erklärte er, die Post schaffe die technischen Voraussetzungen für größere Vielfalt der Medien, indem sie verkabele; die Programmangebote regeln dann die Bundesländer. „Wir schaffen gewissermaßen nur die Straßen; die Entscheidung über die Autos, die darauf fahren, kann erst danach getroffen werden“ (Schwarz-Schilling 1982: 53).[4] Ein schönes Beispiel für die politische Funktionalisierung der Hardware-Software-Trennung und der damit verbundenen technischen Schein-Neutralität der Post.

Bei der Kabel-Begleitforschung wurde seit Jahrzehnten bekannte Grundkenntnisse der Diffusionsforschung nicht berücksichtigt, Aussagen über die Auswirkungen der Verkabelung wurden bereits zu einem Zeitpunkt getroffen, da diese notwendigerweise gering sein mußten. So gab die der CDU nahestehende Medienforscherin Elisabeth Noelle-Neumann schon nach kurzer Zeit in breiter Öffentlichkeit 'Entwarnung': Kabelfernsehen bedrohe die Familie nicht (1991). Wir wissen von der Verbreitung anderer Techniken, daß dazu längere Anlaufzeiten notwendig sind. Wer in den ersten Jahren nach der Einführung einer beliebigen technischen Innovation, z. B. Automobil, Telefon oder Hörfunk nach den Folgen fragt, wird nur geringe Veränderungen feststellen. Der Umgang mit Techniken ist immer Ergebnis von Lernprozessen und selbst wenn in der Anlaufphase Veränderungen spürbar werden, sind sie (z. B. als Folge eines Neugier-Effekts) häufig nicht mit den späteren alltäglichen Wirkungen identisch (Jäckel 1989). Kurz nach Beginn der Verkabelung mit einem sich erst allmählich verbreiternden Programmangebot bereits Ergebnisse vorzulegen, die in der Öffentlichkeit nur als Entwarnungssignale verstanden und interpetiert werden konnten, ist wissenschaftlich nicht seriös. Die großen Veränderungen im deutschen und europäischen Fernsehsystem fanden unter dem Einfluß der Neuen Medien - erwartbar - erst am Ende der 80er Jahre statt - dann freilich ohne Begleitforschung (Kleinsteuber 1991).

---

4) Auf einer zweiten Ebene hat Schwarz-Schilling den politischen Gehalt jeder Technik-Einführung unterstrichen: In sein Bild ist die unkommentierte Vorentscheidung zugunsten des Automobils durch Bevorzugung der Straße bereits eingebaut. So als gäbe es keine Alternativen im Bereich von Verkehrsinfrastrukturen.

Die technische Phantasiewelt vieler Befürworter der Verkabelung wurde schon seinerzeit von nüchtern beobachteten Wissenschaftlern nicht geteilt. Dazu mußte man nicht einmal die Schimäre des Rückkanals bemühen. Die eigentliche Absicht der Landesregierung von Rheinland-Pfalz, über das erste Pilotprojekt den Rundfunksektor zu kommerzialisieren, konnte einem klarsichtigen Beobachter nicht entgehen und wird in Schriften jener Jahre richtig vorhergesehen (z. B. Schmidbauer/Löhr 1983: 23ff).

Die Eingrenzung der Kabel-Begleitforschung auf letztlich künstlich errichtete 'Kabelinseln', wie von der Pilotforschung konzipiert, haben kritische Beobachter ebenfalls seinerzeit nicht nachvollziehen können. Der damals wohl bekannteste Kritiker der Entwicklung, Herbert Kubicek, schildert in seinem Buch 'Kabel im Haus - Satellit überm Dach', erschienen 1984, also dem ersten Jahr der Pilotprojekte, in aller Deutlichkeit deren beginnende Aushöhlung durch Schaffen von in den Projektdesigns nicht vorgesehenen Fakten (Kubicek 1984: 53ff). Bereits 1984 hatte die Post in den damaligen Pilotprojekten Ludwigshafen und München über ECS-Satellit herangeschaffte TV-Programme in die Kabelnetze eingespeist, ähnliches begann sie auch in weiteren Städten. Damit waren bereits in der Anfangsphase Entscheidungen gefällt worden, die im Sinne der Rückholbarkeit erst nach Ende der Erprobungsphase und auf der Grundlage einkommender Forschungsergebnisse hätten eingeleitet werden dürfen. Dieser Sachverhalt ist dann zwar ex post von einigen Begleitforschern in Richtung Politik kritisiert worden (etwa Faul 1991), doch steht eine Selbstkritik der Wissenschaft noch aus. Aus heutiger Perspektive treffen jedenfalls Arbeiten der Richtung Kubicek den tatsächlichen Kurs der dann folgenden Ereignisse besser als alles, was aus der hochdotierten Begleitforschung stammt.

Auch das Versprechen des Experimentierens wurde in den deutschen Pilotprojekten nie eingelöst, letztlich wurden sie nach weitgehend einheitlichen Vorgaben der überall verkabelnden Bundespost ausgelegt. Experimente wie der vielfach versprochene Rückkanal wurden peinlich umgangen, die Projekte waren technisch völlig phantasielos. Reflektierte technische Erprobungen sehen ganz anders aus: Mit Cees J. Hamelink wird man sagen können, daß die Auseinandersetzung um neue Techniken und die Erarbeitung realer Handlungsoptionen der spielerischen Erprobung bedarf, des 'Technology Gamble', wie er es nennt. Dieses 'social gambling' muß natürlich verantwortlich bleiben, es muß reale Rückholbarkeit sichern, es muß flexibel angelegt sein und das Lernen aus Fehlern ermöglichen (Hamelink 1988: 100ff).

Es gehört zu den Ironien der Medienentwicklung, daß in den USA seit Anfang der 90er Jahre eine Serie neuer Experimente mit 'interactive media' und einem tatsächlich funktionierenden Rückkanal anläuft, was in der medientechnisch nun wieder verschlafenen Bundesrepublik kaum zur Kenntnis genommen wird. Hergestellt wird dieser Rückkanal, wie er z. B. bei Pay-Per-View oder Bestelldiensten genutzt wird, regelhaft nicht über das Koaxialkabel, sondern z. B. über Telefon (oder Glasfaser). Die Pilotprojekte hätten sich übrigens bestens geeignet, um mit einem Rückkanal per Telefon frühzeitig zu experimentieren, da die Post - anders als in den USA - Kabel und Telephon in ihrer Hand vereinigt. Die Kabelexperimente dienten niemals der Innovationsstärkung der deutschen Industrie, eher bestätigten sie deren Bequemlichkeit, risikolos konventionelle Technik über die Post zu vermarkten. Folglich verlor der Industriestandort Deutschland weitgehend die technologische Führerschaft, in der nun anlaufenden 'digitalen Revolution' sitzen wir längst in der zweiten Reihe.

Thesen zum Schluß

1. Die bundesdeutsche, sozialwissenschaftlich orientierte Medienforschung hat das Phänomen Technik bisher sträflich vernachlässigt. Eine kontinuierliche Befassung mit Technik, die auf eigene Traditionen, Strukturen und Ressourcen rechnen könnte, gibt es nicht. Stattdessen wird in einem ambivalenten Umgang mit Technik eine Kompetenz behauptet, die nicht eingelöst werden kann. Die Reflexion über Probleme der Medientechnik ist stark defizitär, gerade auch im Vergleich zu Nachbarstaaten. Am Beispiel nordamerikanischer Ansätze kann die Aussagekraft technikzentrierter Medienforschung demonstriert werden.
2. Den Umgang mit Medientechniken dominiert bei uns nach wie vor ein dezisionistisches Verständnis: Techniker entwickeln eine neue (als neutral interpretierte) Technik und Politiker entscheiden über deren (sozialverträglichen) Einsatz. Dieses Modell ignoriert jede Eigendynamik der Technik, zumal der hochkom-

plexen, hegemonialen und folgenreichen Großtechniken unserer Zeit, die in sich bereits versteinerte, gegen Gestaltungsabsichten resistente Konsequenzen bergen. Deshalb muß eine verantwortliche Analyse (und Steuerung) von Technik schon in der Phase ihrer Entstehung erfolgen, in der Technikgenese - eine bisher gänzlich unerfüllte Forderung.

3. In dem dezisionistischen Modell kommt der Wissenschaft die Rolle eines Beraters der Politik zu. Die kann, z. B. in Form der Folgenabschätzung, sinnvoll sein, wenn sie im Respekt vor der Autonomie der Wissenschaft und in Distanz zur Alltagspolitik erfolgt. Diese Chance war im Bereich der Medientechnik bisher nicht gegeben. Im Gegenteil wurden staatliche Finanzmittel eingesetzt, um verständliche Akzeptanzbarrieren bei den Betroffenen und der Öffentlichkeit, in Politik und Wissenschaft zu brechen. Eine seriöse Technikforschung hatte bisher unter diesen Bedingungen keine Chance.

4. Als Beispiel für diese Einschätzung wurde die Debatte um das Kabelfernsehen und die Durchführung der Pilotprojekte gewählt. Hier war die Sozialwissenschaft in einem Umfang in Vorbereitung und Durchführung involviert, der in der Bundesrepublik - und international - einzig dasteht. Während die Pilotprojekte wegen der beteiligten Wissenschaftler als Ort technischen und sozialen Experimentierens dargestellt werden konnten, lag deren zentrale medienpolitische Funktion darin, das öffentliche Sendemonopol zu brechen. Mit dieser Intention wurde eine kommerzielle Marktdynamik ausgelöst, die alle Experimentaldesigns hinfällig machte. Die schließlich einlaufenden Begleitforschungsergebnisse lagen erst vor, als die medienpolitischen Weichen längst gestellt waren. Bleibt zu fragen, warum Wissenschaftler, die diese Pilotprojekte vorgeschlagen und sich an der Begleitforschung beteiligt hatten, nicht wenigstens gegen diese Deformierung ihrer Forschungsdesigns protestierten?

5. Im Zusammenhang mit der Diskussion um das Kabelfernsehen sind mit der Parabel des Rückkanals Qualitäten in diese Technik hineininterpretiert worden, die retrospektiv nur als Mischung von Ignoranz und gezielter Fehlinformation begriffen werden können. Was für ein Ausweis deutscher Medienforschung ist es, wenn über Jahre hinweg der Technik Qualitäten zugesprochen wurden, die auf dem Stand der Technik nicht möglich waren?

6. Die wenigen kritischen Studien, die in jenen Jahren ohne staatliche Unterstützung vorgelegt werden konnten, stellten die erwartbaren Zukunftstrends insgesamt realitätsnäher dar, als viele hochalimentierte Auftragsstudien. Zudem lagen damals bereits aus zahlreichen Staaten umfängliche Erfahrungsberichte vor, die auf viele aufgeworfene Fragen hätten Antwort geben können; die Chancen der vergleichenden Forschung, die Welt und ihren Erfahrungsbestand als 'soziales Labor' zu sehen, sind nicht genutzt, ja regelrecht ausgeblendet worden.

7. Die Begleitforschung zu den Pilotprojekten war von Beginn an politisch eng angeleint; Schlüsselentscheidungen wurden von der Exekutive gefällt, Forschungsaufträge an nahestehende Wissenschaftler vergeben. Es ist sicherlich richtig, von einer „Instrumentalisierung der Medienforschung“ (Hoffmann-Riem 1991: 52) zu sprechen. Wissenschaftler mußten sich bereits vorab der 'Lebenslüge' der Pilotprojekte unterwerfen, daß es sich um begrenzte, rückholbare Experimente handele, wo doch deren medienpolitische 'Urknall'-Funktion jedem nachdenklichen Beobachter deutlich werden mußte. Die Nachgiebigkeit derer, die die Begleitforschung unter diesen restriktiven Bedingungen dennoch weiterführten, hat die Achtung der Politik vor der Wissenschaft nachhaltig gemindert oder, wie es Peter Glotz sagte, "hat zum postmodernen Zweifel an einem produktiven Verhältnis von Wissenschaft und Politik erheblich beigetragen“ (Glotz 1991: 26).

8. Die seit den Pilotprojekten offenliegende Willfährigkeit der Wissenschaft setzt sich in vielerlei Hinsicht in der Forschung im Auftrag der Landesmedienanstalten fort. Die mit den Pilotprojekten begründete Tradition einer politisch verfügten Medienforschung hat dem für jeden gesellschaftlichen Fortschritt notwendigen kritischen Potential nachhaltig geschadet. Wissenschaftiche Politikberatung bleibt nur dann glaubwürdig, wenn sie widerborstig und selbstbewußt auf die Selbstgefälligkeiten und Legitimationsbedürfnisse der Politik reagiert.

9. Wissenschaftler, die der Entwicklung skeptisch gegenüberstanden, hatten angesichts der politischen Rahmenbedingungen keine Chance zur Mitwirkung mehr, der kritische Diskurs über die neue Technik wich technokratischer Ausforschung. Dagegen gilt, daß über Technikfolgen nur in einem 'pro' und 'contra', in einer offenen und diskursiven Auseinandersetzung gesprochen werden kann. Eine seriöse Folgenabschätzung muß alle verfüg-

baren Methoden einbeziehen und auf künftige Problemfelder hinweisen, muß bewußt auch die Erstellung negativer Szenarien fördern. Bezogen auf diese im Prinzip selbstverständliche Forderung wird die ganz andere Funktion der Begleitforschung deutlich: Sie sollte den öffentlichen Kritikern der Verkabelung die Meinungsführerschaft nehmen. Soweit und nur soweit hatte sie Erfolg.

10. Es ist eine Grundfrage, ob man die Einführung neuer Techniken an sich für wünschenswert hält. Wenn man Innovationen für notwendig erachtet, z. B. um internationale Konkurrenzfähigkeit und damit Arbeitsplätze zu sichern, dann müssen adäquate Formen der Technikerprobung in begrenzten, wissenschaftlich begleiteten und tatsächlich rückholbaren Projekten in Form eines 'technologischen Spiels' gefunden werden. In den Pilotprojekten ist gerade nicht technisch experimentiert worden (wie das Beispiel 'Rückkanal' zeigte), die Projekte waren völlig konventionell in der Einheitstechnik der Bundespost ausgelegt. Die Pilotprojekte demonstrierten vor allem eine nachgeradezu panische Angst der Politiker vor echten Experimenten. Ein in Fragen der Medientechnik experimentierfreudiges Land wie die USA weist den Weg: Von dort kommen auch in den 90er Jahren alle wichtigen medientechnische Impulse. Im Gegensatz zu deutschen Rückkanal-Phantasien wird in den USA 1994 tatsächlich in großem Stil mit 'interactive media' auf digitaler Grundlage experimentiert.

11. Der Umgang mit weitreichenden Großtechniken ist ohne ethische Orientierung nicht mehr denkbar. Der Philosoph Hans Jonas betont dazu: „Im Zeichen der Technologie aber hat es die Ethik mit Handlungen zu tun (...), die eine beispiellose kausale Reichweite in die Zukunft haben, begleitet von einem Vorwissen, das ebenfalls, wie immer unvollständig, über alles ehemalige weit hinausgeht. Dazu die schiere Größenordnung der Fernwirkungen und oft auch die Unumkehrbarkeit. All dies rückt Verantwortung ins Zentrum der Ethik, und zwar mit Zeit- und Raumhorizonten, die denen der Taten entsprechen" (Jonas 1984: 8f). Wissenschaftler, die über die Folgen von Medientechnik forschen, müssen sich aller Konsequenzen ihrer Arbeit bewußt sein, da gibt es keinen Unterschied zu Atom- und Genforschern. Der Problemdruck ist angesichts einer massiv zunehmenden Mediatisierung und Kommerzialisierung der Kommunikation offensichtlich.

Literatur:

von ALEMANN, U., H. SCHATZ (1987): Mensch und Technik. Grundlagen und Perspektiven einer sozialverträglichen Technikgestaltung. Opladen: Westdeutscher Verlag

BENTELE, G. (1984): Kommunikationswissenschaft, Kommunikation und Massenkommunikation. In: Modellversuch Journalisten-Weiterbildung (Hrsg.): Fernstudium Kommmunikationswissenschaft, Bd. 1. München: Ölschläger, S. 11-57.

BÖHRET, C. (1990): Folgen. Entwurf für eine aktive Politik gegen schleichende Katastrophen. Opladen: Leske + Budrich

BÖHRET, C., P. FRANZ (1982): Technologiefolgenabschätzung. Institutionelle und verfahrensmäßige Lösungsansätze. Frankfurt: Campus

BORMANN, W. et. al. (1979): Sozialer Wandel unter Einfluß eines Kabelfernsehsystems - Vorstellung einer soziologischen Technikfolgenabschätzung. In: Dette/Kreibich/Kunert-Schroth, S. 387-472.

BREPOHL, K. (1982): Telematik - Die Grundlage der Zukunft. Bergisch Gladbach: Bastei Lübbe

BUNDESPOST (1985): Kabelanschluß - Der Anschluß an die Zukunft. Fernmeldeamt Hamburg 4.

DETTE, K., R. KREIBICH, H. KUNERT-SCHROTH (Hg. 1979): Kabelfernsehen und gesellschaftlicher Dialog. München: Minerva (Beiträge des Instituts für Zukunftsforschung, Bd. 2).

DETTE, K., R. KREIBICH, W. STEINMÜLLER (Hg. 1979): Zweiweg-Kabelfernsehen und Datenschutz. München: Minerva (Beiträge des Instituts für Zukunftsforschung Bd. 1).

DIERKES, M. (1986): Technikfolgen-Abschätzung als Interaktion von Sozialwissenschaften und Politik - Die Institutionalisierungsdiskussion im historischen Kontext. In: Dierkes/Petermann/von Thienen, S. 115-146.

DIERKES, M. (1993): Die Technisierung und ihre Folgen - Zur Biographie eines Forschungsfeldes. Berlin: Sigma

DIERKES, M., T. PETERMANN, V. von THIENEN (Hrsg.) (1986): Technik und Parlament. Technikfolgen-Abschätzung: Konzepte, Erfahrungen, Chancen. Berlin: Sigma

EISENSTEIN, E. L. (1979): The Printing Press as an Agent of Change. Cambridge: Cambridge University Press

FAUL, E. (1991): Begleituntersuchungen und Politikberatung - Statement zum Thema. in: Roß/Wilke, S. 95-100.
GERETSCHLÄGER, E. (1983): Medientechnik. Band 1, Nonprint-Medien. München: Ölschläger
GLOTZ, P. (1991): Das Spannungsfeld Wissenschaft - Politik - Medien. In: Roß/Wilke, S. 22-29.
HADORN, W., M. CORTESI (1985, 1986): Mensch und Medien, 2 Bände. Aarau: AT-Verlag
HAGEMANN, S. (1988): Kabel- und Satellitenfernsehen. Die Entwicklung in der Bundesrepublik Deutschland unter ökonomischen, politischen und inhaltlichen Aspekten. Bonn: Bundeszentrale für Politische Bildung
HAMELINK, C. J. (1988): The Technology Gamble. Informatics and Public Policy: A Study of Technology Choice. Norwood N. J.: Ablex
HASEBRINK, U. (1991): Die Begleitforschung zu den Kabelpilotprojekten im Überblick. Eine kommentierte Bibliographie. In: Jäckel/Schenk, S. 239-271.
HIEBER, L. (1983): Aufklärung über Technik. Zum Unterschied wissenschaftlicher und politischer Technikkritik. Frankfurt: Campus
HOFFMANN-RIEM (1991): Rollenkonflikte und Transferprobleme zwischen Wissenschaft, Politik und Medienpraxis. In: Roß/Wilke, S. 51-69.
JONAS, H. (1984): Das Prinzip Verantwortung. Versuch einer Ethik für die technologische Zivilisation. Frankfurt: Suhrkamp
JÄCKEL, M. (1989): Reaktionen auf das Kabelfernsehen. Kommunikationswissenschaftliche Erklärungen zur Ausbreitung eines neuen Mediums. München: R. Fischer
JÄCKEL, M., M. SCHENK (Hg. 1991): Kabelfernsehen in Deutschland: Pilotprojekte, Programmvermehrung, private Konkurrenz. Ergebnisse und Perspektiven. München: R. Fischer
KAISER, W., B.-P. LANGE, W. R. LANGENBUCHER, P. LERCHE, E. WITTE (1978): Kabelkommunikation und Vielfalt. Eine Problemanalyse zur Gestaltung von Pilotprojekten unter dem Aspekt der Wirkung auf die Presse. München: Oldenbourg
KAISER, W., H. MARKO, E. WITTE (Hg. 1977): Two-Way Cable Television. Experiences with Pilot Projects in North America, Japan, and Europe. Berlin: Springer

KLEINSTEUBER, H. J. (1991): Kabel und Satellit in der westeuropäischen Technologie- und Medienpolitik. In: Rundfunk und Fernsehen, Nr. 4, S. 506-526.
KOSZYK, K. (1987): Zur Soziologie der Medientechnik. In: Manfred Bobrowsky/Wolfgang R. Langenbucher, Hg.: Wege der Kommunikationsgeschichte. München: Ölschläger, S. 223-234.
KTK - Kommission für den Ausbau des technischen Kommunikationssystems (1976): Telekommunikationsbericht. Bonn: Bundesministerium für das Post- und Fernmeldewesen
KUBICEK, H. (1984): Kabel im Haus - Satellit überm Dach. Eine Informationsbuch zur aktuellen Mediendiskussion. Reinbek: Rowohlt
LANGE, B.-P. (1978): Kabelrundfunk als Innovationsproblem - zum Stand der Diskussion. In: Paetzold, s. 17- 32.
McLUHAN, M., Q. FIORE (1967): The Medium is the Massage. Harmondsworth: Penguin (dt. Übersetzung: Das Medium ist Massage. Frankfurt: Ullstein 1969).
METTLER-MEIBOM, B. (1986): Breitbandtechnologie. Opladen: Westdeutscher Verlag
MUMFORD, L. (1964): The Myth of the Machine. New York (dt. Ausgabe: Mythos der Maschine, Frankfurt: Fischer 1977)
MUMFORD, L. (1980): Autoritäre und demokratische Technik. In: Technologie und Politik (Hrsg. Freimut Duve). Reinbek: Rowohlt, Nr. 16, S. 13-22
NOELLE-NEUMANN, E. (1991): Soziale Experimente zur Wirkung des Fernsehens und Kabelfernsehens und ihre Prognoseleistung im Rückblick. in: Jäckel/Schenk, S. 223-237.
ORY, S., R. SURA (Hg. 1987): Der Urknall im Medienlabor. Das Kabelpilotprojekt in Ludwigshafen. Berlin: Vistas
PAETZOLD, U. (Hg. 1978): Kabelkommunikation. Organisation und Programme. München: Ölschläger
PASCHEN, H. (1986): Technology Assessment - Ein strategisches Rahmenkonzept für die Bewertung von Technologien. In: Dierkes/Petermann/v. Thienen, S. 21-46.
PATTON, P. (1993): Made in USA. The secret Histories of the Things that Made America. New York: Penguin
POOL, I. de Sola (1983): Technologies of Freedom. Cambridge MA: Harvard University Press

POSTMAN, N. (1982): The Disappearance of Childhood. New York (dt. Ausgabe: Das Verschwinden der Kindheit. Frankfurt: Fischer 1983).
ROß, D., J. WILKE (Hg. 1991): Umbruch in der Medienlandschaft. München: Ölschläger
RUPP, E. (1978): Thesen und Ansätze für sozialwissenschaftliche Forschungsvorhaben im Bereich 'Kabelfernsehen'. in: Paetzold, S. 101-106.
SCHMIDBAUER, M., P. LÖHR (1983): Die Kabelpilotprojekte in der Bundesrepublik Deutschland. Ein Handbuch. München: Saur
SCHULZ, W. (1989): Kommunikationsprozeß. In: Elisabeth Noelle-Neumann/Winfried Schulz/Jürgen Wilke (Hrsg.): Fischer Lexikon Publizistik - Massenkommunikation. Frankfurt: Fischer, S. 98-123.
SCHWARZ-SCHILLING, C. (1982): Spiegel-Gespräch mit Schwarz-Schilling. in: Der Spiegel, Nr. 43, S. 53-69.0
SILBERMANN, A. (1982): Handwörterbuch der Massenkommunikation und Medienforschung. Berlin: Spiess
SPÄTH, L. (1981): Das Kabel - Anschluß an die Zukunft. Stuttgart: Verlag Bonn aktuell
STEINBUCH, K. (1978): Maßlos informiert. Die Enteignung unseres Denkens. München: Herbig
VOWE, G., G. WERSIG (1983): 'Kabel-Demokratie'- Der Weg zur Informationskultur. In: Aus Politik und Zeitgeschichte, Nr. 45, S. 15-22.
WINN, M. (1977): The Plug-In Drug. New York (dt. Ausgabe: Die Droge im Wohnzimmer, Reinbek: Rowohlt 1979).

Von der Technikfolgenabschätzung zur Technikgestaltung - gibt es einen Weg?

PETER SCHEFE

1 Einleitung

Technik, die wissenschaftsgestützte Art, Arbeit zu substituieren, zu organisieren und zu effektivieren, mit einem Wort - zu rationalisieren, hat bei der Bewältigung des Lebens nicht nur Probleme gelöst, sondern auch viele neue geschaffen. Aus dieser Einsicht heraus - der Erkenntnis der unerwünschten Folgen - wächst das Bedürfnis nach *Technikgestaltung*, und zwar in einer eben die möglichen Folgen mitbedenkenden Weise, d. h. in anderer Weise, als bisher Technik gestaltet wurde - denn gestaltet wurde sie schon immer. Wissenschaft und Technik - die Wissenschaft erzeugt nicht nur neue Technik, sie bedarf ihrer auch - sind so eng verknüpft, daß die Kritik an der einen die Kritik an der anderen stets nach sich zieht. So ist auch Ilya Prigogines (Prigogine/Stengers 1981) Äußerung zu verstehen:

Innerhalb von nur 150 Jahren hat sich die Wissenschaft aus einer Quelle der Inspiration für die westliche Kultur in eine Bedrohung verwandelt. Und sie bedroht nicht nur die materielle Existenz des Menschen, sondern in einer weniger fühlbaren Weise droht sie, die am tiefsten in unserem kulturellen Leben verwurzelten Traditionen und Erfahrungen zu zerstören. Was hier angeklagt wird, ist nicht bloß dieses oder jenes technische Abfallprodukt einer wissenschaftlichen Erkenntnis, sondern der „Geist der Wissenschaft" überhaupt.

Der Computer bietet sich als Reinkarnation dieses Geistes geradezu an (vgl. Postman 1992). Die Informatik bzw. die Informationstechnik durchdringt alle Lebens- und Arbeitsbereiche in der modernen Industriegesellschaft. Man sagt: Sie transformiere diese in die Informationsgesellschaft. Doch wer oder was ist das Agens dieser Transformation? Bei technikorientierten Wissenschaftsmanagern, Politikern und anderen wichtigen Entscheidungsträgern wie bei der Überzahl der Techniker gilt die Entwicklung als zwangsläufig naturwüchsig. Damit wäre jede Frage nach Gestaltung oder Steuerung negativ beantwortet.

Der Versuch, sich einer positiven Beantwortung dieser Frage zu nähern, begegnet erheblichen Schwierigkeiten auch der begrifflichen Klärung. Die Situation ist in mehrfacher Weise paradox:

(1) Das *Dilemma der Technikfolgenabschätzung*: das Unvorhersehbare vorhersehen - oder anders gewendet: Folgen werden erst sichtbar, wenn die Technik in meist nicht mehr umkehrbarer Weise implementiert wurde.

(2) Das *Dilemma der Technikbewertung*: das Unmögliche wollen - oder: Überforderung bedeutet Entlastung. Die Folgen des eigenen Handelns sind nicht überschaubar, somit auch nicht verantwortbar.

(3) Das *Dilemma der Technikgestaltung*: das Unzugängliche gestalten - oder: mit Experten gegen Expertokratie. Technik kann nur durch Experten, soll aber im Sinne aller gestaltet werden.

Wir werden auf diese Dilemmata im geeigneten Kontext zurückkommen. Da wir unser Thema anhand der Informatik bzw. Informationstechnik und gelegentlich anhand eines Spezialgebiets, der *Künstlichen Intelligenz* bzw. der Wissenstechnik, entwickeln wollen, ist es angezeigt, die grundlegenden Ziele, Methoden und Begriffe in einem Zusammenhang zu skizzieren, der der Frage nach der Gestaltung den geeigneten Hintergrund gibt. Wir verzichten bewußt auf eine verkürzende Vorweg-Definition von Gestaltung; stattdessen versuchen wir uns dem Problem zunächst durch Beschreibung zu nähern. Wo und wie wird in und mit der Informatik immer schon „gestaltet"?

2 Gestaltung in der Informatik

Den Kern der Informatik bildet die Logik im weiteren Sinne, begründet durch G. Frege, mit ihren Prinzipien der Deduktion und semantischen Dekomponierbarkeit des Wissens. Entworfen werden Kalküle, Algorithmen, Zeichensysteme. Berechenbarkeit und Komplexität sind wesentliche Entwurfskriterien. Diese Abstrakta wären wohl nicht so intensiv erforscht, gäbe es nicht die

Technik, die sie materialisiert. Entworfen und gestaltet werden auf dieser Ebene logische Strukturen und Prozesse nach der vorherrschenden Maßgabe effizienter physikalischer Realisierbarkeit, Konstruierbarkeit und Leistung.

Der sogenannte objektorientierte Entwurf gilt z. Zt. als fortschrittliche Methode der Softwareentwicklung (vgl. Gryczan/Züllighoven 1992): Programme werden systematisch um Objektklassen gruppiert, auf deren Instanzen sie anwendbar sind. Ein klassischer Anwendungsfall sind Fenstersysteme für die Benutzungsinteraktion: Fenster bilden eine Klasse von Objekten, denen bestimmte Methoden zugeordnet sind, z. B. öffnen/schließen, vergrößern/verkleinern, verschieben etc. Eine andere neuere Methode ist die sogenannte Megaprogrammierung, d. h. der Konstruktion von Megasystemen aus umfangreichen Moduln (Wiederhold et al. 1992). Beiden Methoden gemeinsam ist das Streben nach Komplexitätsreduktion und teilweiser Wiederverwendbarkeit des Entworfenen.

Es geht - ungeachtet der anders akzentuierenden Bezeichnung „objektorientiert" - um *funktionsorientiertes Entwerfen* einer immateriellen, sprachlichen *Struktur* (eben Software). Die Struktur determiniert die Funktion („function follows form" in Abwandlung des Slogans funktionalistischen Designs „form follows function", vgl. Staber 1985). Da es meist beliebig viele Strukturen gibt, die dieselbe Funktion realisieren, wird die Möglichkeit der Auswahl eröffnet. Die Strukturierung über die optimale Realisierung einer vorgegebenen Funktion hinaus führt zur Formulierung einer mehr oder weniger *verbindlichen Entwurfsdisziplin*, die Zielen wie Verständlichkeit, Kommunizierbarkeit, Änderungsfreundlichkeit, Sicherheit verpflichtet ist. Informatiker sehen in dieser Bindung an eine Disziplin eine wesentliche Voraussetzung für Freiheit und Gestaltbarkeit (z. B. Zemanek 1978). „Schönheit" von Programmen bezieht sich dabei nicht auf den kommunizierten Inhalt selbst, sondern auf den Grad der Übereinstimmung von funktionalem Inhalt und textuell-organisatorischer Strukturierung der ihn realisierenden Programme. Es ist also zu unterscheiden zwischen funktionalem und textuell-organisatorischem Design bzw. zwischen funktionalem Entwurf (Algorithmus) und Programmentwurf (Kode). Für letzteren gilt dann „form follows function". Software*architektur* und *-design* folgen Gestaltungsprinzipien, die wesentlich nicht-technischer Natur sind. Sie haben aber wesentlich technische Konsequenzen in der Wartbarkeit und Fehlerfreiheit.

Man könnte hier von Methoden der Software*konstruktion* sprechen. Was wäre dann Software*gestaltung*? Beziehen sich die genannten Strategien in erster Linie auf den *Konstruktionsprozeß*, so gilt Gestaltung als *Formgebung*, ist *produkt*orientiert. Hier scheint es nahezuliegen, Anleihen zu machen bei Disziplinen, die programmatisch gestalten, z. B. der Architektur (vgl. Rolf 1992) oder der Evolution, die Formen hervorbringt (vgl. Siefkes 1992). Bevor wir auf die Problematik solcher „Gestaltungstheorien" eingehen, ist die Einbettung der Informatikprodukte in die Anwendungswelt zu betrachten.

Die von der Informatik erzeugten Konstrukte erhalten in der Einbettung in eine sozioökonomische Umgebung eine zweite Bedeutung: Sie sind *Modelle* von Arbeitsprozessen, in denen meist partiell technisierte Prozesse wie Rechnen, Steuern und Kommunizieren (vgl. Janich 1993) eine hervorragende Rolle spielen. Hiermit herrscht - in deren Selbstverständnis des Ingenieurs bzw. des Informatikers*) - eine ziemlich strikte Arbeitsteilung. Die zu realisierende Funktionalität wird vorgegeben: Entwickler übersetzen Beschreibungen der Anwender und Nutzer in ihre Modellsprache und „gestalten" dann nach ihren intra-disziplinären Richtlinien. Der dadurch entstehenden, nicht unerheblichen Kommunikationsprobleme und - als Folge davon - auch Kosten beginnt man sich allmählich bewußt zu werden, so daß der Entwurf nicht mehr in strikter Arbeitsteilung und in weitgehend entkoppelten Phasen durchführbar erscheint. Dennoch bleibt es dabei: Die Auftraggeber interessieren die Nützlichkeit, sozioökonomische Implementierbarkeit und Durchsetzbarkeit ihrer Gestaltungsvorstellungen, nicht die Auftragnehmer. So die wohl vorherrschende Vorstellung (vgl. Schefe 1992) der sich als nur Ausführende verstehenden Informatiker und Informatikerinnen.

Bewegt sich Gestaltung in der Informatik also meist im Rahmen weitgehender Vorgaben hinsichtlich der Benutzungsoberflächen wie auch der Systemfunktionen im sozioökonomischen Kontext, so folgen diese Gestaltungsvorgaben des Managements zum

---

*) die weibliche Form gilt entsprechend

überwiegenden Teil heute noch dem Prinzip der wissenschaftlichen Betriebsführung von Taylor, d. h.

- weitestgehender Arbeitsteilung
- Standardisierung von Arbeitsprozeduren
- Trennung von Arbeiten und Planen

und damit dem kulturellen Bestimmungsfaktor der größtmöglichen Effizienz und Kontrollierbarkeit des Produktionsprozesses, einer reinen Rationalität des Zweckes höchstmöglichen Gewinns. Die Informatik ist insofern Gestaltungsinstrument und Gestaltungsmedium sozioökonomischer Akteure. Gestaltungsziele sind dabei in verquerer Weise mit den Gestaltungstechniken selbst verknüpft; Innovation als Innovation ist das Ziel; nur so tun sich neue Märkte auf, die ja die Existenz der Akteure sichern.

3 Wirkungen der Gestaltung

Die Einbettung dieses zweckrationalen Handelns in die Kultur, die Lebenswelt, erscheint daher nicht mehr primär als bewußte Einbindung in ein Ensemble von Zwecken und Zielen, in eine technikexterne Sinngebung, sondern als *Entfremdung* von Sinn, einer *Verstellung* des Seins (Heidegger 1959), als reine Performativität im Dienste der *Macht* (Lyotard 1986). Die Technik hat Folgen für die Kultur, verändert sie negativ, weil - gleichsam in einer Spirale treibend - die kulturellen Bestimmungsfaktoren selbst technikinduziert sind: mechanistisches Denken, Effizienzorientierung, Globalisierung, zurückwirkend auf eine höchstens durch wirtschaftliche Engpässe vorübergehend aufgehaltene Entwicklungsdynamik unter den Zwängen einer allgemeinen technologischen Wettlaufs um Positionen auf dem umkämpften Weltmarkt.

Wie stark diese ideologische Verzahnung gedeihen kann, sei am Beispiel der Künstlichen Intelligenz (KI) verdeutlicht. Sie erlebte wie kaum eine andere Disziplin das Heraustreten aus einem Schattendasein esoterischer wissenschaftlicher Zirkel in das grelle Licht des politisch-ökonomischen Interesses, angeregt durch die Provokation des japanischen „5th generation"-Projekts, mit dem das Zeitalter der *Wissensverarbeitung* eingeläutet werden sollte (Man darf Zweifel haben. Vgl. z. B. Becker 1992). Das technische Ziel der KI ist die Konstruktion einer intelligenten

Maschine, ihr ideologisches Paradigma die Rekonstruktion der menschlichen Intelligenz.

Diese doppelte Zielsetzung erwächst weitgehend aus derselben geistigen Grundhaltung - einem szientistischen Naturalismus in der Tradition mechanistischer Modellierungen des Geistes seit Leibniz. Sie wirkt sich als mehr oder weniger ***unbewußte Gestaltung*** der Technik und ihrer Anwendung aus:

- Die Technikentwicklung tendiert dazu, als Selbstzweck (oder gar höherer Zweck der Evolution) gesehen zu werden.
- Die Rekonstruktion (und Eliminierung) von Menschen ist auf Beherrschbarkeit, zentralistische Verwaltbarkeit und Beschleunigung von Produktion und damit zusammenhängenden weiteren Lebensbereichen angelegt. Verfügung über KI-Technik verspricht einen besonders hohen Machtgewinn.
- Die Formalisierung geistiger Tätigkeiten dient der Ausschaltung von nicht-instrumentalisierbaren Störfaktoren im Produktionsprozeß. Was eliminierbar scheint, gilt auch als eliminierungswürdig.

Dieser Grundeinstellung entspricht auf Seiten der Informatiker die Übernahme der ungebrochenen Mittelrationalität und die schlichte Ignorierung von möglichen negativen Folgen, insbesondere auf lange Sicht.

Expertensysteme, d. h. Softwaresysteme, die das „Wissen" von Experten in Fakten und Ableitungsregeln zu fassen versuchen, die wirtschaftlich interessanteste Entwicklung der KI-Technik, haben in der Bundesrepublik starkes Interesse gefunden auch als Gegenstand der Technikfolgenabschätzung, so u. a. bei der Enquete-Kommission des Bundestages. (Der Autor hat sich an dieser Debatte beteiligt.) Einige Risiken für unsere Wissenssysteme seien im folgenden exemplarisch charakterisiert (vgl. Schefe 1990):

- *Verletzlichkeit*: Die viel beklagte Abhängigkeit von Experten wird ersetzt durch eine erhöhte - weil zentralisierte - Abhängigkeit von automatisierten Experten. Der Ausfall eines solchen Experten kann ganze Wirtschaftszweige lahm legen (z. B. den Vertrieb einer großen Firma, die Geldtransfers bei einer Bank, die Börse etc.)
- *Bürokratisierung*: Die Flexibilität der technischen Handhabung wird erkauft durch eine Bürokratisierung der Wissensanwen-

dung, auf nicht vorhergesehene Situationen kann nicht reagiert werden.

- *Oligopolisierung*: Die Verfügbarmachung von Wissen in zentralen automatisierten Systemen oligopolisiert den Markt der Wissensanbieter, aber auch der Wissensverwalter. Der Zugang wird nicht, wie gern behauptet, demokratisiert.
- *Qualitätsverlust*: Aufgrund unzureichender Erfassung, Aufbereitung, Darstellung wie auch Darbietung wird der Benutzer fehlinformiert, überinformiert oder desinformiert.
- *Dysfunktionalität*: Die automatisierten Systeme können die ursprünglich von Experten wahrgenommenen sozial-organisatorischen Funktionen nicht übernehmen. Sie stören den Wissensfluß eher, als ihn zu unterstützen.
- *Unproduktivität*: Aufgrund des Verschwindens von Experten und der Abbildung von Realität in Rechnern können die neuen Funktionsträger (Bediener des Systems, Wissensingenieure) keine neuen Erfahrungen mehr machen, die notwendig sind für eine kreative Weiterentwicklung. So berichtet z. B. auch Postman (Postman 1992) die Bedenken von Naturwissenschaftlern hinsichtlich des Einsatzes von Computern in der Forschung: Es sei inzwischen zu einem dramatischen Rückgang von umwälzenden, „serendipitären" Entdeckungen unter dem Einfluß der Computerbenutzung gekommen

Die Betrachtung über Auswirkungen ließe sich vertiefen, insbesondere bei näherer Differenzierung z. B. nach sozialen Gruppen oder Branchen (vgl. Schefe 1990). Sie genügt hier aber soweit, als sie die Forderung nach einer *bewußten Gestaltung als Steuerung der technischen Entwicklung* plausibel erscheinen läßt. Obwohl die Künstliche Intelligenz bisher kaum zu nennenswerter Anwendung gekommen ist, hat die durch sie ausgelöste Debatte die Einsicht in die Notwendigkeit eines Umdenkens in der Softwaregestaltung allgemein befördert (Skarpelis 1992).

4 Alternative Gestaltung: Vorbild Architektur?

Gestaltung in dem zuletzt genannten Sinne zielt auf Vermeidung oder zumindest Minimierung der angezeigten Risiken. Das ist naheliegend, doch führt diese Zielsetzung allzuleicht zu Versuchen, die Probleme wiederum durch technische Reparatur lösen zu wollen. Es bedarf einer nicht-technischen Orientierung, die Gestaltung „leitet", d. h. negativ zunächst eine Befreiung aus der Orientierung, daß alle Probleme technisch lösbar seien (vgl. Schefe 1990):

Die Ablehnung irrationaler Autorität der Naturwissenschaften und die Betonung von deren Hauptzielsetzung, Modelle zur effektiveren Wirklichkeitsbeeinflussung zu entwickeln, erleichtert dem Menschen insbesondere gegenüber der Technik, die Prioritäten zu setzen, daß er wieder das Subjekt der Technik wird (Wolff 1989).

Positiv gewendet, Wissenschaft und Technik bedürfen der folgenden Orientierungen, am Beispiel der Künstlichen Intelligenz:

- *pluralistisch-interdisziplinär*: Aufgabe des methodischen Alleinvertretungsanspruchs für die Rekonstruktion von Intelligenz
- *ganzheitlich*: Anerkennung der Nichtreduzierbarkeit geistiger Phänomene auf abstrakt-formale Prinzipien
- *humanistisch*: Bereitstellung von Wissen zur menschengerechten „effektiveren Wirklichkeitsbeeinflussung" bzw. Gestaltung

Was unter der zuletzt genannten Sinnorientierung zu verstehen ist, kann hier nur angedeutet werden. Eine solche Orientierung vorausgesetzt, läßt sich fragen: Wie soll Informationstechnik beschaffen oder gestaltet sein? Und: Wie läßt sich diese Beschaffenheit oder Gestaltung erreichen?

Fassen wir zunächst zusammen, welche Arten der Gestaltung in und mit der Informationstechnik beschrieben worden sind, um in einem Vergleich mit programmatisch gestaltenden Disziplinen wie Architektur und Design den für die Themafrage wesentlichen Begriff zu identifizieren.

In der Informatik ist Gestaltung zu interpretieren als

(1) Realisierung einer vorgegebenen geistig-technischen Funktion durch Anordnung und Verknüpfung von geeigneten Bau(Sprach-)elementen,

(2) Strukturierung eines funktionalen Ganzen (Systems) zum Zwecke kognitiver und kommunikativer Adäquatheit zu einer textuell-organisatorischen Architektur,

(3) Stilisierung desselben durch marginale Überformung ohne kulturelle Wirksamkeit (Personalstil).

Benutzungsoberflächen, die lange als Gestaltungsfeld für Informatiker galten, sind heute standardisierten ergonomischen

Randbedingungen unterworfen, die durch die Arbeitswissenschaft oder schon etablierte Industrienormen vorgegeben werden, so daß der Spielraum geschrumpft ist. Es zeigt sich hier also kaum ein Gestaltungsaspekt, der nicht durch (1) bis (3) erfaßt ist.

Deutlicher überschritten wird diese Kompetenz bei der Interpretation als

(4) inhaltliche Bestimmung der Vorgaben, d. h. der Auswahl und Rekonstruktion von geistigen Funktionen aus einem soziokulturellen Ganzen (Systemanalyse, Wissensanalyse),

(5) Steuerung des sozialen (ökonomischen, kulturellen) Wandels.

Schließlich bieten die neuen Medien ein Gestaltungsfeld für Künstler, wenn auch die Konturen einer digitalen Ästhetik einstweilen verschwommen bleiben (vgl. Rötzer 1991):

(6) Ausdruck künstlerisch-ästhetischer Intuition im Medium digitalisierter Formen (Graphik, Text etc.)

Entsprechungen zu Architektur und Design scheinen auf der Hand zu liegen: Bauen und Gestalten im Zeichen des funktionalistischen Zweckrationalismus, der Beschleunigung aller Prozesse, bringen Produkte hervor, die auf Leben und Arbeit wirken. Und nicht nur positiv: Monotonie und Banalität von Fassaden, Unwirtlichkeit der Gegenstände, Wildwuchs der Städte (vgl. Vogt 1985, Staber 1985) scheinen Folgen derselben Fehlhaltung. Doch die Parallelen sind zu oberflächlich, um tragfähige Analogieschlüsse zu erlauben. Schon die Zuschreibung der Verantwortung ist verschieden: Während man bei der Informationstechnik die Verantwortung weitgehend bei den Auftraggebern sieht, werden die Architekten in weit höherem Maße selbst verantwortlich gemacht, stehen hier doch Namen, z. B. Mies van der Rohe, für soziokulturelle Gestaltungsprogramme. Unterschiede bestehen also vor allem in Art und Reichweite der Gestaltung. Architektur ist, nach Ernst Bloch (zit. bei Vogt 1985), „ein Produktionsversuch menschlicher Heimat“. Sie reicht wesentlich tiefer in das hinein, was wir vom Leben erwarten, als es die Informationstechnik je beanspruchen könnte. Ihr *moralischer* Anspruch ist nicht mit dem der Informatik vergleichbar. Dies gilt auch für ihre *ästhetische* Dimension. In Architektur und Design ist Gestaltung *Formgebung,* die *Form* also wesentlicher, unverzichtbarer Teil des *Produkts*. Stil kann hier zur *Lebens*form werden. Kritik an Architektur und Design ist daher viel stärker in Vorstellungen über Lebensstile und Lebenszusammenhänge verankert.

Softwaregestaltung hat zwar auch semiotisch-ästhetische Aspekte; es gibt z. B. Freiheiten für - meist persönliche - Programmier*stile*. Doch sind sie redundant - es wird in ihnen nichts ausgedrückt, was dem Produkt etwas hinzufügt. Selbst in graphischen Benutzungsoberflächen von Softwaresystemen dominiert der ergonomisch-funktionale Entwurf. Erst wenn von Anwendungskontexten völlig abstrahiert wird wie in der sogenannten Computerkunst (Franke 1971), kann ein Algorithmus (bzw. ein Programm) selbst primäres Gestaltungs*objekt* werden.

Weiterhin: Architektur hat es mit vorwiegend statischer Raumaufteilung und Anordnung konkreter, verschiedene Sinne ansprechender Materialien zu tun. Die sinnliche Erfahrbarkeit und Körperbezogenheit dieser Produkte sind ihr wesentlich. Systeme der Informatik hingegen sind dynamisch-interaktiv und abstrakt-immateriell. So evozieren Softwaresyteme heute als Medium der Kunst neue ästhetische Experimente und Probleme der Gestaltung virtueller Realität, die durch die herkömmliche Kunsttheorie nicht abgedeckt sind (vgl. z. B. Lyotard et al. 1985). Die am meisten in soziales Geschehen eingreifende Gestaltungsmöglichkeiten (4) und (5) erweisen sich bei näherer Betrachtung in der Informatik als viel problematischer als in den besagten Disziplinen.

Abgesehen davon, daß man kaum auf eine verbindliche Gestaltungstheorie aus den Vergleichsdisziplinen zurückgreifen kann, muß zunächst eine fundierte Analyse der Bedingungen von Entwurfsprozessen in der Informatik geleistet werden, insbesondere bei großen Softwareprojekten, bevor erklärende „Theorien" herbeigeredet werden. Ähnliches gilt für die Neigung, „Theorien" metaphorisch zu entfalten (z. B. Siefkes 1992). Insbesondere der Rückgriff auf die modische Metaphorik von Evolution und Ökologie kann die diskursive Analyse nicht ersetzen, ist stattdessen eher geeignet, neue Mythen zu bilden, z. B. den Mythos der „kleinen Systeme" oder der „Selbstorganisation".

5 Ausblick: nicht Gestalten sondern konzertiertes Handeln

Unabweisbar jedoch ist die Auseinandersetzung mit dem *moralischen* Aspekt von Technikgestaltung als *inhaltlich-funktionaler Bestimmung* (4) und *sozialer Steuerung* (5). Leitende Menschenbilder, implizierte Wertvorstellungen sind zu hinterfragen, kurz: *Aufklärung* ist zu leisten (vgl. Hastedt 1991).

Gibt es objektiv ermittelbare Wege zu diesem subjektiv konstituierten Ziel?

Die angedeuteten Gestaltungsziele sind nicht in erster Linie wissenschaftlich, sondern durch Wertvorstellungen begründet, d. h., sie sind zunächst Forderungen an das Handeln jedes *einzelnen*. Auf die oben schon angedeutete paradoxe Situation reagieren Informatiker meist mit Ratlosigkeit oder Ablehnung:

„Es ist eine in der Ethik der Technik gänzlich ungelöste Frage, wie weit die Verantwortung des Entwicklers reicht“ (Seetzen 1989).

Hier liegt nun der Schluß nahe: Den Systemingenieuren „die etwaigen kulturellen und gesellschaftlichen Schäden zur Last zu legen, würde ihre Kompetenz und ihren Handlungsspielraum übersteigen“ (Mahr 1989).

Die Antwort auf dieses Problem kann m. E. nicht die Aufstellung eines professionellen Ethik-Kodes (vgl. Schefe 1991) sein, sondern eine situationsorientierte Ethik, die sich stets neu zu konkretisieren hat.

Gibt es Situationen, in denen Informatikerinnen und Informatiker Einfluß nehmen können auf den Gestaltungsprozeß im Sinne einer solchen Orientierung?

Zumindest, wenn bestimmte Voraussetzungen erfüllt sind. Dazu gehört auf der Seite des Auftraggebers z. B. die Akzeptanz einer nicht streng phasenorientierten Softwareentwicklung. Objektorientierter Entwurf und sogenanntes Prototyping kombiniert mit benutzerorientiertem Projektmanagement bieten Chancen für das Entstehen solcher Situationen: Gryczan und Züllighoven (Gryczan/Züllighoven 1992) beschreiben solche Konstellationen:

- Benutzungsorientierung richtet sich auf fachliche Verwendbarkeit und gute Handhabung am Arbeitsplatz

- Objektorientierung schafft die Grundlage einer gemeinsamen Projektsprache
- Prototyping schafft Diskussionsgegenstände und ermöglicht, Erfahrungen zu sammeln
- Der Entwicklungsprozeß ist auf konstruktive Mitarbeit und gegenseitiges Vertrauen ausgelegt
- In der Diskussion über Entwurfsdetails anhand eines Prototyps lassen sich oft Managemententscheidungen in andere Bahnen lenken
- Informelle Formen der Zusammenarbeit und kleine aufgabenorientierte Arbeitstreffen beeinflussen die benutzungsorientierte Gestaltung
- Projektkultur führt zu mehr Verantwortlichkeit und Engagement

Voraussetzungen einer solchen Projektkultur sind also die Zulassung einer demokratisch orientierten Mitwirkung der Betrofenen, für die z. B. H. Kubicek und P. Berger (Kubicek/Berger 1983) gefordert haben, sie sei:

- repräsentativ statt individuell
- gesetzlich vorgeschrieben statt kraft Direktionsrecht ermöglicht
- arbeitnehmer- statt arbeitgeberinitiiert
- gestaltungs- statt akzeptanzorientiert

Es ergeben sich andererseits erhöhte Anforderungen an die Qualifikation der Entwickler, die Gryczan und Züllighoven (a. a. O.) beziehen auf:

- Kommunikationsfähigkeit
- Verantwortungsbereitschaft
- Bereitschaft sich einer Entwicklungsdisziplin zu unterwerfen
- Offenheit gegenüber neuen Vorgehensweisen

Entsprechen muß dem der Wille und die Qualifikation auf der Seite der Betroffenen, ihre Eigenverantwortung wahrzunehmen.

Damit ist deutlich: Es geht nicht um die Ausbildung einer Gestaltungskompetenz im Sinne von (4) und (5), sondern um die Forcierung von *Kooperation* von Techniker und Betroffenen, Demokratisierung der Gestaltungs*prozesse* im Sinne von (4) und (5), Selbstbestimmung aller Beteiligten und Disziplin des Entwurfs im Sinne von (1) und (2).

Wie sind diese Voraussetzungen zu erreichen?

Die Kompetenzen (1) und (2) sind erklärtes Ziel der Ausbildung in Informatik. Doch auch für ein adäquates Verhalten zu (4) und (5) scheint die Universität gefordert; insbesondere die Informatik-Fachbereiche sollten in ihrem Curriculum weit stärker kulturbezogene Elemente aufnehmen, als es bisher der Fall ist. Über das Ziel hinaus geht W. Coy (Coy 1989), der Informatik als Wissenschaft von der Gestaltung und Organisation von Arbeitsprozessen verstanden wissen will. Erforderlich ist allerdings sowohl die engere Verzahnung der Ausbildung mit anderen Fachbereichen als auch mit der Praxis.

Viel weiter geht hier N. Postman, der auf ein neues altes Curriculum für die Gesellschaft insgesamt drängt, zum Rückgriff auf die humanistische Tradition unserer Kultur. Postman vermag allerdings keinerlei Vorgehensweisen zum Umsetzen dieser konservativen Vorstellung anzugeben.

Trotz erheblicher Sensiblisierungsfortschritte, die Skarpelis (Skarpelis 1992) in der Informatik konstatiert, stehen einer Revision des Informatikcurriculums doch erhebliche Widerstände entgegen, insbesondere angesichts der ins Auge gefaßten Straffung des Studiums. Als Beispiel dafür können die neuesten Vorschläge der amerikanischen Informatikervereinigung (Hartmanis et al. 1992) zur Förderung von Forschung und Lehre dienen. Sie sind ausschließlich an kommerziell-industrieller Verwertbarkeit orientiert. Sogar die Erhöhung des Frauenanteils wird unter dem Gesichtspunkt des „enrichment of the talent pool" betrachtet.

Eine durchgreifende Veränderung - und sie wäre für eine Durchsetzung der sozialorientierten Gestaltungsziele erforderlich - kann nur erreicht werden durch eine *konzertierte Aktion*. Der *Demokratisierung* dient die Fortschreibung der Gesetzgebung

- in Richtung einer erweiterten Mitbestimmung einschließlich Qualifizierungsmaßnahmen
- in Richtung einer Institutionalisierung von Technikfolgenabschätzung und -bewertung als Frühwarnsystem unter Öffnung gegenüber „kritischer" Wissenschaft und Öffentlichkeit (vgl. Bechmann et al. 1988)
- zur Verschärfung des Haftungsrechts
- zur Veränderung der Hochschulstruktur zwecks Aufbrechung ingenieurwissenschaftlicher Studiengänge im Sinne einer kulturwissenschaftlichen Einbettung

A. Roßnagel u. a. (Roßnagel et al. 1989) fordern neue Zielsetzungen auch in der Praxis der industriellen Normung sowie der Zulassung. Die Exekutive muß ihre technikinduzierte Forschungsförderung ändern. Die bisherigen Forschungsprogramme zur Technikfolgenabschätzung haben doch eher Alibifunktion.

Die als Lobby auftretenden Berufsvereinigungen sollten erst dann gehört werden, wenn ihre Vorschläge institutionalisierte interdisziplinäre Diskurse mit insbesondere kulturwissenschaftlichen Vertretern, Gremien etc. passiert haben. Zu solchen Diskursen gibt es bescheidene Ansätze (VDI-Technikphilosophie, Informatik und Philosophie, Informatik und Kultur in der GI). Dies würde dem Prinzip des konkurrierenden Sachverstands (Roßnagel et al. 1989) Vorschub leisten. Wie schwierig die Kommunikation zwischen unterschiedlich sozialisierten Wissenschaftsbereichen ist, und darüberhinaus deren Institutionalisierung, hat der Verfasser selbst wiederholt erfahren.

Die Gestaltung einer humanorientierten Technik kann nur gelingen, wenn alle an den Prozessen ihrer Entwicklung, Verbreitung, Anwendung und Benutzung Beteiligten gemeinsam (zumindest mit einer demokratischen Mehrheit) dieses Ziel verfolgen.

Literatur

BECHMANN, G., F. GLOEDE, H. PASCHEN (1988): Frühwarnung vor technikbedingten Gefahren? In: W. Bungard, H. Lenk (Hrsg.): Technikbewertung. Suhrkamp, Frankfurt.

BECKER, B. (1992): Künstliche Intelligenz. Konzepte, Systeme, Verheißungen. Campus, Frankfurt/Main.

COY, W. (1989): Brauchen wir eine Theorie der Informatik? In: Info.-Spektrum 12, 256-266.

COY, W. et al. (Hrsg.) (1992): Sichtweisen der Informatik. Vieweg, Braunschweig.

FRANKE, H. W. (1971): Computergraphik, Computerkunst. Bruckmann, München.

FREGE, G. (1962): Funktion, Begriff, Bedeutung. Vandenhoek & Ruprecht, Göttingen.

GRYCZAN, S., H. ZÜLLINGHOVEN (1992): Objektorientierte Systementwicklung. In: Informatik-Spektrum 15, 264-272.

HARTMAIS, J. et al. (1992): Computing the future. In: cacm 35, 30-40.
HASTEDT, H. (1991): Aufklärung und Technik. Grundprobleme einer Ethik der Technik. Suhrkamp, Frankfurt.
HEIDEGGER, M. (1959): Der Weg zur Sprache. In: Bayr. Akademie der Künste (Hrsg.): Die Sprache. 93-114. Wissenschaftl. Buchgesellschaft, Darmstadt.
JANICH, P. (1993): Zur Konstitution der Informatik als Wissenschaft. (Im Druck.)
KLISCHEWSKI, R. (1992): Wirkungs- oder Gestaltungsforschung - Technikfolgenabschätzung in der Informatik. In: InfoTech 4, 38-44.
KUBICEK, H., P. BERGER (1983): Regelungen und Rahmenbedingungen der Beteiligung im Bereich der Arbeitgeber-Arbeitnehmer-Beziehungen. In: P. Mambrey, R. Oppermann (Hrsg.): Beteiligung von Betroffenen bei der Enwicklung von Informationssystemen. Campus Verlag, Frankfurt, 23-85.
LYOTARD, J. F. et al. (1986): Immaterialität und Postmoderne. Merve, Berlin.
MAHR, B. (1989): Der saubere Weg. Ethik u. Verantwortung in der Informationstechnik. Arbeitsgespräch zur „Theorie der Informatik" 1989 in Bederkesa.
POSTMAN, N. (1992): Das Technopol. Fischer, Frankfurt.
PRIGOGINE, I., I. STENGERS (1981): Dialog mit der Natur. Piper, München.
RÖTZER, F. (Hrsg.) (1991): Digitaler Schein. Suhrkamp, Frankfurt.
ROLF, A. (1992): Sichtwechsel - Informatik als (gezähmte) Gestaltungswissenschaft. In: (Coy et al. 1992).
ROßNAGEL, A. et al. (1989): Die Verletzlichkeit der Informationsgesellschaft. Westdeutscher Verlag, Opladen.
SCHEFE, P. (1990): Gibt es eine sozial-orientierte KI? In: KI 4, 5-12.
SCHEFE, P. (1991): Zehn Gebote für die Informatik? In: Info.-Spektrum 14, 208-210.
SCHEFE, P. (1992): Theorie oder Aufklärung? In: (Coy et al. 1992), 327-334.
SEETZEN, J. (1989): Information, Kommunikation, Organisation. Anmerkungen f. d. Arbeitsgespräch zur „Theorie der Informatik" 1989 in Bederkesa.

SIEFKES, D. (1992): Sinn im Formalen? Wie wir mit Maschinen und Formalismen umgehen. In: (Coy et al. 1992), 97-114.
SKARPELIS, C. (1992): Die Unverdaubarkeit der Paradigmenwechsel. In: InfoTech 4, 18-37.
STABER, M. (1985): Design. In: E. Lucie-Smith, S. Hauke, A. M. Vogt: Kunst der Gegenwart. Propyläen, Frankfurt.
VOGT, A. M. (1985): Architektur. In: E. Lucie-Smith, S. Hauke, A. M. Vogt: Kunst der Gegenwart. Propyläen, Frankfurt.
WIEDERHOLD, G., P. WEGNER, S. CERI (1992): Toward Megaprogramming. In: cacm 35, 89-99.
WOLFF, M. (1989): Naturwissenschaftliche Erkenntnis - ihr Status und ihre Rolle bei rational-ethischen Entscheidungen. In: M. Gatzemeier (Hrsg.): Verantwortung in Wissenschaft und Technik. BI Wissenschaftsverlag, Mannheim, 102-113.
ZEMANEK, H. (1978): Entwurf und Verantwortung. In: IBM Nachrichten 241, 173-182.

Informatik und das Dual-Use-Problem - Projekt OSCAR als ein Beispiel für pragmatischen Umgang mit der Ambivalenz von Forschung

LEONIE DRESCHLER-FISCHER

1 Einleitung

Die Frage nach den Chancen und Risiken der Informatik und der Informationstechnik hat schon über zwei Jahrzehnte die Wissenschaftsgemeinde und die Medien beschäftigt. Insbesondere in den siebziger Jahren, als Joseph Weizenbaum sein vielbeachtetes Buch über die Macht der Computer und die Ohmacht der Vernunft veröffentlicht hatte (Weizenbaum, 1978), schwappte eine wahre Welle von Wissenschaftskritik durch die Hörsäle. Und auch heute noch wird Weizenbaum gerne eingeladen, wenn für einen festlichen Anlaß ein besinnlicher Beitrag gebraucht wird.

Was wurde bisher erreicht? Anwendungen und Wirkungen der Informatik haben an mehreren Universitäten einen festen Platz im Curriculum gefunden. Es wurden Professuren für „Wirkungen der Informatik" eingerichtet. Die Standesorganisationen haben eigene Untergruppen zum Thema „Informatik und Gesellschaft" eingerichtet, z. B. in Deutschland die Gesellschaft für Informatik (GI) oder in den U.S.A. die ACM[1] mit ihrer *Special Interest Group Computers and Society SIG-CAS*. Neben der eher konservativen Standesorganisation „Gesellschaft für Informatik" formierte sich in Deutschland das FIFF[2], das nicht wie die GI durch industrielle Interessenvertretung dominiert wird. Der neue ACM-Code of Professional Conduct verpflichtet die Mitglieder zur Technikfolgenabschätzung:

---

[1] Association of Computing Machinery

[2] Forum Informatiker und Informatikerinnen für Frieden und gesellschaftliche Verantwortung

"The new ACM Code of Professional Conduct state that computing professionals should give comprehensive and thorough evaluations of computer systems and their impacts, including analyses of possible risks (imperative 2.5) . They should manage personnel and resources in such a way as to design and build information systems that enhance the quality of working life (imperative 3.2). Moreover, they should ensure that those who will be affected by a system have their needs clearly articulated during the assesment and design of requirements and that the system is later validated to meet requirements (imperative 3.4)" (Anderson und Perrolle, 1993, S. 105).

Die Diskussion um die Auseinandersetzung mit den Folgen hat also auch in der Informatik schon längst ihren Platz und ihre Anerkennung in den Medien, in der universitären Lehre und in den Standesorganisationen gefunden. Nur ist in der Arbeitswelt leider bisher wenig von den Früchten dieser Diskussion zu spüren. In informationstechnischen Forschungs- und Entwicklungsprojekten spielt Technikfolgenabschätzung kaum eine Rolle. Wir sind in der traurigen Situation, daß junge Forscher und Forscherinnen, die sich an der Universität in Seminaren und Vorlesungen mit Anwendungen und Wirkungen auseinandergesetzt haben, in eine Berufswelt integrieren müssen, in der sie als Einzelpersonen nur wenig bewirken können. Ihre Ausbildung führt nicht dazu, daß sie sich anders verhalten als ihre Kollegen und Kolleginnen, nur im Unterschied zu diesen tun sie es mit einem schlechten Gewissen.

In diesem Beitrag möchte ich als Forschende und Lehrende im Bereich der Informatik eine persönliche Stellungnahme zum Umgang mit den Chancen und Risiken meines Forschungsgebiets abgeben. Wie kann ich in dieser Situation überhaupt noch weiter Forschung und Lehre betreiben? Sollte ich nicht lieber schleunigst die Maus meines Rechners aus der Hand legen und aussteigen? Nur wohin? Informationstechnik ist allgegenwärtig. Selbst an Bord einer Segelyacht auf den Weiten des Ozeans wäre ich mit GPS, Radar, Funk oder auch nur Quartzuhr und Taschenrechner von Informationstechnik abhängig[3].

[3] Joshua Slocum hat zwar bei seiner berühmten Weltreise mit nichts als

Das folgende Kapitel wird als Einführung die wichtigsten Argumente zu den Risiken der Informationstechnik darstellen. Dabei werde ich mich auf die Aspekte beschränken, die speziell für die Informatik bzw. Informationstechnik wichtig sind. Probleme, die ganz allgemein für alle mathematisch-naturwissenschaftliche Forschungs- und Entwicklungsvorhaben gelten, habe ich schon an anderer Stelle dargestellt (Dreschler-Fischer, 1995). Weiterhin wird versucht, die Gründe aufzuzeigen, warum es so schwierig ist, die Forschenden zu einem verantwortungsvolleren Umgang mit der neuen Technik zu bringen. Die weiteren Kapitel werden sehr viel konkreter am Beispiel eines von der Volkswagenstiftung geförderten Projektes[4] exemplarisch zeigen, wie unsere Arbeitsgruppe sich einem Teilproblem der Technikfolgenabschätzung gestellt hat - nämlich dem Problem der Mehrfachverwendbarkeit von Fernerkundungstechniken.

2 Maschinen und Arbeit

2.1 Die industrielle Revolution: Körperliche Arbeit wird durch Maschinen ersetzt

ich möchte die Diskussion über die Risiken der Informatik und Informationstechnik mit einem Rückblick auf die industrielle Revolution im vorigen Jahrhundert und einer Bestandsaufnahme beginnen, denn wir stehen vor mindestens ebenso schwerwiegen-

---

einem alten Blechwecker und Tabellen der Monddistanzen navigiert und dabei sogar überlebt und sein Ziel erreicht, aber sich so ausgerüstet heute auf die hohe See zu wagen, wäre wohl leichtfertig.

[4] gefördert im fachoffenen Einzelprogramm „Sicherheitspolitische Forschung und Ausbildung an deutschen Universitäten“ der Volkswagenstiftung. In der Friedensbewegung wird dieses Problem unter dem Schlagwort „dual-use“ diskutiert, womit die Nutzung ziviler Forschungsergebnisse für militärische Entwicklungsvorhaben gemeint ist. In unserem Projekt OSCAR (Open Skies for Conventional Arms Reduction), das die Entwicklung von Software zur Verifikation von Abrüstungsvereinbarungen zum Ziel hatte, war wegen des sehr dünnen Grates zwischen den Anwendungen zur Verifikation und den Anwendungen zur Aufklärung die Auseinandersetzung mit der dual-use Problematik besonders dringlich.

den Umbrüchen. Die Analogie zu den bekannten historischen Abläufen im vorigen Jahrhundert soll helfen, die Tragweite der zu erwartenden Veränderungen zu verdeutlichen. Die industrielle Revolution hat durch die Einführung von Maschinen in zweifacher Weise in unser Leben eingegriffen, einmal sehr direkt, indem die Maschinen in die Arbeitswelt und andere kulturelle Bereiche eingedrungen sind, und einmal eher indirekt, indem die Maschinen unsere Wahrnehmung und das Verständnis der Welt verändert haben.

Kommen wir zunächst einmal zu den direkten Wirkungen: Die Maschinen haben Menschen und Tiere überall dort von ihren Arbeitsplätzen verdrängt, wo Kraft, Geschwindigkeit und Präzision gefordert ist. Da die Maschinen unflexibel auf gerade eine Funktion hin entwickelt wurden, ist eine Arbeitswelt entstanden, in der die Maschinen im Vordergrund standen, bedient von Menschen. Ein Heer von verelendeten Arbeitslosen sah sich gezwungen, in den neuen Fabriken bei Hungerlöhnen an gesundheitsgefährdenden Arbeitsplätzen zu arbeiten; Kinderarbeit war alltäglich. Ein Jahrhundert nach den verheerenden sozialen und politischen Revolutionen, die auf das Eindringen der Maschinen in unseren Alltag folgten, können wir Bilanz ziehen:

Kraftersparnis: Es gibt kaum noch Arbeitsplätze oder Anlässe, wo wir körperliche Kraft benötigen. Tiere sind fast völlig als Last- und Zugtiere verschwunden. Wenn wir im Urlaub einmal einem Tragesel begegnen, zücken wir begeistert die Kamera, eine Fahrt in der Pferdedroschke in Wien ist ein besonderes Urlaubserlebnis, und Reitpferde sind als Luxus ein Statussymbol. Wir selbst betreiben Sport oder leisten uns teure Besuche in den Fitness-Studios, um den Bewegungsmangel auszugleichen, denn die Arbeit fesselt uns an den Schreibtisch oder die Bedienpulte von Maschinen. Und auch sonst ist körperliche Arbeit kaum nötig: Fahrstühle, Rolltreppen, Autos oder öffentliche Verkehrsmittel nehmen uns das Laufen ab, die Fernbedienung erspart das Aufstehen vom Sofa, für fast alle Handgriffe im Haushalt gibt es sinnreiche Maschinen, die das Leben bequemer machen, ja selbst die Zahnbürste braucht man nicht mehr von Hand zu bewegen.

Mobilität: Wir sind mobiler geworden. An einem Tag können wir von einem Ende der Welt zum anderen gelangen - selbst andere Himmelskörper wurden schon besucht - und mit uns verbreiten sich Wirtschaftsgüter, Kulturgüter, Waffensysteme oder Krankheitserreger. Diese neue Mobilität bezahlen wir teuer mit Verkehrstoten, sterbenden Wäldern, schwindenden Rohstoffvorräten und einer zersiedelten Landschaft.

Präzision: Maschinen sind kräftiger, schneller und präziser als Menschen oder Tiere, und wir können Produkte anfertigen, die vorher nicht oder nicht wirtschaftlich in Massenauflage herstellbar waren. Neben vielen nützlichen Dingen, die für viele Menschen das Leben leichter und erträglicher machen, haben wir so auch die technischen Voraussetzungen für die beiden verheerenden Weltkriege geschaffen, und das Damoklesschwert eines globalen thermonuklearen Krieges schwebt über unseren Häuptern.

Unempfindlichkeit: Mit Maschinen können wir Arbeiten verrichten, für die unser Körper nicht widerstandsfähig oder ausdauernd genug wäre. Sie können stellvertretend für uns in gefährlicher Umgebung arbeiten, sei es im Weltall, auf dem Meeresgrund, im Innern eines Kernreaktors oder auf einem Schlachtfeld.

Ich könnte noch viele Punkte anführen, aber ich denke, daß die Beispiele ausreichen, um zu zeigen, wie einschneidend die Veränderungen durch die Einführung von Maschinen waren, die uns heute so selbstverständlich erscheinen; vieles ist ungesagt geblieben, insbesondere die sozialen, kulturellen und politischen Veränderungen, aber auch die rücksichtslose Umweltzerstörung oder die Ausbeutung der Entwicklungsländer durch die Industrienationen.

Wichtig ist die Beobachtung, daß die langfristigen Veränderungen im vorherigen Jahrhundert in ihren letzten Konsequenzen noch nicht vorhersehbar waren; und selbst wenn ein Leonardo da Vinci oder Roger Bacon des 19. Jahrhunderts schon gewußt hätten, wie unsere Welt heute aussieht, was hätten sie mit diesem Wissen anfangen können? Selbst heute in der Rückschau fällt es schwer zu bewerten, ob die Technisierung unserer Welt ein Fortschritt oder ein Rückschritt war, weil sich zu viele positive Folgen mit negativen vermischen. Wer hätte denn damals die Kompetenz besessen, um diese Entscheidung treffen zu können? Und wenn wirklich jemand eine solche Prognose gewagt hätte, welche uneigenützige Person oder Institution wäre mächtig genug gewesen und hätte die Hybris besessen, daraufhin steuernd einzugreifen? Wer hätte beispielsweise die Verantwortung dafür übernehmen mögen, bewußt den Wohlstand der Industrienationen des 20. Jahrhunderts mit dem Elend der Arbeiterklasse in den Jahren der industriellen Revolution zu erkaufen?

2.2 Geistige Arbeit durch Maschinen

Im Gefolge der Informationstechnik sind mindestens so weitreichende Konsequenzen zu erwarten wie durch die erste industrielle Revolution, wenn nicht noch gravierendere, denn die Paradigmen der Informationstechnik rütteln an den Grundfesten des menschlichen Selbstverständnisses. War in der industriellen Revolution des vorigen Jahrhunderts die Verlagerung körperlicher Arbeit das auslösende Moment, so wird heute durch die Informationstechnik geistige Arbeit von Menschen auf Maschinen verlagert. Der Verzicht auf körperliche Arbeit war sozial akzeptabel, ja konnte sogar als Befreiung von „niederer Arbeit" verstanden werden, die den Menschen Zeit verschaffte, den überlegenen Intellekt zu nutzen und seiner Rolle als Krone der Schöpfung gerecht zu werden. Die neuen Maschinen brechen in diese letzte Bastion ein; Maschinen sind auf dem Arbeitsmarkt mit den Menschen in den Wettbewerb um geistige Arbeit angetreten und haben diesen in weiten Bereichen auch schon erobert. Viele traditionelle Berufe, wie etwa der des Technischen Zeichners, sind überflüssig geworden, da Maschinen diese Aufgaben schneller, präziser, zuverlässiger und vor allem billiger erledigen können. Ob Ingenieurbüro, Architektenbüro oder Küchenstudio, die sperrigen Zeichentische sind den Bildschirmarbeitsplätzen und Laserdruckern gewichen. Andere Arbeitsplätze sind zwar geblieben, haben aber aber durch „Kollege Computer" ein neues Profil erhalten. Die Spannbreite reicht vom Computer als Werkzeug (Denkverstärker, Denkzeug) bis zum autonom arbeitenden System, dem Roboter.

2.2.1 Denkmaschinen

Die ersten elektronischen Rechenanlagen waren so teuer und exklusiv, daß sie zunächst fast nur für militärische Forschungsvorhaben zur Verfügung standen. Die Öffentlichkeit nannte die Geräte respektvoll „Elektronengehirne“ und traute den Maschinen fast mystische Fähigkeiten zu. Über viele Jahre waren die DV-ExpertInnen bemüht, diesen Computer-Mythos zu entzaubern und haben dabei ein neues Bild geschaffen, nämlich das der stupiden, aber fleißigen Datenverarbeitungsmaschine, die unermüdlich immer wieder präzise dieselben Operationszyklen durchläuft (Raphael, 1976, S. 5). Schon 1842 schrieb Lady Ada Lovelace:

> „The Analytical Engine has no pretensions to *originate* anything. It can do *whatever we know how to order* it to perform.“

Diese Metapher vom fleißigen, aber dummen Rechenknecht, der nichts anderes kann, als stupide, aber akkurat die Schritte seines Programms abzuarbeiten, paßt sehr gut zu den meisten wissenschaftlichen und kommerziellen DV-Anwendungen. Hierbei geht es vor allem um das Sammeln, Organisieren, Verknüpfen und Durchsuchen von großen Datenbeständen.

Inzwischen wissen wir aber, daß diese Metapher ein genauso irreführender Mythos ist wie der des Elektronengehirns. Viele Aspekte geistiger Arbeit, wie logisches Schließen, Beweisen, Planen oder Problemlösen lassen sich auf präzise Verarbeitungsvorschriften zurückführen und damit als Programm auf Rechenmaschinen realisieren. Auch ein stupider Rechenknecht, der nichts tut, als sein Programm abzuarbeiten, kann mit dem richtigen Programm einen Großmeister im Schach schlagen, das Vierfarbenproblem lösen[5], komplizierte Integrale lösen, Infektionskrankheiten diagnostizieren, Bodenschätze entdecken oder den Ablauf einer Raumfahrtmission planen. Die Metapher vom stupiden Rechenknecht ist strenggenommen richtig, verharmlost aber die prinzipiellen Einsatzmöglichkeiten der Maschinen. Selbst künstlerische Fähigkeiten wie Kreativität und Inspiration sind Maschi-

[5] an dem sich Generationen von Mathematikern die Zähne ausgebissen haben, ohne es lösen zu können.

nen schon per Programm vermittelt worden. Es gibt Roboter, die im Stile von Chagall malen oder andere, die komponieren können, und das mit mindestens so anspruchsvollen Resultaten, wie es die kurzlebige Durchschnittsware im Bereich der Unterhaltungsmusik darstellt.

Der Schlüssel zu diesen erstaunlichen Leistungen liegt darin begründet, daß Computer zwar für numerische Probleme erfunden wurden, aber ebenso gut wie Zahlen auch Symbole verknüpfen können. Damit lassen sich alle Probleme, die sich auf ein systematisches Verfahren zur Manipulation von Symbolen zurückführen lassen, prinzipiell mit Computern lösen, wenn keine Komplexitätsgrenzen diesem entgegenstehen. Schon Leibniz hatte vorausgeahnt, wie mächtig symbolische Kalküle sein können. Im *De scientia universali seu calculo philosophico* hat er um 1680 postuliert, daß er jedes Problem systematisch nach strengen Regeln in einem logischen Kalkül lösen könnte.

> „Es wird dann beim Auftreten von Steitfragen für zwei Philosophen nicht mehr Aufwand an wissenschaftlichem Gespräch erforderlich sein als für zwei Rechnerfachleute. Es wird genügen, Schreibzeug zur hand zu nehmen, sich vor das Rechengerät zu setzen und zueinander (wenn es gefällt, in freundschaftlichem Ton) zu sagen: Laßt uns rechnen."

Zu Leibniz´ Zeiten gab es noch nicht die technologischen Voraussetzungen, um die entsprechenden Maschinen zu bauen, aber die heutige Mikroelektronik macht es möglich. Newell und Simon (1972) haben als erste ein allgemeines Problemlöseverfahren, den General Problem Solver (GPS), realisiert, das im Sinne von Leibnizs Herausforderung für symbolisch spezifizierte Probleme die Lösung errechnete, allerdings noch auf einer sehr niedrigen Abstraktionsebene. Ihre These (zitiert nach Neumann, 1992):

> „Ein physikalisches Symbolverarbeitungssystem bietet notwendige und hinreichende Voraussetzungen für allgemeine Intelligenz."

Ein weiterer prominenter Vertreter der Fachrichtung „Künstliche Intelligenz" (kurz KI) innerhalb der Informatik, John

McCarthy, äußerte auf der Dartmouth Conference 1956, der Geburtsstunde dieser Fachrichtung:

„... conjecture that every aspect of learning and intelligence can in principle be so precisely defined that a machine can be made to simulate it."

Beide Zitate stellen Thesen auf, die bisher nicht bewiesen, aber auch nicht widerlegt wurden. Allerdings sahen sich McCarthy und seine AnhängerInnen sehr heftiger und empörter Kritik ausgesetzt, insbesondere da alsbald der Umkehrschluß gezogen und das menschliche Gehirn einer Maschine gleichgestellt wurde. Marvin Minsky prägte den Begriff der „meat machine" für das menschliche Gehirn. Die These, daß die menschliche Intelligenz auf ein maschinelles Berechnungsmodell zurückgeführt und damit vollständig erklärt werden kann, ist als „harte KI-These" bekannt; die weniger weitgehende Variante von McCarthy, die keine strukturelle Übereinstimmung fordert, sondern nur eine vergleichbare Leistung postuliert, heißt „schwache KI-These".

Bei den Opponenten der KI ist häufig unklar, ob sie die starke oder die weiche KI-These angreifen. Am meisten Beachtung hat bisher Hubert Dreyfus (Dreyfus 1972) gefunden, der vor allem das Komplexitätsargument vertritt, das sich gegen beide Varianten richtet:

„Die Gesamtheit menschlicher Erfahrung läßt sich nicht formalisieren."

Dreyfus stützt seine These darauf, daß viele Erfahrungen, die ein Mensch sammelt, auf sozialer Interaktion beruhen und daß Aspekte sinnlicher Wahrnehmung an die Körperlichkeit gebunden sind. Auch diese Behauptung steht bisher ohne Beweis im Raum.

Die Debatte um die Grenzen der KI ist aus mehreren Gründen sehr unerfreulich:

* Der Name des Fachgebiets „Künstliche Intelligenz" vermittelt einen Anspruch, der von der Mehrheit der VertreterInnen dieser Fachrichtung gar nicht (mehr) geteilt wird. Zudem ist die Bedeutung des Begriffs Intelligenz schon

beim Menschen höchst unklar, so daß dieser Anthropomorphismus die Diskussion nur unnötig belastet. Gutgemeinte Versuche, das Gebiet umzubenennen in „Cognetik“ oder „Intellektik“, haben sich leider nicht durchsetzen können, so daß wir wohl weiter mit dem Namen leben müssen.

* Die Debatte kann gar nicht wissenschaftlich geführt werden und wird es auch nicht, aber leider wird sie immer wieder als wissenschaftliche Debatte verkleidet. Das Problem ist das folgende: Weder die Thesen der KI-Proponenten noch die der Opponenten sind heute schon beweisbar. Die Proponenten könnten, sofern sie recht haben sollten, irgendwann einmal ihren Beweis führen, indem sie eine Maschine herstellen, die den Turing-Test (Turing, 1963) besteht. Es ist aber völlig klar, daß wir beim heutigen Stand der Technik noch viele prinzipielle Probleme lösen müßten, um diesen Beweis zu führen. Läßt sich die Komplexität des menschlichen Gehirns überhaupt von Menschenhand als Schaltwerk nachbauen? Läßt sich der Erfahrungsschatz eines menschlichen Lebens als Datensatz formalisieren? Die Zeit wird es zeigen. Die KI-Opponenten dagegen müßten beweisen, daß die menschliche Intelligenz in mehr besteht, als sich formal symbolisch erfassen läßt. Dieses Beweisproblem ist mit mathematisch-naturwissenschaftlichen Methoden nicht zu lösen, denn die Basis dieser Methoden sind Abstraktion und symbolisches Beweisen. Jeder Versuch, die Existenz dieses symbolisch nicht Faßbaren (Seele, Bewußtsein) zu beweisen, muß daran scheitern, daß der Beweisgegenstand ja gerade außerhalb des mathemathisch-naturwissenschaftlichen Paradigmas definiert wurde. Diese Frage ist also eine Frage des Glaubens und der Ethik, nicht der Naturwissenschaft.
* Die KI-Debatte nimmt geradezu absurde Züge an, wenn nach dem Motto „weil nicht sein kann, was nicht sein darf“ aus den für viele nicht akzeptierbaren Konsequenzen der harten KI-These gefolgert wird, daß sie nicht wahr sein kann. Sie darf nicht wahr sein, denn nachdem Kopernikus die Erde ihrer Sonderrolle im Weltall beraubt und Darwin den Menschen den anderen Lebewesen gleichgestellt hat, nachdem gar mit der Entdeckung der Viren die Grenze zwischen belebter und unbelebter Materie verwischt wur-

de, bleibt nur noch der menschliche Geist, um in der Natur eine Sonderrolle für die Menschheit zu begründen. So hart die Konsequenzen für das menschliche Selbstverständnis, und darauf aufbauend für das Fundament unseres Wertesystems, auch sein mögen, das Leugnen ist eine Vogel-Strauß-Politik, die uns nicht weiterbringt, ja geradezu unverantwortlich ist. Im Gegenteil, es ist umso dringlicher, sich ernsthaft mit den naturwissenschaftlichen Erkenntnissen über das Lebewesen Mensch und seiner Rolle in diesem Universum auseinanderzusetzen, um nicht mit Scheuklappen vor den Augen unvorbereitet in die Gefahren hineinzustolpern, die aus diesen Erkenntnissen resultieren können.

Die große Mehrheit der KI-ForscherInnen bekennt sich heute zur schwachen KI-These und meint (Neumann, 1991):

* Es ist zu erwarten, daß KI-Systeme die geistigen Fähigkeiten Menschen simulieren und sogar überbieten können.
* Prinzipielle Grenzen der Berechenbarkeit - die aus der theoretischen Informatik bekannt sind - gelten für Maschinen wie für Menschen.
* Die für viele Anwendungen heute noch unzureichenden KI-Techniken sind kein Symptom prinzipieller Grenzen, sondern eine faszinierende wissenschaftliche Herausforderung.

Bisher habe ich die Faszination der technischen Herausforderung bezeichnet, die in der ungeklärten Frage nach der Machbarkeit steckt. Noch faszinierender aber ist die Frage, ob und wie die Ergebnisse der KI-Forschung etwas zur Lösung der brennenden Probleme der Menschheit beitragen können. Wird es uns gelingen, die Möglichkeiten der KI (oder anderer technischer Wissenschaften) für eine bessere Zukunft einzusetzen, ohne uns weitere lebensbedrohende Probleme zu schaffen? Dieses ist die wahre Herausforderung an unser Forschungsgebiet.

2.2.2 Sichtbare Wirkungen der KI

Die Künstliche Intelligenz ist als Forschungsgebiet den Kinderschuhen entwachsen, und die Forschungsgemeinschaft den Turnschuhen. Die kleinen intimen und informellen Workshops der Anfangszeit haben sich zu großen Hochglanztagungen in Verbindung mit industriellen Kongressen gemausert. KI-Systeme sind als Prototypen im Labor, aber auch schon als anwendungsreife Produkte zu sehen. Sichtbare Wirkungen der KI sind (Neumann, 1991):

KI ist Rationalisierungsinstrument: Durch KI-Systeme werden Arbeitsplätze überflüssig oder umgestaltet.

KI als Hochtechnologie: Durch KI werden neue oder verbesserte Produkte möglich, z. B. autonome Fahrzeuge.

KI als Denkprothese: Durch die Expertensystemtechnologie können Computer als Experten die Menschen in bestimmten Bereichen sogar übertreffen. Computer können zu Entscheidungsträgern werden. Natürlich-sprachliche Systeme (z. B. Auskunfts- oder Beratungssysteme) können zu Kommunikationspartnern des Menschen werden.

Die Fortschritte im Bereich der KI vermischen sich mit Fortschritten in anderen Bereichen, z. B. bei der Hardware, der Telekommunikation oder der Computergrafik. Der Einfluß der KI ist daher oftmals nicht von den Einflüssen anderer Bereiche zu trennen. Sicher ist aber, daß wir erneut mit massiven Veränderungen in der Arbeitswelt, in der Freizeit und der Familie werden rechnen müssen. Es wird weniger Arbeit geben, andere Arbeitsplätze und andere Berufsqualifikationen geben. Die Frage der Verantwortlichkeiten müssen neu geregelt werden, wenn Entscheidungen durch Maschinen vorbereitet oder sogar getroffen werden können. Zu bedenken ist auch, daß KI-Systeme, und auch andere Informatik-Produkte, niemals perfekt sein werden. Wir werden Wege finden müssen, um imperfekte Systeme sinnvoll aber verantwortungsvoll nutzen zu können.

Indirekte Technikfolgen: Kommen wir nun zu den schwieriger zu fassenden indirekten Wirkungen, die sich aus einem veränderten Denken ergeben. In Dreschler-Fischer (1995) habe ich dazu geschrieben:

> „Die Fähigkeit zum Abstrahieren und die Suche nach Gesetzmäßigkeiten, die sich auf diskrete explizit benennbare Phänomene stützen, bestimmt inzwischen unser Weltbild und unser

Denken mehr als uns immer bewußt ist. Wissenschaftliche Gesetze werden längst nicht mehr nur für unbelebte Materie formuliert, sondern wir führen auch Lebewesen auf abstrakte Symbole zurück. Wir reduzieren z. B. Menschen auf bestimmte Aspekte, wie Kaufkraft oder Parteizugehörigkeit, um dann Wirtschaftsprognosen oder Wahlprognosen zu machen. Wir erschrecken nicht einmal mehr, wenn Gruppen von Menschen nur noch zahlenmäßig in Modelle eingehen, z. B. Studierende als nominelle Überlast an den Hochschulen, Arbeitslose in der Monatsstatistik, Verkehrstote in der Jahresbilanz oder Soldaten als Menschenmaterial in strategischen Planungen. Wenn wir Menschen als abstrakte reduzierte Symbole in unseren Modelle manipulieren, dann sind wir bei unseren Entscheidungen auch nicht mehr mit der Wirklichkeit für die betroffenen Menschen konfrontiert, denn gerade von individuellen Schicksalen, Leid und Freude wurde abstrahiert. Ethische Bedenken, die uns im direkten Umgang mit den Mitmenschen einschränken, können wir in Modellwelten nicht mehr unmittelbar erfahren. Mit der Entfremdung von der Wirklichkeit und der Distanz zu den Folgen unseres Tuns fehlt uns auch eine wesentliche Grundlage, um die Größe unserer Verantwortung für die Folgen erkennen zu können."

Der KI wird vorgeworfen, daß durch sie das mechanistische Weltbild propagiert würde, mit verheerenden Konsequenzen für das Selbstverständnis des Menschen und die ethischen Grundlagen der menschlichen Gemeinschaft. Es ist zweifellos richtig, daß unser Denken und unsere Sprache auch die Wahrnehmung der Wirklichkeit beeinflussen und daß dieses, wie von Whorf (1963) postuliert, auch für die Wissenschaftssprache gilt.

Ich glaube aber, wir haben hier in bezug auf die KI die Frage von der Henne und dem Ei vor uns: Gerade wegen der Wechselwirkungen zwischen Sprache und Erkenntnis konnte nur eine Kultur mit einem mechanistischen Weltbild eine Wissenschaft wie die Informatik und insbesondere die KI hervorbringen. Die Informatik ist mit ihren Methoden geradezu ein Kind dieses Weltbildes. Das mechanistische Weltbild sitzt, spätestens seit der Erfindung der Uhrwerke und der Entdeckung des Blutkreislaufes mit dem Herzen, als „Pumpe" tief in uns. Wir werden es so bald nicht wieder abschütteln können, sondern werden lernen müssen, wie wir dennoch den Respekt vor der belebten Natur und den Mitmenschen erhalten oder wiedergewinnen können. Hier liegt die zweite große Herausforderung an die Menschheit durch die Naturwissenschaften. Neumann (1991) schreibt:

> „Die sich hier abzeichnende Aufgabe einer Überprüfung des menschlichen Selbstverständnisses und grundlegender ethischer wie sozialer Normen ist eine monumentale Aufgabe, ohne Übertreibung jedenfalls eine Jahrhundertaufgabe. Angesichts der Dimension dieser Aufgabe ist das philosophische Geplänkel über prinzipielle Grenzen der KI ein bescheidener erster Anfang."

Ich selbst sehe aber auch eine Chance in einem Weltbild, das den Menschen die Arroganz nimmt, weil er nicht mehr auf die geistige Überlegenheit pochen kann. Unser *Bewußtsein von der Freiheit des Denkens, Kreativität und eigenverantwortlichem Handeln wird in dem Maße fragwürdig, wie dasselbe Verhalten in Maschinen simuliert wird. Noch schlimmer, Maschinen belehren uns, daß unsere geistigen Fähigkeiten keinesfalls unübertreffbar sind. Menschliche geistige Fähigkeiten sind beschränkt, nur eine zufällige Marke auf der evolutionären Skala.*

Mit einer realistischeren, bescheideneren Einschätzung menschlicher geistiger Fähigkeiten geht jedoch auch Hoffnung auf ein insgesamt realistischeres und besonneres Gestalten unseres Miteinanders und unserer Welt einher (Neumann, 1991).

Wenn wir einen Weg gefunden haben, die Mitmenschen zu respektieren, ihre Lebensgrundlage zu garantieren und in friedlichem Miteinander zu verkehren, ohne daß wir die geistige Krükke einer natur- oder gottgegebenen Sonderstellung des Menschen brauchen, sondern einfach, weil wir es wollen, dann ist die Menschheit mündig geworden.

Kommen wir nun zur Gretchenfrage: Wie steht es mit der Religion? Ich sehe auch für die Religionen neue Chancen. Durch eine klare Trennung von Naturwissenschaft und Religion werden Glaubensgemeinschaften so verankert, wie es sein sollte, nämlich in der Gemeinschaft der Gläubigen, in der Tradition und Überlieferung, und vor allem im Glauben der Mitglieder. Religionen werden solange lebensfähig sein, wie es in den Menschen noch ein tiefes reliöses Gefühl gibt, aus dem ein starker Glaube erwachsen kann, und ein solcher Glaube braucht naturwissenschaftliche Erkenntnisse nicht zu fürchten:

> „To believe only possibilities is not faith but mere philosophy.“[6]

Eine Religion, die auf den Glauben als Ausdruck des persönlichen religiösen Gefühls der Mitglieder baut, kann auch tolerant gegenüber Andersdenkenden sein, denn Dogmen sind absurd, wenn der Glaube aus uns selbst herausgeboren werden muß. Ich sehe also eine Chance für tolerante Glaubensgemeinschaften, die Dogmen und den Begriff der Ketzerei aus ihrem Vokabular gestrichen haben und sich von Inquisition, Hexenjagden, Bücherverbrennungen und inbesondere Staatskirchen trennen.

3 Zur Beherrschbarkeit der Risiken

3.1 Ethische Grundlagen

In den vorigen Abschnitten wurden mögliche Konsequenzen von Informatik und Informationstechnik dargestellt. Die Kenntnis der Konsequenzen alleine reicht aber noch nicht aus für ein verantwortliches Handeln, für eine verantwortliche Zukunftsgestaltung. Um die Technikfolgen als wünschenswert oder gefährlich, gut oder böse beurteilen zu können, brauchen wir ein ethisches Fundament und ein Wertesystem, an dem wir Chancen und Risiken messen können. Wertesysteme sind stets eine kulturelle Leistung und haben sich innerhalb eines Staates oder einer Gemeinschaft auf einem gemeinsamen kulturellen Hintergrund entwickelt. Häufig wird ein universelles übergeordnetes Gesetz postuliert, das als Norm dem Wertesystem zugrundeliegt. Eine für die ganze Welt verbindliche Ethik gibt es nicht.

Es ist aber klar, daß viele Entscheidungen für oder gegen Forschungs- und Entwicklungsprojekte die Lebensgrundlagen der ganzen Menschheit betreffen. Durch den technischen und medizinischen Fortschritt, durch Bevölkerungsexplosion, Rüstungswettlauf, schwindende Rohstoffvoräte und Umweltschäden ist die

---

[6] Religio Medici, Sir Thomas Browne (1643)

Menschheit in eine Lage hineingetrieben, in der es sehr fraglich ist, ob es überhaupt noch langfristig eine Überlebenschance für sie gibt. Friedrich Dürrenmatt hat es in *Die Physiker* treffend, aber sehr pessimistisch ausgedrückt:

> Unsere Wissenschaft ist schrecklich geworden, unsere Forschung gefährlich, unsere Erkenntnis tödlich. Es gibt für uns Physiker nur noch die Kapitulation vor der Wirklichkeit. Sie ist uns nicht gewachsen. Sie geht an uns zugrunde. ...Wir sind wilde Tiere. Man darf uns nicht auf die Menschheit loslassen.

Es ist daher notwendig, daß, wenn wir globale Risiken eingehen, die ethischen Grundlagen für solche Entscheidungen auch über unsere kulturellen Grenzen hinaus akzeptiert werden können. Wir können aber nicht hoffen, daß wir, entweder demokratisch vertraglich vereinbart oder autoritär verordnet, zu einem weltweit akzeptierten Wertesystem kommen können, das auch Bestand haben wird.

Floyd (1991) sieht die Hoffnung für ein gemeinsames verantwortliches Handeln in einer „Ethik als Diskurs“:

> The systematic interdependencies that we are aware of now are not amenable to general laws. We cannot hope to address them in explicit rules. However, this does not leave us with arbitrariness. I wish to join those who promote ethics as a discourse, in which we bring in and articulate our own values *locally* in an authentic manner in processes taking place in concrete situations. Then, the *interconnected Network of such local decisions becomes of global significance.*

Im Hinblick auf die radikal geänderte Lage, in der sich die Welt heute befindet, sieht sie die folgenden Punkte als grundlegend für diesen Dialog an:

* ethics is an invitation to work together through our situated actions towards common survival on earth;
* ethics is inherently dialogical, acknowledging the right and views of others;

* ethics can be shared if we start from our authenticity and express ourselves in a common language across different cultural perspectives.

We cannot formulate commands for others to obey, but we can invite one another to join in mutual commitment. Als Vision und Richtschnur, der ich mich gerne anschließe, schlägt sie vor: *Dwelling together in dignity on earth.* Dieses utopische Szenario gibt uns Werte wie: Gegenseitige Achtung beweisen, Autonomie und Selbstbestimmung fördern, Eintracht mit Menschen und Natur suchen, Resourcen teilen und pflegen, die Gemeinschaft unterstützen, Gefahren vorbeugen und last, but not least *caring for all living beings.*

3.2 Wo liegen die Risiken?

In diesem Abschnitt möchte ich versuchen, die schon angesprochenen Risiken zu systematisieren, damit im folgenden Abschnitt die Darstellung der Handlungsebenen zur Abwehr von Gefahren besser auf die Risken bezogen werden kann. Zunächst werde ich diejenigen Risiken ansprechen, die von den direkten Wirkungen der Produkte ausgehen, und anschließend die schwerer faßbaren indirekten Wirkungen betrachten.

Unsichere Produkte: Produkte können eine Gefahr darstellen, wenn sie fehlerhaft oder nicht sicher zu benutzen sind, also:
* Produkte, bei denen die einwandfreie Funktion nicht sichergestellt werden kann, eine für beispielsweise Expertensysteme typische Situation,
* Produkte, deren Bedienung anfällig ist für Fehler (komplizierte Bedienung, aufwendige Lagerung usw.).

Gefährliche Produkte: In diese Gruppe gehören diejenigen Produkte, die bei bestimmungsgemäßer Verwendung eine Bedrohung darstellen können (Waffen, Überwachungsmittel, Suchtmittel usw.):
* Produkte mit Nebenwirkungen (Gesundheitsgefährdung, Umweltgefährdung, Verlust von Kompetenzen, Verlust des Realitätsbezuges),
* Mißbrauch für nicht vorgesehene Anwendungen.

Gefährliche Anzahlen: Produkte können ein Risiko darstellen, selbst wenn sie im Einzelfall harmlos sind, wenn sie in großer Zahl zum Einsatz kommen und geringfügige Risiken und Belastungen sich vervielfältigen.

Ausgangsprodukte für riskante Weiterentwicklungen: Harmlose Produkte können Ausgangsprodukte für riskante neue Produkte sein.

Bei den indirekten Gefahren möchte ich die folgenden Ebenen unterscheiden:

Abhängigkeit: Neue Technologien können sich zu einem Sicherheitsrisiko auswachsen, wenn die Gesellschaft sich davon abhängig macht. Beispielsweise ist die Satellitentechnik bedrohlich, wenn die internationale Sicherheit davon abhängt, daß es gelingt, die Beobachtungssatelliten verfügbar zu haben. Es gibt viele Lebensbereiche, deren Funktionsfähigkeit an der Verfügbarkeit bestimmter technischer Mittel hängt. Zivile Verwundbarkeit macht Kriege für die Zivilbevölkerung zu einem untragbaren Risiko.

Unwirtschaftliche Produkte: Forschungs- und Entwicklungsprojekte für Hochtechnologie können so teuer werden, daß sie volkswirtschaftlich eigentlich nicht mehr tragbar wären, aus politischen Gründen aber weiterverfolgt werden müssen, auch wenn schon klar ist, daß das Projekt ein Mißerfolg wird. Die finanziellen Mittel fehlen dann für andere wichtige Aufgaben.

Rückwirkungen auf Persönlichkeit und Gesellschaft: Dieses Problemfeld ist am schwersten zu überblicken, weil wir in vielen Bereichen Neuland betreten. Gerade dieser Bereich aber wird die schwerwiegendsten Veränderungen bringen.

Im nächsten Abschnitt werden wir sehen, inwieweit die Informatik gerüstet ist, um sich diesen Herausforderungen zu stellen.

3.3 Handlungsebenen

Floyd (1991) stellt drei Handlungsebenen vor, auf denen verantwortungsbewußte WissenschaftlerInnen für ihr Forschungsgebiet eintreten können, und zwar

in science: Diese Handlungsebene betrifft den Spielraum für ethisches Handeln innerhalb einer als statisch gegebenen Wissenschaftsdisziplin. Hier haben wir eine lokale Sicht auf die Wissenschaft.

about science: Auf dieser Handlungsebene geht es um eine globalere Sicht, insbesondere um die Wahrnehmumg der Wechselwirkungen zwischen Wissenschaft und Gesellschaft.

on science: Die dritte Handlungsebene gibt uns die Möglichkeit zur Gestaltung und Veränderung der Wissenschaft selbst.

Auch Dahlbom and Mathiassen (1995) unterscheiden drei Handlungsebenen. Sie sehen Informatiker und Informatikerinnen im Beruf in verschiedenen Rollen. Im Gegensatz zu Christiane Floyd stehen bei ihnen aber die Aufgaben im Vordergrund, die es für die Gesellschaft zu lösen gilt, und zwar im Zusammenhang mit der Frage, wie gut oder schlecht die bisherige Ausbildung an den Hochschulen auf diese Rollen vorbereitet. In diesem Aufsatz werde ich mich auf die Systematik von Dahlbom und Mathiassen beziehen, da diese konkreter die Aspekte betonen, auf die es mir hier ankommt. Diese drei Rollen sind:

Engineer role: Engineers try to improve the world by developing better computer artefacts. They are mainly interested in technical knowledge that gives them superior control over the processes of computing. Engineers want to increase the efficiency of computing and computer use.

Facilitator role: Facilitators try to increase the competence of users and clients, handing over to them the responsibility of acting on the basis of that competence. They are mainly interested in contributing to a better understanding of the use of computing technology. Facilitators strive to increase our understanding of how technology could be made to serve people rather than the other way round.

Emancipator role: Emancipators try to use computing technology as an opportunity to advance society and social organisations. They are mainly interested in protecting and emancipating people from opressive use of computing technologies.They worry about the role of computing technology in supporting injustice and unequal distribution power.

Während die engineer role sich weitgehend auf die Arbeit im Fach mit den Methoden des Faches beschränkt, haben die beiden anderen Rollen starke fachüberschreitende Komponenten.

3.4 Wo können Informatikerinnen und Informatiker ansetzen?

3.4.1 Engineer role

Die in der Informatik am besten untersuchte und verstandene Rolle ist die *engineer role*. Die Verantwortung in diesem Bereich betrifft die ingenieursmäßige Auseinandersetzung mit den beabsichtigten und unbeabsichtigten direkten Wirkungen eines Produktes, vor allem mit der Frage der Zuverlässigkeit, Sicherheit und Korrektheit. Dieses sind also vorrangig die ersten beiden Punkte aus der im Abschnitt 3.2 vorgestellten Liste der Risiken. Die Informatik hat als Kind eines mechanistischen Weltbildes diese Probleme ganz im Sinne einer Ingenieurswissenschaft aufgegriffen, wobei sie sich an Ingenieursdisziplinen orientiert hat. Da die Produkte der Informatik aber vielfach immateriell sind, gibt es charakteristische Unterschiede, so daß die jahrhundertelangen Traditionen aus anderen Disziplinen nicht vollständig übertragbar sind.

Software als Produkt unterscheidet sich insofern von den Erzeugnissen anderer Ingenieurdisziplinen, als es keine graduellen Qualitätsmaße für die Betriebssicherheit gibt. Für eine technische Konstruktion aus Stahl oder Beton beispielsweise lassen sich Belastungsgrenzen errechnen oder messen, innerhalb derer die korrekte Funktion mehr oder weniger garantiert werden kann, aber Programme sind entweder richtig oder falsch - auch ein „fast richtiges“ Programm ist fehlerhaft. Bei technischen Konstruktionen oder Geräten geht ein Versagen oft auf Verschleißerscheinungen zurück. Diese kündigen sich meist langfristig an und können oftmals durch Kontrollgeräte überwacht werden und bei routinemäßigen Wartungen vorbeugend beseitigt werden. All dieses ist bei

Software unmöglich. Softwarefehler sind niemals Verschleißerscheinungen, sondern immer Konstruktionsmängel. Pflege und Wartung kann also nichts zur Betriebssicherheit beitragen. Bei Software hängt die Korrektheit am korrekten Entwurf. Softwarewartung beseitigt Entwurfsfehler, keine Verschleißfehler.

In den letzten zwanzig Jahren hat sich die Herangehensweise an die Programmierung sehr geändert. Softwareengineering ist als eine eigene Teildisziplin der Informatik entstanden. Nicht mehr die genialen Hacker sind gefragt, die mit abenteuerlichen Codesequenzen aus jeder Rechenanlage das letzte herauskitzeln können, sondern InformatikerInnen, die mit zuverlässigen Werkzeugen strukturierte und wartbare Software entwickeln können. Noch aber sind die Anforderungen des Marktes dem Stand der Technik voraus. Wir werden noch auf lange Sicht, vielleicht sogar immer, mit imperfekten Systemen leben müssen. Komplexe Systeme dürfen daher niemals so eingesetzt werden, daß ihr Versagen zu Katastrophen führen kann.

3.4.2 Facilitator role

Die Sicherheit von technischen Systemen hängt aber nicht nur an ihrer korrekten Funktion, sondern stark auch an ihrer korrekten Bedienung. Wenn bei Katastrophen von „menschlichem Versagen" die Rede ist, so bedeutet das oft, daß das Zusammenspiel von Mensch und Technik falsch konzipiert worden ist und es früher oder später notwendigerweise zu einer solchen Katastrophe hatte kommen müssen. Dank der Forschung in den Bereichen Mensch-Maschine-Kommunikation und Software-Ergonomie sind wir hier schon ein gutes Stück weiter gekommen als noch vor zwanzig Jahren.

Diese beiden Forschungsrichtungen stellen die ersten Ansätze dar, von der engineer-role in die *facilitator role* zu wechseln und zu einer sozialverträglichen Technik-Gestaltung überzugehen. Während für die engineer-role eine solide technische Ausbildung ausreicht, erfordert die facilitator-role darüberhinausgehende Kompetenzen, denn die Menschen im Umfeld der Technik müssen in den Entwurf mit einbezogen werden. Es gibt bisher nur wenig Informatik-Studiengänge an deutschen Hochschulen, die eine solche Ausbildung ermöglichen.

3.4.3 Emancipator role

Die *emancipator role* betrifft nicht nur das Wechselspiel zwischen einzelnen Menschen und technischen Geräten, sondern die Folgen für unsere Gesellschaft insgesamt. Hier sind wir gefordert, die sozialen, kulturellen, ökologischen und politischen Konsequenzen von technischen Neuerungen vorherzusehen, zu beurteilen und bei der Technikgestaltung zu berücksichtigen. Es gilt, die Chancen nutzen, die die Technik bietet, ohne dabei Risiken zu schaffen, die den Nutzen in Frage stellen. Es gilt, die Fehler vergangener Jahre zu erkennen und die Schäden zu begrenzen oder zu beheben. Die Informatik alleine wäre hier mit ihrem Latein am Ende.

Die *emancipator role* und die daran hängende Verantwortung ist zu schwierig, als daß eine Person mit Informatikkenntnissen sie alleine ausfüllen könnte. Es ist ja kaum noch möglich, daß eine Person allein ein Softwaresystem vollständig überblicken und weiterentwickeln kann, geschweige denn, daß dessen gesellschaftliche Folgen erfaßt werden könnten. Die emancipator role wird daher am besten im Diskurs von großen interdisziplinär organisierten Teams wahrgenommen. Unsere Forschungslandschaft ist aber auf diese wichtigste Rolle noch überhaupt nicht vorbereitet. Es gibt zwar an allen Hochschulen erste Ansätze für solche fachübergreifenden Projekte, aber das ist leider die Ausnahme und nicht die Regel. Der Diskurs findet auf Konferenzen und in den Arbeitsgruppen der Fachorganisationen statt, als freiwillige, private Leistung, aber nicht als öffentliche Forschungsförderung.

4 Projekt Oscar als friedensbewegte Forschung von NaturwissenschaftlerInnen

An der Universität Hamburg hat sich vor einigen Jahren die „Arbeitsgruppe Naturwissenschaft und Internationale Sicherheit in der Universität Hamburg“[7] zusammengefunden, in der Kolleginnen und Kollegen aus den Fächern Informatik, Mathematik und Physik zusammenarbeiten. Die Arbeitsgruppe hat sich zum Ziel

[7] engl. Center for Science and International Security at the University of Hamburg (CENSIS)

gesetzt, gemeinsam mit KollegInnen in der Friedensforschung durch mathematisch-naturwissenschaftliche Forschung und Lehre zur internationalen Sicherheit beizutragen. Das Schwerpunktthema der letzten Jahre war *Abrüstung und Stabilität*. Gefördert wurde die Forschung durch ein Schwerpunktprogramm der Volkswagenstiftung, an dem sich auch andere naturwissenschaftliche Projektgruppen in Bochum, Darmstadt, München und Kiel beteiligt haben. Als Beitrag aus der Informatik wurde das Projekt OSCAR (Open Skies for Conventional Arms Reduction) gestartet, in dem der Einsatz von Methoden der Fernerkundung zur Verifikation von Abrüstungsvereinbarungen untersucht wird. Das Ziel in diesem Projekt ist es, wissensbasierte Verfahren zur Auswertung von Luft- und Satellitenbildern zu entwickeln, die das Feststellen von Veränderungen der Infrastruktur erleichtern sollen, welche auf Vertragsverletzungen hindeuten (Drewniok et al., 1991; Drewniok et al., 1993). Der Ausgangspunkt für die Projektdefinition waren die Wiener Verhandlungen zur Abrüstung konventioneller Waffen und Streitkräfte in Europa (VKSE). Die Verifikation des VKSE-Vertrags ist deutlich aufwendiger als für die vorangegangenen Vereinbarungen über strategische Waffen, da viel mehr und viel mobileres Material betroffen ist. Es wäre daher sinnvoll, in ein Gesamtkonzept zur Verifikation die Fernerkundungsverfahren mit einzubeziehen. Allerdings würde bei der Überwachung der großen Landflächen vom Atlantik bis zum Ural eine so große Menge von Bildmaterial anfallen, daß dieses nicht mehr ohne weitgehende Automatisierung ausgewertet werden könnte. Deshalb sind diese Möglichkeiten auch bisher im VKSE-Vertrag nicht vorgesehen. Projekt OSCAR sollte zeigen, wie Fernerkundung und automatische Bildauswertung in ein Gesamtkonzept zur Verifikation eingebunden werden können und welche Teile der Auswertung heute schon automatisierbar sind. OSCAR war allerdings kein reines Anwendungsprojekt, denn um hier voranzukommen, war noch eine Menge Grundlagenforschung zu tun.

Das Tempo der politischen Entwicklungen in Osteuropa hat die ursprüngliche Aufgabenstellung gegenstandslos gemacht, denn viele der einstigen Vertragspartner gibt es gar nicht mehr als autonome Staaten. Interessant ist aber weiterhin, wie im Projekt OSCAR die Ambivalenzfrage, insbesondere die Dual-Use Problematik, explizit mit zum Forschungsgegenstand gemacht wurde. Die sorgfältige Analyse des Anwendungshintergrundes auf gemeinsamen Tagungen mit VertreterInnen aus dem Verteidigungsministerium, der WEU und Rüstungsfirmen, in Diskussionen mit dem Hamburger FIFF und dem Hamburger Friedensforschungsinstitut hat weit mehr als die halbe Laufzeit des Projekts benötigt. Rückblickend kann ich es allerdings jungen WissenschaftlerInnen, die in Informatik promovieren wollen, kaum noch empfehlen, sich auf solche Projekte einzulassen, denn es gibt an unserer Universität noch keinen organisatorischen Rahmen für interdisziplinäre Promotionen. Jede Arbeit muß in einem Fach allein als Dissertation anerkannt werden können, so daß die üblichen drei Jahre Förderung für eine interdisziplinäre Arbeit nicht ausreichen können.

4.1 Risiken und Anforderungen

4.1.2 Sicherheitspolitische Rahmenbedingungen und aufgabenbezogene Anforderungen

Die internationale Sicherheit beruht auf der Stabilität eines komplexen Systems aus Verträgen, Organisationen, Streitkräften, Waffen usw. Moderne Konzepte in der Friedensforschung suchen nach Wegen, um dieses System durch vertrauensbildende Maßnahmen zu einem System *Kollektiver Sicherheit* oder *Gemeinsamer Sicherheit* zu machen (siehe beispielsweise Bahr und Lutz, 1986). Neue technische Entwicklungen bergen stets das Risiko, ein gerade noch stabiles Gleichgewicht empfindlich zu stören und Mißtrauen neu zu beleben. Werden neue technische Mittel unbedarft in sicherheitsrelevante Bereiche eingebracht, könnten daraus Krisen entstehen. Die Entwicklung technischer Mittel zur Verifikation von Abrüstungsvereinbarungen gehört ganz klar in diesen sicherheitsrelevanten Bereich.

Verifikation soll ein kooperativer Prozeß sein und gleichzeitig eine vertrauensbildende Maßnahme. Die Vertragsstaaten, die Abrüstungsvereinbarungen eingehen und sich der Verifikation stellen, geben freiwillig einen Teil ihrer Souveränität auf. Dieser gute Wille sollte nicht unnötig durch überzogene Verifikationsmaßnahmen gefährdet werden.

Unter diesen Voraussetzungen sollte ein Verifikationsregime folgende Anforderungen erfüllen:

Zuverlässigkeit: Eine wichtige Voraussetzung dafür, daß ein Partnerstaat sich zum Abrüsten entschließen kann, ist die Zuverlässigkeit des Verifikationsverfahrens. Gravierende Vertragsverstöße müssen sicher entdeckt werden können, z. B. neue Truppenstandorte, die innerhalb von Sperrzonen entstehen. Es kommt dabei allerdings nicht so sehr darauf an, nun kleinlich jedes Gerät zu zählen und auch jeglichen unbedeutenden Vertragsverstoß zu entdecken, der eventuell nur durch Schlamperei zustandegekommen ist. Gravierende Verstöße gegen die Verträge aber müssen so rechtzeitig entdeckt werden können, daß sie sich nicht zu einer Bedrohung für die Vertragspartner entwickeln können. Die Hemmschwelle gegen Vertragsverstöße muß hoch sein.

Offenheit: Die zu verwendenden Verifikationsververfahren müssen für alle Vertragspartner offengelegt werden und überprüfbar sein. Die Vertragspartner müssen sich von der Korrektheit überzeugen können, und die Mittel müssen allen Partnern zur Verfügung stehen.

Angemessenheit: Die Verifikationsverfahren sollten der Aufgabe angemessen sein in bezug auf Kosten, Leistungsfähigkeit und Belastung der Verifizierten; also möglichst wenig invasive Prozeduren, die nicht mehr Daten sammeln, als im Rahmen der Abkommen nötig ist.

Kontrollierbarkeit: Verifikationsverfahren sollten auf der Kooperation aller Vertragsstaaten aufbauen, so daß sie jederzeit auch abstellbar sind, falls eine Krisensituation dies erforderlich machen sollte.

Aus diesen sicherheitspolitischen Rahmenbedingungen wurden im Projekt OSCAR die Anforderungen an ein Unterstützungssystem für die Verifikation abgeleitet, das in Drewniok (1990) ausführlich dargestellt worden ist. Der Systementwurf als wissensbasiertes System zur Entdeckung und Bewertung von Veränderungen kann in Dreschler-Fischer et al. (1993) bzw. Drewniok et al. (1993) nachgelesen werden.

Aus einem zweiten Bereich ergeben sich weitere Anforderungen für den Entwurf eines Fernerkundungssystems; das ist die

Absicherung gegen ungewollte Nutzungsmöglichkeiten, speziell im militärischen Bereich.

4.1.2 Dual-Use: Welche ungewollten Nutzungsmöglichkeiten ergeben sich?

Ein wichtiges Motiv bei Definition des OSCAR-Projekts war es, durch die Entwicklung technischer Mittel zur Verifikation die Abrüstung voranzutreiben. Wir wollten ein System entwickeln, das in Friedenszeiten eingesetzt werden kann, um den Frieden zu sichern; keinesfalls wollten wir dabei nebenher die Grundlage für neue Waffensysteme oder andere kriegsrelevante technische Verfahren schaffen. Dieses wäre in einem Projekt zur Abrüstung einfach paradox. Gerade weil unser Forschungsgebiet eine Schlüsselrolle für die Entwicklung von Waffensystemen spielt, wollten wir bewußt einen Beitag für eine friedliche Nutzung leisten.

Nun ist aber die Fernerkundung als Methodenrepertoire auch für verwandte Anwendungen im Überwachungsbereich einsetzbar, speziell auch für Spionage und Gefechtsfeld-Aufklärung. Uns war sehr schnell klar, daß wir die Übertragung unserer Forschungsergebnisse auf diesen Bereich nicht vollständig würden ausschließen können, denn in dem Projekt sollten drei Doktoranden promovieren, so daß ein hoher Anteil an Grundlagenforschung zu erbringen war. Diese kann aber für vielerlei Anwendungen als Grundlage genutzt und weiterentwickelt werden, und gerade allgemeine Verfahren zur Entdeckung von Veränderungen legen die Nutzung für Aufklärung und Spionage nahe.

Unsere Lösung bestand darin, nach Verfahren zu suchen, die gezielt auf den Unterschieden zwischen Aufklärung und Verifikation aufbauen, d. h. die offene, kooperative Situation bei einer Verifikation so auszunutzen, daß die Verfahren nicht ohne große Anstrengungen auf nicht-kooperative Anwendungssituationen übertragbar sind. Als wichtige Unterscheidungsmerkmale haben wir die folgenden herausgearbeitet:

Echtzeitverfahren: Da Verifikation in einer entspannten Lage ohne großen Zeitdruck stattfinden kann, ist es unnötig, die Verfahren so auszulegen, daß die Bilder sofort vor Ort ausgewertet werden können. Es ist im Gegenteil sogar wünschenswert, die Auswertung an einem neutralen Ort in Anwesenheit von Vertretern aller Vertragspartner vorzunehmen. Schnelle Vor-Ort-Entscheidungen wären nur für die Gefechtsfeld-Aufklärung oder die Lenkung von Waffen wichtig.

Autonome Systeme: Aus den gleichen Gründen wie oben angeführ, ist es auch nicht nötig, daß ein Verifikationssystem völlig autonom arbeitet. Autonome Systeme wären eher in einer Kriegssituation wichtig. Daher haben wir unser System als ein Unterstützungssystem ausgelegt, das Entscheidungen vorbereitet, aber die endgültige Beurteilung der Situation den Menschen überläßt.

Kooperative Systeme: Eine besonders wirkungsvolle Sicherung gegen unliebsame Nutzung von Verfahren besteht darin, die Kooperation der Überwachten in das Verfahren mit einzubeziehen. Im Falle der Fernerkundungsverfahren könnte man sich beispielsweise darauf einigen, daß die Überwachung von Flugzeugen und nicht von Satelliten aus erfolgen soll, so daß notfalls der Überflug verweigert werden kann. Andere Möglichkeiten wären das Markieren von Objekten zur besseren Erkennbarkeit usw.

Hardware und Software-Plattform: Für die Realisierung haben wir nicht wie in früheren zivilen Projekten die vom Verteidigungsministerium der USA(DoD) entwickelte Sprache Ada genommen, sondern ein CommonLisp-System, für das noch keine DoD-Freigabe existiert. Damit ist der Code für eine direkte militärische Nutzung unbrauchbar.

Auflösung: Um zu vermeiden, daß die Verfahren mehr als für die Verifikationsaufgabe unbedingt erforderlich ist, aus den Bilddaten ermitteln können, aber auch um die Datenvolumina zu begrenzen, sollen die Verfahren mit der geringstmöglichen Auflösung auskommen, die die zu untersuchenden Bildstrukturen gerade noch erkennbar zeigt.

Zivile Förderung: Uns war besonders wichtig, daß dieses Forschungsprojekt von einer zivilen, öffentlichen Stiftung gefördert wurde. Es war unbedingt notwendig, alle Resultate veröffentlichen zu können, denn nur so ist es möglich, die Resultate in die Diskussion über die Umsetzung von Abrüstungsvereinbarungen einzubringen. Die Veröffentlichung erhöht natürlich auch die Gefahr einer unbeabsichtigten Nutzung, aber immerhin sind die Resultate dann allen bekannt.

Diese Akzentsetzung auf die Anforderungen aus der Verifikationsaufgabe erschwert die Übertragung auf andere Überwachungsaufgaben, macht sie aber nicht völlig unmöglich[8]. Nun ist aber gerade der Bereich der wissensbasierten Systeme dafür bekannt, daß die Hauptarbeit in der Wissensaquisition liegt und die Formalisierung des Wissens für jedes Projekt und jede auch nur leicht verschiedene Anwendung neu durchgeführt werden muß (Hanson und Riseman, 1978).

4.2 Pragmatische Lösung im Projekt OSCAR

Es ist hoffentlich klar geworden, daß wir die Nutzung unserer Ergebnisse für Entwicklungsvorhaben im Rüstungsbereich nicht werden ausschließen können. Wir können die Übertragung der Ergebnisse erschweren, indem wir unser Hauptaugenmerk auf Anforderungen aus der geplanten friedlichen Anwendung richten, mehr aber auch nicht. Für andere als den geplanten Zweck nutzbar sein werden aber nur die Ergebnisse der Grundlagenforschung, d. h. die Weiterentwicklung der Konzepte im Bereich der wissensbasierten Bildverarbeitung und der Wissensrepräsentation, um strukturelle Veränderungen in Bildern erkennen und bewerten zu können.

Zwei Gründe waren für uns ausschlaggebend, mit dem OSCAR-Projekt fortzufahren, auch wenn das Risiko des Mißbrauchs gegeben war und unsere friedensbewegte Forschung ständig auf der Schwelle zur Rüstungsforschung balancieren würde: Zum einen waren wir uns sicher, daß diese Technik ohnehin schon in militärischen Forschungsprojekten weiterentwickelt wird, wir uns bewußt dafür entschieden, dieses Risiko einzugehen, weil wir den Nutzen durch das Projekt für wichtig genug eingeschätzt haben, daß wir dafür das Risiko zu tragen bereit waren. Diese Gewissensentscheidung haben wir uns nicht leicht gemacht, sondern gut ein Jahr lang gemeinsam mit den anderen Projektgruppen im Schwerpunktprogramm der Volkswagenstitung, mit Mitgliedern des Instituts für Friedensforschung und Sicherheitspoli-

[8] Gleichzeitig aber fördern sie auch die Wirksamkeit als vertrauensbildende Maßnahme

tik an der Universität Hamburg, mit Mitgliedern der Führungsakademie der Bundeswehr, Vertretern des Verteidigungsministeriums und der WEU und Mitgliedern der Hamburger Ortsgruppe des FIFF den Bedarf für ein Verifikationsregime, die Rolle der Fernerkundung und die Anforderungen diskutiert. Andere Forschungsgruppen wären bei dieser schwierigen Gewissensentscheidung vielleicht zu einem anderen Ergebnis gekommen als wir, aber wir waren uns letztendlich einigermaßen sicher, daß wir einen Bereich gefunden hatten, wo wir unseren technischen Sachverstand einmal zur Abrüstung statt zur Aufrüstung einbringen konnten, und daß das Mißbrauchsrisiko vergleichsweise gering war.

5 Zusammenfassung

Mit diesem Beitrag habe ich zwei Ziele verfolgt: Im ersten Teil wurde deutlich gemacht, welche Diskussionen innerhalb der Informatik und speziell der KI stattfinden, um sich den Anforderungen an einen verantwortungsvollen Umgang mit den Risiken zu stellen. Insbesondere habe ich meine persönliche Sicht auf die KI-Debatte dargestellt, einige Anregungen zu einer „Ethik im Diskurs" aufgegriffen sowie die verschiedenen Handlungsebenen dargestellt, auf denen Technikgestaltung stattfinden kann. Im zweiten Teil dieses Aufsatzes wurde an einem konkreten Forschungsvorhaben, dem Projekt OSCAR, gezeigt, welche Erfahrungen wir dabei gemacht haben, schon im Vorfeld der Grundlagenforschung in den ausführlichen Diskurs mit den beteiligten Gruppen über die Risiken im Anwendungsbereich einzusteigen. Es wurde dargestellt, welche Überlegungen und Gewissensentscheidungen uns den Mut gegeben haben, in einem militärisch relevanten Bereich ein Forschungsprojekt zum Bereich Expertensysteme zu beginnen.

Literatur

ANDERSON, R. E., D. G. JOHNSON, D. GOTTERBARN und J. PEROLLE (1993). Using the ACM Code of Ethics in Decision Making. Communications of the ACM, 36 (2):98-107.

BAHR, E., D. S. LUTZ (Hrsg.)(1986). Gemeinsame Sicherheit: Idee und Konzept. Band I: Zu den Ausgangsüberlegungen, Grundlagen und Strukturmerkmalen Gemeinsamer Sicherheit, Militär, Rüstung, Sicherheit 40, Nomos Verlagsgesellschaft Baden-Baden

DAHLBOM, B., L. MATHIASSEN (1995). The Future of Our Profession. preprint, submitted for publication.

DRESCHLER-FISCHER, L. S. (1994/95). Naturwissenschaften und Technik - Welche Beiträge können sie zur Friedensforschung leisten? In: E. Bahr, D. Lutz (Hrsg.) (1994/95). Unsere gemeinsame Zukunft - Globale Herausforderungen, Band II des Symposiums über die Perspektiven Europäischer und globaler Friedens- und Sicherheitspolitik im Rahmen der Veranstaltung der Freien und Hansestadt Hamburg zum 50. Jahrestag der Luftangriffe auf Hamburg. Demokratie - Sicherheit - Frieden 89, Nomos-Verlagsgesellschaft Baden-Baden (1994/95).

DRESCHLER-FISCHER, L. S., C. DREWNIOK, H. LANGE, C. SCHRÖDER (1993). A Knowledge-Based Approach to the Detection and Interpretation of Changes in Aerial Images. In: S. Fujimura (ed.), 1993 International Geoscience and Remote Sensing Symposium (IGARSS'93), volume I, S. 159-161, Institute of Electrical and Electronics Engineers, 1993, Tokyo.

DREWNIOK, C. (1990). The Use of Observation Satellites for Conventional Arms Control Verification. In: J. Grin and H. van der Graaf, Unconventional Approaches to Conventional Arms Control Verification, VU University Press, Amsterdam 1990, Kapitel 9, S. 153—182.

DREWNIOK, C., C. SSCHRÖDER, H. LANGE, L. S. DRESCHLER-FISCHER (1991). OSCAR - Ein Informatikprojekt im Bereich der Abrüstung. In: U. Bernhardt und I. Ruhmann (Hrsg.) (1991). Ein sauberer Tod - Informatik und Krieg, Nummer 15 der Schriftenreihe Wissenschaft und Frie-

den, pp. 212-232. Forum InformatikerInnen für Frieden und gesellschaftliche Verantwortung e.V. (FIFF) Bonn 1991.
DREWNIOK, C., C. SCHRÖDER, H. LANGE, L. S. DRESCHLER-FISCHER (1993). Automatisierte Bildauswertung als Hilfsmittel zur Verifikation. In: Kronfeld et al. (1993). S. 52-63.
DREYFUS, H. L. (1972). What Computers Can't Do - The Limits of Artificial Intelligence. Harper Colophon Books. Harper & Row, New York - Hagerstown - San Francisco - London.
FLOYD, C. (1991). Science and Ethics. In H. Dörr (1991). Herausforderungen an die Informatik? Beiträge zur FIFF-Jahrestagung im Kongreß: Challenges Science and Peace in a rapidly changing Environment, FIFF 1991, S. 11-27.
HANSON, A. R., E. M. RISEMAN (1978). Computer Vision Systems. Academic Press Orlando 1978.
NEUMANN, B. (1991). Künstliche Intelligenz - Anwendungen und Grenzen. in Künstliche Intelligenz. GIT-Verlag 1991.
NEUMANN, B. (1992). KI als Ingenieurwissenschaft. Vortrag auf der Frühjahrsschule Künstliche Intelligenz 1992.
NEWELL, A., H. A. SIMON (1972). Human Problem Solving. Prentice-Hall Englewood Cliffs, New Jersey 1992.
RAPHAEL, B. (1976). The Thinking Computer: Mind Inside Matter. Freeman & Co., San Fransisco, 1976
TURING, A. (1951). Computing Machinery and Intelligence. Feigenbaum-Feldman-63, S. 11-35
WEIZENBAUM, J. (1978). Die Macht der Computer und die Ohnmacht der Vernunft. Suhrkamp Taschenbuch Wissenschaft 274. Suhrkamp-Verlag, Frankfurt am Main, 1978.
WHORF, B. L. (1963). Sprache, Denken, Wirklichkeit, Rowohlts Deutsche Enzyklopädie. 1963

Ausgewählte weiterführende Literatur zu den Beiträgen

BAHR, E., D. S. LUTZ (Hrsg.)(1986). Gemeinsame Sicherheit: Idee und Konzept. Band I: Zu den Ausgangsüberlegungen, Grundlagen und Strukturmerkmalen Gemeinsamer Sicherheit, Militär, Rüstung, Sicherheit 40, Baden-Baden: Nomos

BECHMANN, G., T. PETERMANN (Hrsg.) (1994): Interdisziplinäre Technikforschung. Frankfurt a. M., New York: Campus

BECHMANN, G., F. GLOEDE, H. PASCHEN (1988): Frühwarnung vor technikbedingten Gefahren? In: W. Bungard, H. Lenk (Hrsg.): Technikbewertung. Frankfurt a. M.: Suhrkamp

BÖHRET, C. (1990), Folgen. Entwurf für eine aktive Politik gegen schleichende Katastrophen. Opladen: Leske + Budrich

BONSS, W., HOHLFELD, R., KOLLEK, R (Hrsg.) (1993), Wissenschaft und Kontext. Kontexte der Wissenschaft, Hamburg

BRODDE, K. (1992), Wer hat Angst vor DNS? Die Karriere des Themas Gentechnik in der deutschen Tagespresse von 1973-1989. Frankfurt a. M. u. a.: Lang (=Sprache in der Gesellschaft, Bd. 20).

CARSON, R. (1962), Der stumme Frühling, München 1987 (zuerst engl. Boston 1962)

DIERKES, M. (1993), Die Technisierung und ihre Folgen - Zur Biographie eines Forschungsfeldes. Berlin: Sigma

DRESCHLER-FISCHER, L. S. (1994/95). Naturwissenschaften und Technik - Welche Beiträge können sie zur Friedensforschung leisten? In: E. Bahr, D. Lutz (Hrsg.) (1994/95). Unsere gemeinsame Zukunft - Globale Herausforderungen, Band II des Symposiums über die Perspektiven Europäischer und globaler Friedens- und Sicherheitspolitik im Rahmen der Veranstaltung der Freien und Hansestadt Hamburg zum 50. Jahrestag der Luftangriffe auf Hamburg. Demokratie - Sicherheit - Frieden 89, Baden-Baden: Nomos (1994/95).

ENQUETEKOMMISSION DES DEUTSCHEN BUNDESTAGES, Wolf-Michael Catenhusen, Hanna Neumeister (Hrsg.) (1987), Chancen und Risiken der Gentechnologie. Dokumentation des Berichts an den Deutschen Bundestag, München.

HAMELINK, C. J. (1988), The Technology Gamble. Informatics and Public Policy: A Study of Technology Choice. Norwood N. J.: Ablex

HASTEDT, H. (1991): Aufklärung und Technik. Grundprobleme einer Ethik der Technik. Frankfurt a. M.: Suhrkamp

HEMME, L., J. HENNIG, D. MOHN, B. STIETZ, M. TJARKS-SCHUBERT (HINT) (1980), Kommunikative und methodische Probleme des Informationstransfers am Beispiel der Wissenschaftsmagazine des Fernsehens. In: Fachsprache. Sonderheft 1, S. 168.

METTLER-MEIBOM, B. (1986), Breitbandtechnologie. Opladen: Westdeutscher Verlag

MÖHN, D., R. PELKA (1984), Fachsprachen. Eine Einführung. Tübingen: Niemeyer (=Germanistische Arbeitshefte 30).

PETERMANN, T. (1991), Technikfolgenabschätzung als Technikforschung und Politikberatung, Frankfurt a.M./New York: Campus

POOL, I. de Sola (1983), Technologies of Freedom. Cambridge MA: Harvard University Press

PRIGOGINE, I., I. STENGERS (1981): Dialog mit der Natur. München: Piper

ROßNAGEL, A. et al. (1989): Die Verletzlichkeit der Informationsgesellschaft. Westdeutscher Verlag, Opladen.

ROTH,G. (1994),Das Gehirn und seine Wirklichkeit, Franfurt a. M.: Suhrkamp

RUß-MOHL, S. (1986), Wissenschaftsjournalismus. Ein Handbuch für Ausbildung und Praxis. 2. Aufl. München: List

SCHULZ, W. (1976), Die Konstruktion von Realität in den Nachrichtenmedien. Analyse der aktuellen Berichterstattung. Freiburg/Brg., München: Alber

VDI (Hrsg.)(1991), Technikbewertung - Begriffe und Grundlagen, Düsseldorf: VDI

WEIZENBAUM, J. (1978). Die Macht der Computer und die Ohnmacht der Vernunft. Suhrkamp Taschenbuch Wissenschaft 274. Frankfurt a. M.: Suhrkamp

Autorenverzeichnis

ALBRECHT, Stephan, Dr.	Universität Hamburg, FSP Biotechnik, Gesellschaft und Umwelt
BONß, Wolfgang, Dr.	Hamburger Institut für Sozialforschung
BRODDE Kirsten, Dr.	Journalistin, Hamburg
DRESCHLER- FISCHER Leonie, Prof. Dr.	Universität Hamburg, Fachbereich Informatik, Kognitive Systeme
FLITNER, Michael, Dipl. Geogr.	Hamburg
HENNIG, Jörg, Prof. Dr.	Universität Hamburg, Germanisches Seminar und Institut für Journalistik
HOHLFELD Rainer, Dr.	Hamburger Institut für Sozialforschung
KLEINSTEUBER, Hans J., Prof. Dr.	Universität Hamburg, Institut für Politische Wissenschaft
KOLLEK, Regine, Dr.	Hamburger Institut für Sozialforschung
NOLTE, Friedrich, PD Dr.	Universität Hamburg, Universitätskrankenhaus Eppendorf, Abteilung Immunologie
SCHEFE, Peter, Prof. Dr.	Universität Hamburg, Fachbereich Informatik, Angewandte und Sozialorentierte Informatik
SPEER, Astrid, PD, Dr.	Berlin, Max Delbrück-Centrum für Molekulare Medizin

Hamburger Beiträge zur öffentlichen Wissenschaft

Band 8 Siegbert Uhlig (Hg.)
Afrika aktuell
Probleme und Perspektiven der nordöstlichen Regionen
146 Seiten. 1989
Broschiert / ISBN 3-496-00478-9

Band 9 Udo Bermbach / Wulf Konold (Hg.)
Der schöne Abglanz
Stationen der Operngeschichte
(Oper als Spiegel gesellschaftlicher Veränderungen, Teil 1)
295 Seiten mit 17 Abb. 1991
Broschiert / ISBN 3-496-00449-5

Band 10 Udo Bermbach / Wulf Konold (Hg.)
Gesungene Welten
Aspekte der Oper
(Oper als Spiegel gesellschaftlicher Veränderungen, Teil 2)
287 Seiten mit 10 Abb. und 6 Notenbeispielen. 1992
Broschiert / ISBN 3-496-00448-7

Band 11 Udo Bermbach / Wulf Konold (Hg.)
Oper von innen
Produktionsbedingungen des Musiktheaters
(Oper als Spiegel gesellschaftlicher Veränderungen, Teil 3)
353 Seiten mit 67 Abb., 31 Grundrissen und 17 Notenbeispielen. 1993
Broschiert / ISBN 3-496-00447-9

Band 12 Siegfried von Kortzfleisch / Peter Cornehl
Medienkult – Medienkultur
170 Seiten. 1993
Broschiert / ISBN 3-496-02518-2

DIETRICH REIMER VERLAG BERLIN · HAMBURG